Wyn Brice, Linda Mason,
Tony Timbrell

TGAU MATHEMATEG
HAEN SYLFAENOL ar gyfer CBAC

LLYFR GWAITH CARTREF

Cyhoeddwyd dan nawdd
Cynllun Cyhoeddiadau Cyd-bwyllgor Addysg Cymru

Hodder Murray
www.hoddereducation.co.uk

TGAU Mathemateg
Haen Sylfaenol ar gyfer CBAC
Llyfr Gwaith Cartref
Addasiad Cymraeg o *Foundation GCSE Mathematics for WJEC Homework Book* a gyhoeddwyd gan Hodder Murray.

Noddwyd gan Lywodraeth Cynulliad Cymru

Cyhoeddwyd dan nawdd
Cynllun Cyhoeddiadau Cyd-bwyllgor Addysg Cymru

Polisi Hodder Headline yw defnyddio papurau sydd yn gynhyrchion naturiol, adnewyddadwy ac ailgylchadwy o goed a dyfwyd mewn coedwigoedd cynaliadwy. Disgwylir i'r prosesau torri coed a'u gweithgynhyrchu gydymffurfio â rheoliadau amgylcheddol y mae'r cynnyrch yn tarddu ohoni.

Archebion: cysyllter â Bookpoint Ltd, 130 Milton Park, Abingdon, Oxon OX14 4SB.
Ffôn: (44) 01235 827720. Ffacs: (44) 01235 400454. Mae'r llinellau ar agor 9.00–5.00, dydd Llun i ddydd Sadwrn, ac mae gwasanaeth ateb negeseuon 24-awr. Ewch i'n gwefan www.hoddereducation.co.uk.

Cyhoeddwyd gyntaf yn 2007 gan
Hodder Murray, un o wasgnodau Hodder Education,
aelod o Hodder Headline Group, ac yn un o gwmnïoedd Hachette Livre UK
338 Euston Road
London NW1 3BH

Rhif yr argraffiad 10 9 8 7 6 5 4 3 2 1
Blwyddyn 2011 2010 2009 2008 2007

Addasiad Cymraeg gan Huw Roberts

Llun y clawr © Garry Gay/Photographer's Choice/Getty Images
Cysodwyd yn 10/12 pt Times gan Tech-Set Ltd, Gateshead, Tyne a Wear.
Argraffwyd ym Malta.

Mae cofnod catalog ar gael gan y Llyfrgell Brydeinig.

ISBN: 978 0340 938 867

CYNNWYS

RHAGYMADRODD

Mae'r llyfr hwn yn cynnwys ymarferion sydd i'w defnyddio wrth astudio ar gyfer TGAU Mathemateg Haen Sylfaenol. Fe'i hanelir yn benodol at fyfyrwyr sy'n dilyn Manyleb Linol 2006 CBAC, ac mae'r ymarferion ar y cyfan yn cyfateb i'r rhai sydd yn y Llyfr Disgybl, *TGAU Mathemateg Haen Sylfaenol ar gyfer CBAC*.

Yn y Llyfr Gwaith Cartref hwn, mae'r ymarferion cyfatebol yn dwyn yr un rhif ac yn diweddu â GC. Felly, er enghraifft, os ydych chi wedi bod yn gweithio ar ddehongli graffiau yn y dosbarth ac wedi defnyddio Ymarfer 22.1 yn y Llyfr Disgybl, 22.1GC fydd pennawd yr ymarfer yn y Llyfr Gwaith Cartref. Mae'r ymarferion gwaith cartref yn ymdrin â'r un agwedd ar fathemateg. Mewn rhai o'r penodau y mae hefyd ymarferion adolygu sy'n cyfateb i'r ymarferion cymysg yn y gwerslyfr ac mae rhai'n cynnwys cwestiynau sydd wedi ymddangos ym mhapurau arholiad CBAC.

Yn debyg i'r gwerslyfr, ni ddylech ddefnyddio cyfrifiannell i ateb cwestiynau sy'n dangos y symbol ddi-gyfrifiannell. Mae datrys y cwestiynau hyn heb gyfrifiannell yn rhagbaratoad hanfodol ar gyfer y rhan ddi-gyfrifiannell yn y papurau arholiad.

Mae'r ymarferion gwaith cartref hyn yn cynnig ymarfer ychwanegol, ac mae maint y llyfr yn ei gwneud hi'n hawdd ei gario adref! Os ydych chi wedi deall y topigau, dylai fod yn bosibl i chi ymdopi'n hyderus â'r ymarferion hyn gan nad ydynt yn fwy anodd na'r rhai a wnaethoch eisoes yn y dosbarth, ac mae ambell un o bosibl fymryn yn haws. Tybed a fyddwch chi'n cytuno.

1 → CYFANRIFAU, PWERAU AC ISRADDAU 1

YMARFER 1.1GC

1 Cyfrifwch y rhain.
(a) 46 + 32 **(b)** 68 + 35
(c) 86 + 59 **(ch)** 178 + 26
(d) 185 + 232 **(dd)** 188 + 346

2 Cyfrifwch y rhain.
(a) 87 − 42 **(b)** 72 − 26
(c) 72 − 39 **(ch)** 239 − 87
(d) 273 − 148 **(dd)** 634 − 276

3 Cyfrifwch y rhain.
(a) 32 × 4 **(b)** 28 × 6
(c) 38 × 3 **(ch)** 49 × 8
(d) 135 × 7 **(dd)** 278 × 5

4 Cyfrifwch y rhain.
(a) 69 ÷ 3 **(b)** 54 ÷ 3
(c) 96 ÷ 6 **(ch)** 92 ÷ 4
(d) 165 ÷ 5 **(dd)** 232 ÷ 4

5 Prynodd Menna grys am £24, trowsus am £37 a belt am £9.
Faint oedd cyfanswm y gost?

6 Roedd gan Carwyn £50.
Prynodd ddau CD am £13 yr un.
Faint oedd ganddo'n weddill?

7 Prynodd Lisa 8 pin ysgrifennu am 38c yr un.
Faint oedd cyfanswm y gost mewn ceiniogau?

8 Mae Wil yn trefnu disgo. Pris llogi'r neuadd a'r troellwr disgiau yw £468. Faint o docynnau £6 mae'n rhaid iddo eu gwerthu cyn dechrau gwneud elw?

YMARFER 1.2GC

1 Rhestrwch y canlynol.
(a) Lluosrifau 9 sy'n llai na 100
(b) Lluosrifau 12 sy'n llai na 100

2 Defnyddiwch eich atebion i gwestiwn **1** i restru lluosrifau cyffredin 9 a 12 sy'n llai na 100.

3 Edrychwch ar y rhifau hyn.

4, 7, 9, 16, 18, 21, 25, 30, 42.

(a) Pa rai sydd â 2 yn ffactor?
(b) Pa rai sydd â 3 yn ffactor?
(c) Pa rai sydd â 7 yn ffactor?

4 Rhestrwch y canlynol.
(a) Lluosrifau 20 sy'n llai na 130
(b) Lluosrifau 25 sy'n llai na 130

5 Defnyddiwch eich atebion i gwestiwn **4** i ddarganfod lluosrifau cyffredin 20 a 25 sy'n llai na 130.

6 Rhestrwch y canlynol.
(a) Ffactorau 20
(b) Ffactorau 36

7 Defnyddiwch eich atebion i gwestiwn **6** i restru ffactorau cyffredin 20 a 36.

8 Rhestrwch y canlynol.

(a) Ffactorau 60

(b) Ffactorau 24

9 Defnyddiwch eich atebion i gwestiwn **8** i restru ffactorau cyffredin 60 a 24.

10 Talgrynnwch y rhifau hyn i'r 1000 agosaf.

(a) 32 300 **(b)** 203 900

(c) 6600 **(ch)** 243 497

(d) 3 503 776

11 Talgrynnwch y rhifau hyn i'r 100 agosaf.

(a) 8392 **(b)** 21 830

(c) 354 **(ch)** 756 982

(d) 7032

12 Dyma nifer o benawdau papur newydd.
Talgrynnwch y rhifau fel eu bod yn creu mwy o argraff.

(a) Y Gleision yn ennill â mwyafrif o 7832!

(b) Biwrocratiaeth yn gwastraffu £2 127 836!

(c) Moody ar ei ffordd i Real am €34 632 578!

(ch) Cynnydd o 12 364 yn y nifer sy'n llwyddo!

YMARFER 1.3GC

1 Cyfrifwch y rhain.

(a) 71×10

(b) 84×100

(c) 26×1000

(ch) 402×100

(d) $78 \times 10\,000$

(dd) 80×100

(e) 617×1000

(f) 2800×100

(ff) 140×1000

(g) $84 \times 10\,000$

(ng) $974 \times 100\,000$

(h) $76 \times 1\,000\,000$

2 Cyfrifwch y rhain.

(a) $590 \div 10$

(b) $29\,000 \div 100$

(c) $648\,000 \div 1000$

(ch) $92\,000 \div 100$

(d) $9\,200\,000 \div 1000$

(dd) $789\,000 \div 10$

(e) $458\,200 \div 100$

(f) $8\,400\,000 \div 100$

(ff) $71\,000\,000 \div 10\,000$

3 Cyfrifwch y rhain.

(a) 40×30 **(b)** 60×90

(c) 80×300 **(ch)** 400×400

(d) 700×50 **(dd)** 60×50

(e) 800×4000 **(f)** 500×200

(ff) 900×8000 **(g)** 6000×2000

(ng) $60\,000 \times 30$ **(h)** 7000×9000

4 Cyfrifwch y rhain.

(a) 53×20 **(b)** 63×40

(c) 165×50 **(ch)** 73×400

(d) 82×700 **(dd)** 59×600

(e) 537×800 **(f)** 96×3000

5 Cyfrifwch y rhain.

(a) 72×24 **(b)** 64×36

(c) 71×96 **(ch)** 59×23

(d) 88×39 **(dd)** 252×47

(e) 348×65 **(f)** 546×83

(ff) 792×96 **(g)** 85×384

6 **(a)** Sawl centimetr sydd mewn 589 metr?

(b) Newidiwch 4900 centimetr yn fetrau.

7 Mae 1 hectar yn 10 000 metr sgwâr. Sawl metr sgwâr yw 63 hectar?

8 Pris pâr o jîns yw £30.
Faint yw cost wyth pâr?

9 Mae swyddog marchnata'n teithio 400 milltir bob diwrnod gwaith.
Pa mor bell mae'n teithio mewn blwyddyn os yw'n gweithio 235 diwrnod?

10 Roedd 138 o bobl mewn noson ginio a dawns.
Os oedd y tocynnau'n £26 yr un, faint yw'r cyfanswm a gafodd ei dalu?

YMARFER 1.4GC

1 Cyfrifwch y rhain heb ddefnyddio cyfrifiannell.
(a) 1^2 **(b)** 8^2 **(c)** 2^4
(ch) 40^2 **(d)** 70^2 **(dd)** 80^2
(e) 300^2 **(f)** 500^2 **(ff)** 600^2
(g) 110^2

2 Defnyddiwch gyfrifiannell i gyfrifo'r rhain.
(a) 18^2 **(b)** 34^2 **(c)** 52^2
(ch) 78^2 **(d)** 86^2 **(dd)** 47^2
(e) 57^2 **(f)** 240^2 **(ff)** 389^2
(g) 643^2

3 Defnyddiwch gyfrifiannell i gyfrifo'r rhain.
(a) 7^3 **(b)** 8^3
(c) 12^3 **(ch)** 18^3
(d) 34^3 **(dd)** 48^3
(e) 56^3 **(f)** 231^3

4 Defnyddiwch gyfrifiannell i gyfrifo'r rhain.
(a) $\sqrt{256}$ **(b)** $\sqrt{441}$
(c) $\sqrt{576}$ **(ch)** $\sqrt{1024}$
(d) $\sqrt{3969}$ **(dd)** $\sqrt{5476}$
(e) $\sqrt{3364}$ **(f)** $\sqrt{7921}$

5 Cyfrifwch y rhain heb ddefnyddio cyfrifiannell.
(a) $\sqrt{1600}$ **(b)** $\sqrt{4900}$
(c) $\sqrt{8100}$ **(ch)** $\sqrt{10\,000}$
(d) $\sqrt{90\,000}$

YMARFER 1.5GC

1 Cyfrifwch y rhain.
(a) −3 adio 5
(b) −8 adio 4
(c) 7 tynnu 11

2 Y tymheredd yw −7°C. Nodwch y tymheredd newydd ar ôl
(a) codiad o 4°C.
(b) codiad o 10°C.
(c) gostyngiad o 6°C.

3 Nodwch y gwahaniaeth yn y tymheredd rhwng
(a) 8°C a 26°C.
(b) −3°C ac 12°C.
(c) −23°C a −11°C.

4 Gosodwch y rhifau hyn yn eu trefn, y lleiaf yn gyntaf.
(a) 2, −6, 5, −4
(b) 7, −5, 0, −8
(c) −2, 6, −7, −8, 9, 3

5 Tra bo awyren yn hedfan ar uchder o 15 000 m, y tymheredd tu allan yw −70°C.
Pan fo'r awyren yn glanio, y tymheredd tu allan yw 21°C.
Faint yw'r gwahaniaeth rhwng y ddau dymheredd hyn?

2 ONGLAU, PWYNTIAU A LLINELLAU

YMARFER 2.1GC

1 Nodwch pa ddiagram sy'n cyfateb i bob ongl.

295°　　45°　　168°　　25°　　90°

(a) 

(b) 

(c) 

(ch) 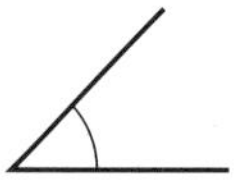

(d) 

2 Ydy'r rhain yn onglau llym, onglau sgwâr, onglau aflym neu onglau atblyg?

(a) 

(b) 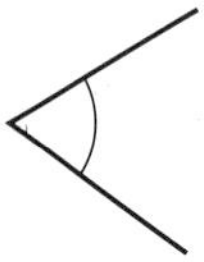

(c) 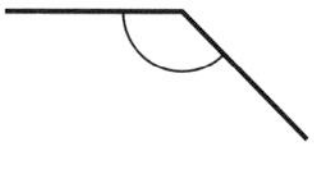

(ch) 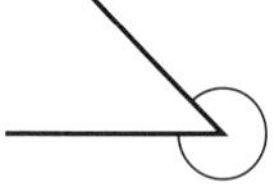

(d) 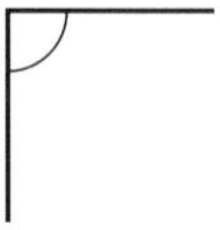

(dd) 

(e) 

(f) 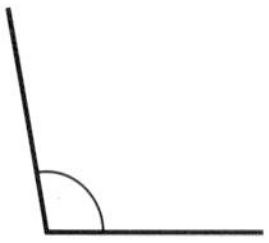

3 Ydy onglau o'r meintiau hyn yn onglau llym, onglau sgwâr, onglau aflym neu onglau atblyg?

(a) 57°　　**(b)** 110°
(c) 90°　　**(ch)** 195°
(d) 28°　　**(dd)** 124°
(e) 345°　　**(f)** 91°
(ff) 222°　　**(g)** 6°

YMARFER 2.2GC

Cyfrifwch faint yr ongl anhysbys ym mhob un o'r diagramau hyn.

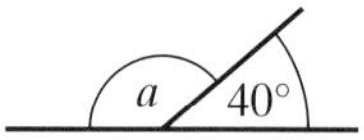

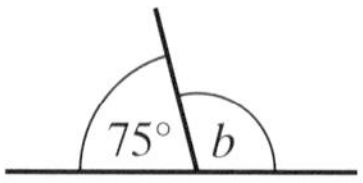

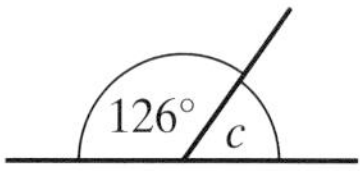

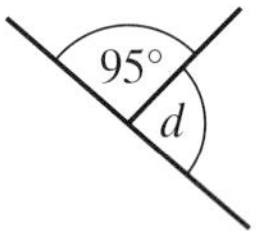

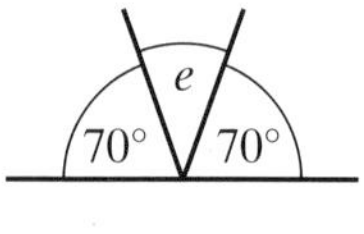

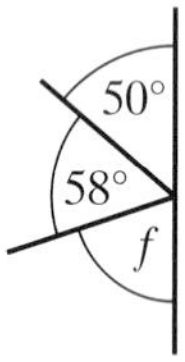

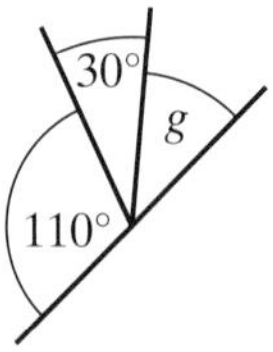

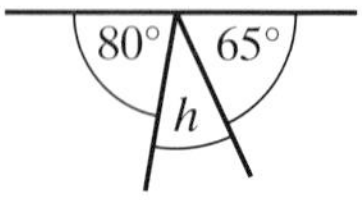

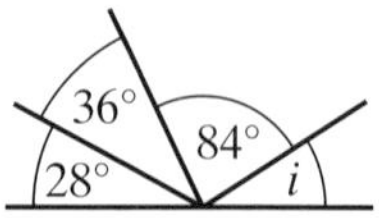

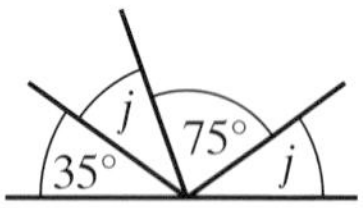

YMARFER 2.3GC

Cyfrifwch faint yr ongl anhysbys ym mhob un o'r diagramau hyn.

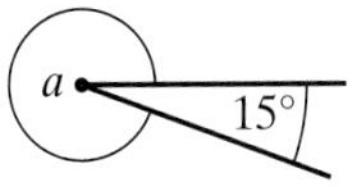

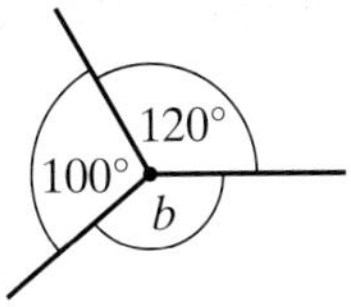

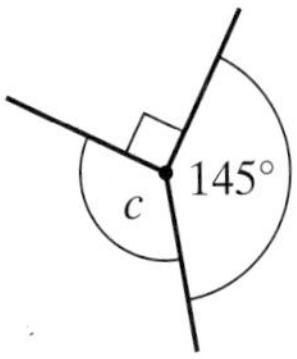

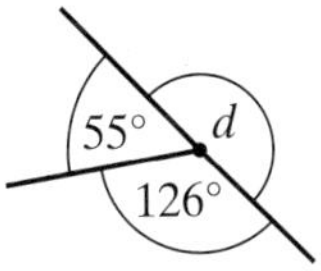

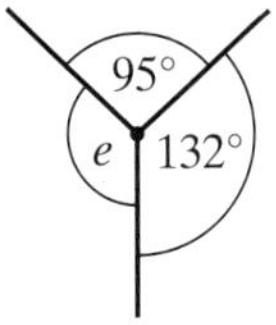

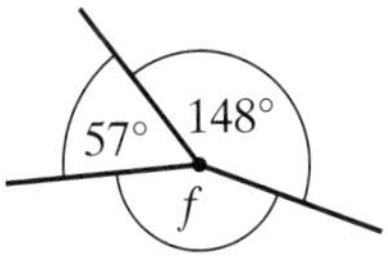

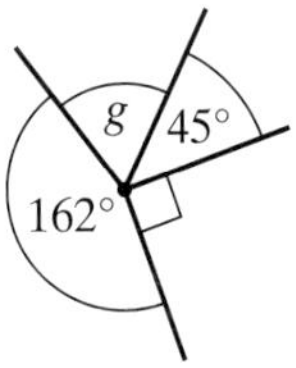

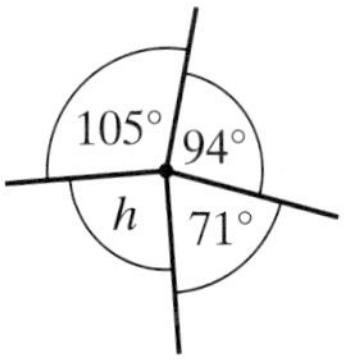

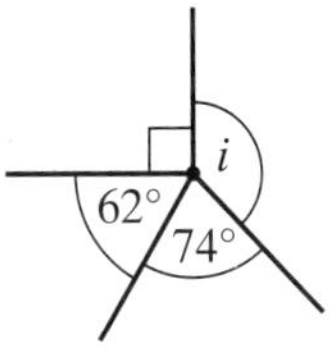

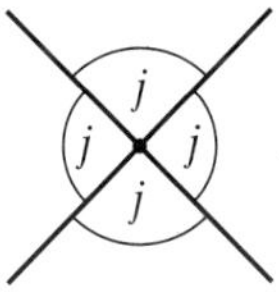

YMARFER 2.4GC

I ateb pob cwestiwn

- copïwch y diagram.
- cyfrifwch faint pob ongl anhysbys.
- rhowch reswm dros eich ateb.

1

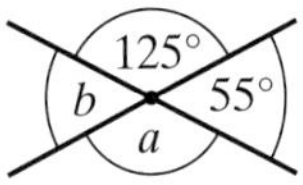

2

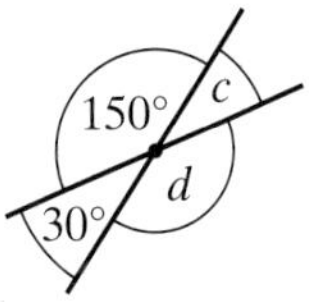

3

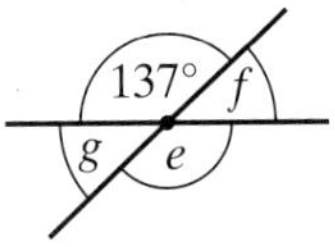

4

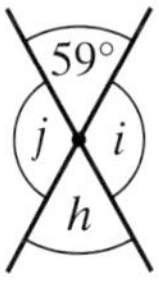

5

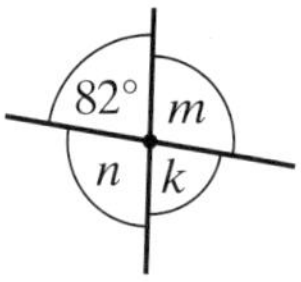

6

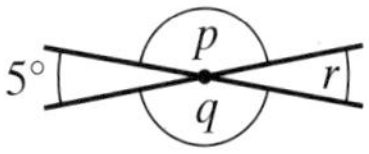

7

8

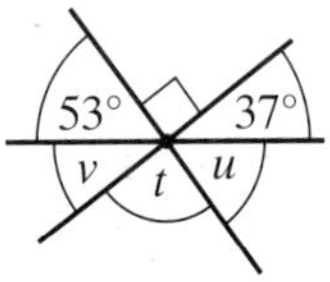

9

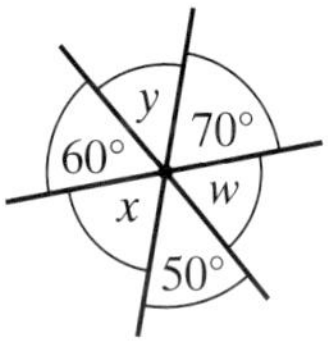

10

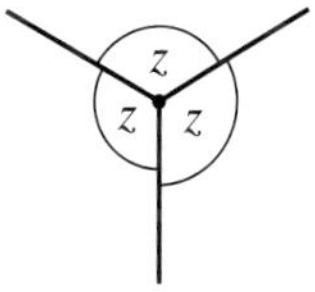

YMARFER ADOLYGU 2GC

I ateb pob cwestiwn, dechreuwch trwy gopïo'r diagram.

1

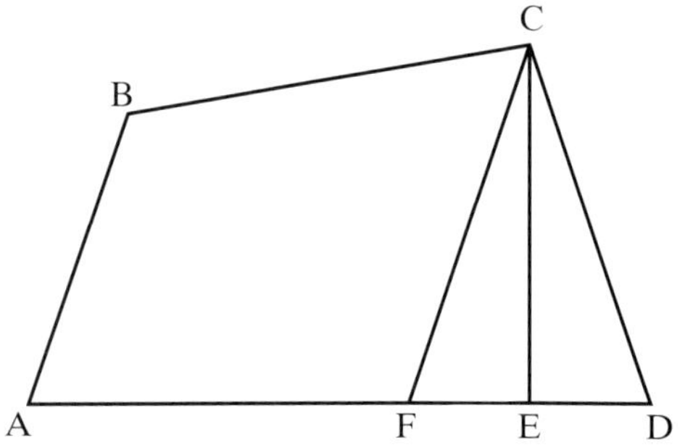

Gan ddefnyddio'r diagram uchod,

(a) enwch y llinell sy'n berpendicwlar i AD

(b) enwch y llinell sy'n baralel i AB.

CBAC Haf 2002

2

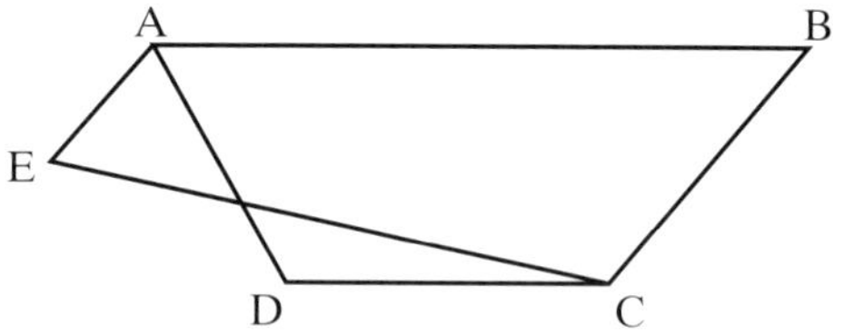

Gan ddefnyddio'r ffigur uchod,

(i) enwch y llinell sy'n baralel i DC

(ii) tynnwch linell trwy A sy'n berpendicwlar i'r llinell EC.

CBAC Haf 2003

3

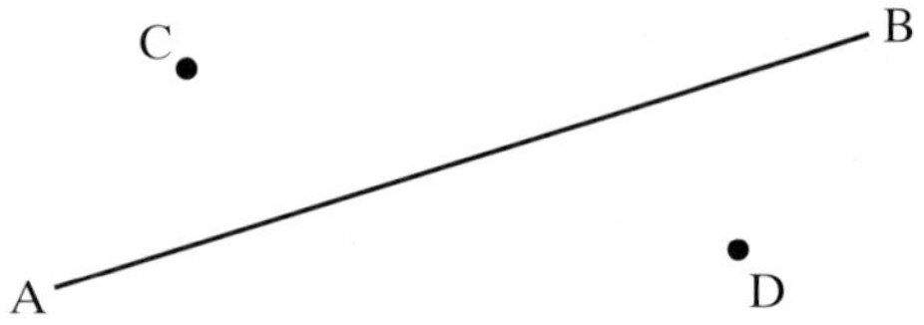

Copïwch y diagram uchod.

(i) Tynnwch linell trwy'r pwynt D sy'n berpendicwlar i AB.

(ii) Tynnwch linell trwy'r pwynt C sy'n baralel i AB.

CBAC Haf 2004

4

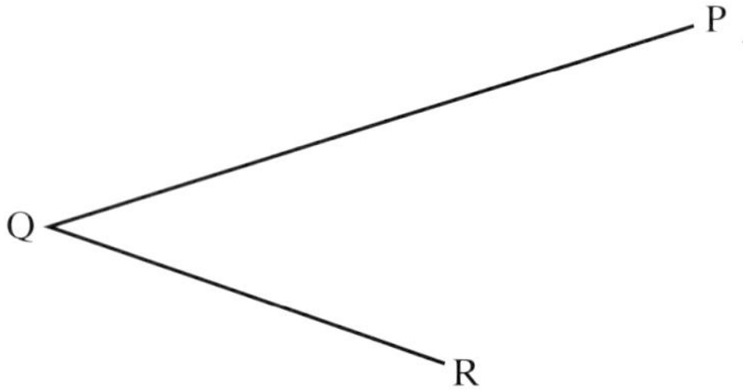

Copïwch y diagram uchod.

(i) Tynnwch linell trwy'r pwynt R sy'n baralel i'r llinell QP.

(ii) Tynnwch linell trwy'r pwynt P sy'n berpendicwlar i'r llinell QP.

CBAC Haf 2005

3 ALGEBRA 1

YMARFER 3.1GC

1 **(a)** Mae 6 dyn a 4 menyw mewn bws.
Faint o bobl sydd yn y bws?

(b) Mae 6 dyn ac m menyw yn y bws.
Ysgrifennwch fynegiad am nifer y bobl sydd yn y bws.

(c) Mae d dyn ac m menyw yn y bws.
Ysgrifennwch fynegiad am nifer y bobl sydd yn y bws.

2 **(a)** Mae Sioned yn prynu 4 afal a 3 oren.
Beth yw cyfanswm nifer y ffrwythau mae hi'n eu prynu?

(b) Mae Sioned yn prynu x afal a 3 oren.
Ysgrifennwch fynegiad am gyfanswm nifer y ffrwythau mae hi'n eu prynu.

(c) Mae Sioned yn prynu x afal ac y oren.
Ysgrifennwch fynegiad am gyfanswm nifer y ffrwythau mae hi'n eu prynu.

3 **(a)** Beth yw hyd y llinell hon?

(b) Ysgrifennwch fynegiad am hyd y llinell hon.

(c) Ysgrifennwch fynegiad am hyd y llinell hon.

4 **(a)** Beth yw hyd y llinell hon?

(b) Ysgrifennwch fynegiad am hyd y llinell hon.

(c) Ysgrifennwch fynegiad am hyd y llinell hon.

5 **(a)** Ysgrifennwch fynegiad am hyd y llinell hon.

(b) Ysgrifennwch fynegiad am hyd y llinell hon.

(c) Ysgrifennwch fynegiad am hyd y llinell hon.

6 **(a)** Ysgrifennwch fynegiad am hyd y llinell hon.

(b) Ysgrifennwch fynegiad am hyd y llinell hon.

(c) Ysgrifennwch fynegiad am hyd y llinell hon.

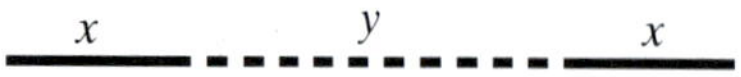

7 Mae hyd petryal 6 cm yn fwy na'i led.

(a) Beth yw hyd y petryal os yw ei led yn
(i) 12 cm? **(ii)** 16 cm?

(b) Ysgrifennwch fynegiad am hyd y petryal os yw ei led yn l cm.

8 Mae x teithiwr mewn bws. Wrth arhosfan, mae 5 teithiwr arall yn ymuno â'r bws.
Ysgrifennwch fynegiad am nifer y teithwyr sydd yn y bws nawr.

9 Mae pris afalau Cox 10c y cilogram yn fwy na phris afalau Braeburn.

(a) Beth yw pris cilogram o afalau Cox pan fo pris cilogram o afalau Braeburn yn
(i) 85 ceiniog? **(ii)** 73 ceiniog?

(b) Ysgrifennwch fynegiad am bris cilogram o afalau Cox pan fo cilogram o afalau Braeburn yn x ceiniog.

10 Yn siop sglodion Pete, pris y sglodion yw c ceiniog y pecyn.
Ysgrifennwch fynegiad am bris
(a) 2 becyn. **(b)** 4 pecyn. **(c)** 8 pecyn.

YMARFER 3.2GC

1 Mae gan Pam 7 yn llai o lyfrau na James.

(a) Sawl llyfr sydd gan Pam os oes gan James
(i) 12 llyfr? **(ii)** 20 llyfr?

(b) Ysgrifennwch fynegiad am nifer y llyfrau sydd gan Pam os oes gan James l llyfr.

2 Mae pris cwpanaid o de 20c yn llai na phris cwpanaid o goffi.

(a) Beth yw pris cwpanaid o de os yw pris cwpanaid o goffi yn
(i) 70c? **(ii)** 95c?

(b) Ysgrifennwch fynegiad am bris cwpanaid o de os yw pris cwpanaid o goffi yn c ceiniog.

3 Ysgrifennwch fynegiad am hyd y rhan doredig o'r llinellau hyn.

(a)

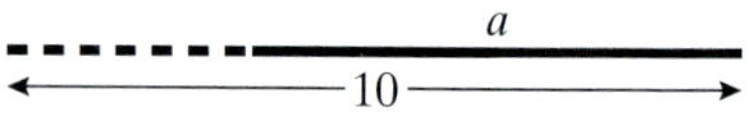

(b)

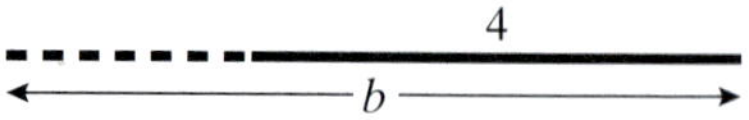

(c)

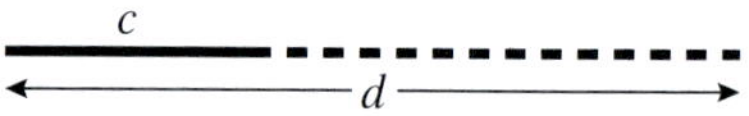

4 Mae lled petryal 6 cm yn llai na'i hyd.

(a) Beth yw lled y petryal os yw ei hyd yn
(i) 12 cm? **(ii)** 16 cm?

(b) Ysgrifennwch fynegiad am led y petryal os yw ei hyd yn h cm.

5 Mae cyflog Meic £50 yr wythnos yn llai na chyflog Alwyn.

(a) Beth yw cyflog wythnosol Meic os yw cyflog wythnosol Alwyn yn
(i) £160? **(ii)** £340?

(b) Ysgrifennwch fynegiad am gyflog wythnosol Meic os yw cyflog wythnosol Alwyn yn £P.

6 Roedd 24 teithiwr mewn bws pan gyrhaeddodd arhosfan. Gadawodd rhai y bws.

(a) Faint o deithwyr a arhosodd yn y bws os oedd y nifer a adawodd yn

(i) 2? **(ii)** 5?

(b) Ysgrifennwch fynegiad am nifer y teithwyr a arhosodd yn y bws os oedd y nifer a adawodd yn *s*.

7 Prynodd Joshua got oedd yn costio £x yn llai na chot a brynodd Jeremy. Ysgrifennwch fynegiad am gost cot Joshua os oedd cot Jeremy yn costio

(a) £65.

(b) £80.

(c) £y.

8 Mae lled petryal yn hanner ei hyd.

(a) Beth yw lled y petryal os yw ei hyd yn

(i) 12 cm? **(ii)** 16 cm?

(b) Ysgrifennwch fynegiad am led y petryal os yw ei hyd yn h cm.

9 **(a)** Ysgrifennwch fynegiad am hyd y rhan doredig o'r llinellau hyn.

(i)

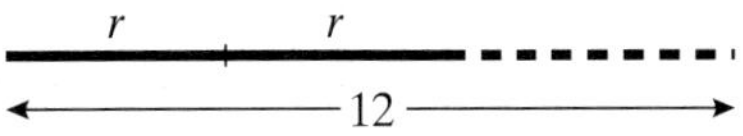

(ii)

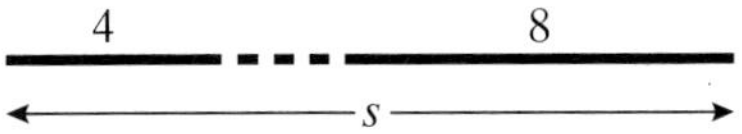

(b) Ysgrifennwch fynegiad am hyd y llinell hon.

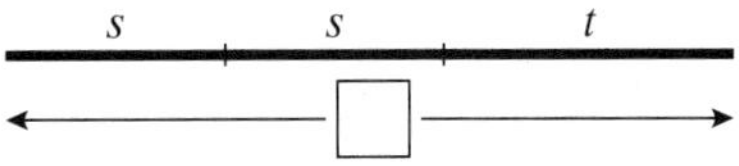

10 Mae Iwan yn gwario £x mewn d diwrnod. Mae'n gwario yr un swm bob dydd.
Ysgrifennwch fynegiad am y swm mae'n ei wario mewn un diwrnod.

4 → FFRACSIYNAU

YMARFER 4.1GC

1 Pa ffracsiwn yw

(a) 4 o 12? **(b)** 18 o 24?
(c) 9 o 15? **(ch)** 14 o 21?
(d) 18 o 36? **(dd)** £20 o £80?
(e) 7 cm o 56 cm? **(f)** 22 g o 77 g?

Ysgrifennwch y ffracsiynau yn eu ffurf symlaf.

2 Copïwch a chwblhewch y rhain.

(a) $\frac{1}{3} = \frac{\square}{6} = \frac{3}{\square} = \frac{\square}{12} = \frac{10}{\square} = \frac{\square}{300}$

(b) $\frac{1}{7} = \frac{2}{\square} = \frac{\square}{21} = \frac{4}{\square} = \frac{\square}{70} = \frac{100}{\square}$

3 Copïwch a chwblhewch y rhain.

(a) $\frac{3}{5} = \frac{\square}{15}$ **(b)** $\frac{10}{18} = \frac{5}{\square}$

(c) $\frac{1}{2} = \frac{\square}{24}$ **(ch)** $\frac{50}{70} = \frac{5}{\square}$

(d) $\frac{12}{22} = \frac{\square}{11}$ **(dd)** $\frac{4}{7} = \frac{12}{\square}$

(e) $\frac{5}{11} = \frac{\square}{66}$ **(f)** $\frac{3}{27} = \frac{1}{\square}$

(ff) $\frac{2}{9} = \frac{\square}{36}$ **(g)** $\frac{4}{13} = \frac{\square}{39}$

(ng) $\frac{25}{45} = \frac{5}{\square}$ **(h)** $\frac{63}{70} = \frac{\square}{10}$

4 Mynegwch y ffracsiynau hyn yn eu ffurf symlaf.

(a) $\frac{10}{14}$ **(b)** $\frac{3}{18}$
(c) $\frac{16}{20}$ **(ch)** $\frac{18}{30}$
(d) $\frac{21}{35}$ **(dd)** $\frac{30}{50}$
(e) $\frac{24}{36}$ **(f)** $\frac{32}{56}$
(ff) $\frac{4}{52}$ **(g)** $\frac{70}{140}$
(ng) $\frac{20}{160}$ **(h)** $\frac{200}{1000}$
(i) $\frac{18}{54}$ **(l)** $\frac{42}{56}$
(ll) $\frac{60}{72}$ **(m)** $\frac{75}{125}$

YMARFER 4.2GC

1 Cyfrifwch $\frac{1}{3}$ o bob un o'r gwerthoedd hyn.

(a) 30 **(b)** 36 **(c)** 69
(ch) £90 **(d)** £15

2 Cyfrifwch $\frac{1}{5}$ o bob un o'r gwerthoedd hyn.

(a) 35 **(b)** 55 **(c)** 90
(ch) £140 **(d)** 36 m

3 Cyfrifwch $\frac{3}{4}$ o bob un o'r gwerthoedd hyn.

(a) 36 **(b)** 60 **(c)** 100
(ch) £68 **(d)** £180

4 Cyfrifwch $\frac{5}{6}$ o bob un o'r gwerthoedd hyn.

(a) 60 **(b)** 36 **(c)** 90
(ch) 48 cm **(d)** £150

5 Mae Faheem yn cael £24 yn anrheg ar ei ben-blwydd.
Mae'n cynilo $\frac{1}{4}$ ohono.
Faint y mae Faheem yn ei gynilo?

6 Bob wythnos mae Anna yn ennill £20.
Mae hi'n gwario $\frac{1}{5}$ ohono ar ffrwythau a diodydd, ac mae hi'n cynilo $\frac{3}{10}$ ohono.
(a) Faint y mae hi'n ei wario ar ffrwythau a diodydd?
(b) Faint y mae hi'n ei gynilo?

7 Cyllideb yr adran fathemateg yw £800.
Mae $\frac{3}{5}$ ohono'n cael ei wario ar werslyfrau.
Faint sy'n weddill?

8 Mae 180 disgybl ym mlwyddyn 9.
Mae $\frac{4}{9}$ o'r rhain yn dod i'r ysgol mewn bws.
Faint sy'n dod mewn bws?

9 Mae gan ysgol 720 o ddisgyblion.
Mae $\frac{5}{8}$ o'r rhain yn cael cinio ysgol.
Faint o ddisgyblion sy'n cael cinio ysgol?

10 Pa un yw'r mwyaf, cyfran sy'n $\frac{3}{8}$ o £160 neu gyfran sy'n $\frac{4}{5}$ o £80?
Dangoswch eich gwaith cyfrifo.

YMARFER 4.3GC

1 Cyfrifwch y rhain. Os yw'n bosibl, canslwch bob ffracsiwn i'w ffurf symlaf.

(a) $\frac{1}{6} \times 5$ **(b)** $\frac{1}{9} \times 4$ **(c)** $\frac{2}{5} \times 2$
(ch) $3 \times \frac{2}{9}$ **(d)** $4 \times \frac{1}{12}$

2 Newidiwch y ffracsiynau pendrwm hyn yn rhifau cymysg.

(a) $\frac{11}{4}$ **(b)** $\frac{12}{5}$ **(c)** $\frac{14}{3}$
(ch) $\frac{21}{2}$ **(d)** $\frac{23}{4}$ **(dd)** $\frac{23}{6}$
(e) $\frac{33}{8}$ **(f)** $\frac{12}{11}$ **(ff)** $\frac{19}{4}$
(g) $\frac{79}{10}$

3 Cyfrifwch y rhain.
Ysgrifennwch eich atebion fel ffracsiynau pendrwm yn gyntaf, wedyn fel rhifau cymysg.
Os yw'n bosibl, canslwch bob ffracsiwn i'w ffurf symlaf.

(a) $\frac{1}{2} \times 11$ **(b)** $\frac{3}{5} \times 4$
(c) $\frac{3}{7} \times 4$ **(ch)** $6 \times \frac{5}{7}$
(d) $4 \times \frac{4}{9}$ **(dd)** $\frac{5}{8} \times 4$
(e) $\frac{3}{10} \times 6$ **(f)** $10 \times \frac{3}{8}$
(ff) $7 \times \frac{3}{5}$ **(g)** $\frac{5}{11} \times 7$
(ng) $\frac{5}{6} \times 8$ **(h)** $9 \times \frac{9}{10}$
(i) $10 \times \frac{5}{8}$ **(l)** $\frac{5}{12} \times 8$
(ll) $7 \times \frac{5}{21}$

5 → ALGEBRA 2

YMARFER 5.1GC

Symleiddiwch y mynegiadau hyn.

1 $a + a + a$
2 $b + b + b + b + b + b + b + b$
3 $c \times 6$
4 $2 \times d$
5 $5 \times c + 2 \times c$
6 $c + c + c + c - c + c$
7 $2a + 3a - 2a$
8 $5 \times b$
9 $3c - 2c$
10 $4a + 3a$
11 $6x + 4x - 2x$
12 $7a - a$
13 $4y - 3y$
14 $2b + 4b - b$
15 $2p - 3p + 4p$
16 $6s + 2s - 3s - 4s$
17 $b + 2b$
18 $a + 2a - 3a$
19 $3 \times b + 4 \times b$
20 $5a + 2a$

YMARFER 5.2GC

Symleiddiwch y mynegiadau hyn.

1 $4a + 2b + a + b$
2 $3a + 2b - 2a$
3 $5 \times c \times d$
4 $5c + 3d$
5 $a + 2b + 4a + b$
6 $2 \times p + 3 \times q$
7 $3 \times a \times 4 \times b$
8 $2x + 4y + y + 2x$
9 $5 \times a \times a$
10 $6a + b + 3c + b + 3a + 3c$
11 $4a + 2a - 3a + a$
12 $2 \times a \times b + 4a \times a$
13 $3a - 2b$
14 $b \times b$
15 $4s + 2 - 3s + 3$
16 $a + 2b - a + 2b$
17 $2 \times a \times b \times b$
18 $3x + 2y + 4 + 2y - 2x + 3$
19 $a + 2b + 2a - 3b$
20 $2a \times 2b \times 3a \times b$

6 → TRIONGLAU, PEDROCHRAU A CHIWBOIDAU

YMARFER 6.1GC

1 Cyfrifwch y drydedd ongl ym mhob un o'r trionglau hyn.

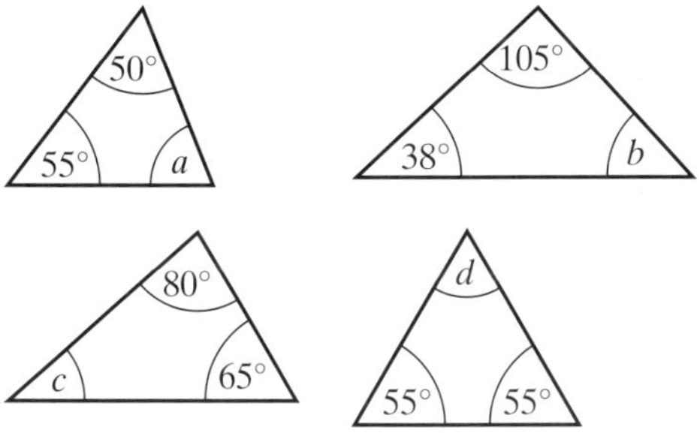

2 Triongl yw PQR. Mae ongl QPR = 48° ac ongl PQR = 60°. Brasluniwch y triongl a darganfyddwch faint ongl PRQ.

3 Triongl yw PQR. Mae PRS yn llinell syth. Mae ongl QPR = 48° ac ongl PQR = 63°.

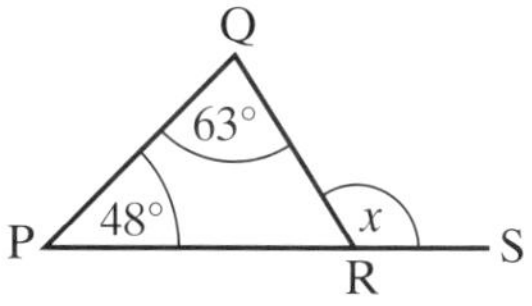

Cyfrifwch yr ongl *x*.

4 Petryal yw ABCD.
Mae P hanner ffordd rhwng B ac C.

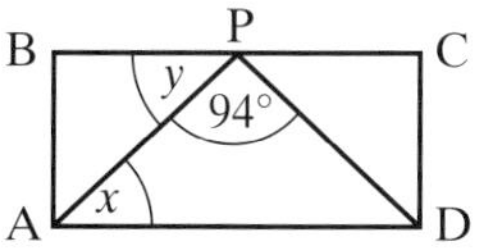

(a) Pa fath o driongl yw APD?

(b) Cyfrifwch yr onglau *x* ac *y*.

5 Yn y diagram hwn mae LM ac NP yn llinellau syth.

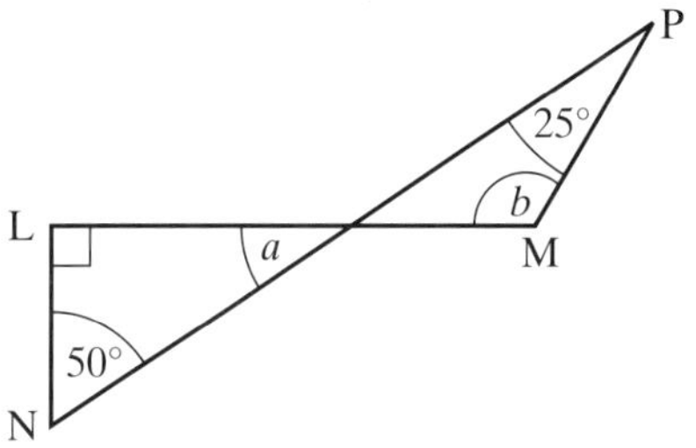

Cyfrifwch faint yr onglau *a* a *b*.

YMARFER 6.2GC

1 Pa rai o'r trionglau hyn sy'n bâr o drionglau cyfath?

(a)

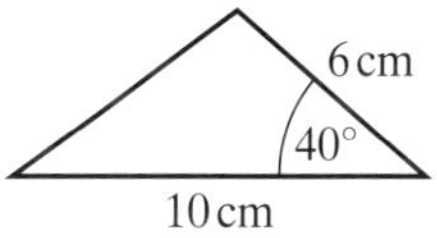

(b)

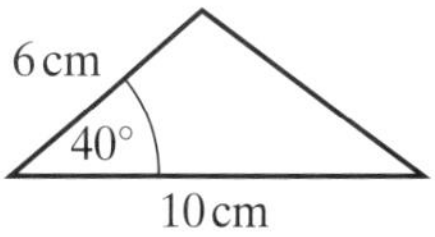

(c)

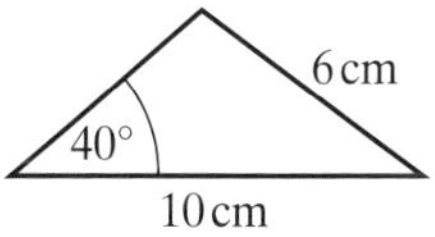

(ch)

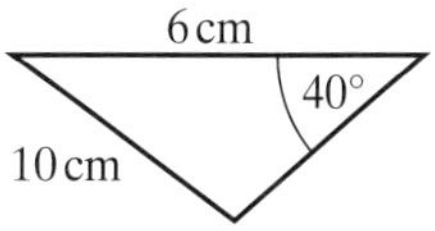

2 Pa un o'r trionglau hyn sy'n gyfath â thriongl A?

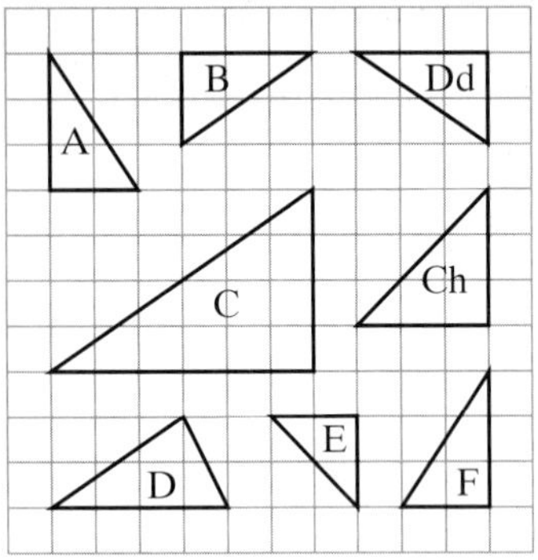

3 Mae'r ddau driongl hyn yn gyfath. Beth yw maint yr ongl x?

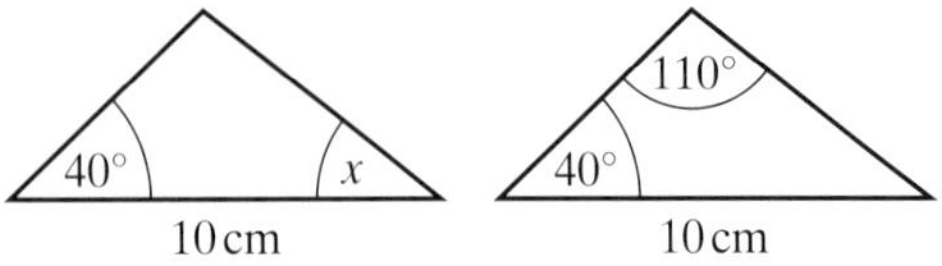

4 Mae dau driongl yn gyfath. Mae gan un o'r trionglau ddwy ongl 70°. Ysgrifennwch faint pob un o dair ongl y triongl arall.

5 Lluniadwch betryal ABCD. Tynnwch y llinell AC. Mae hon yn rhannu'r petryal yn ddau driongl cyfath. Labelwch eich diagram yn eglur i ddangos pa onglau sy'n hafal.

6 Cwblhewch y datganiadau hyn.
(a) Mewn dau driongl cyfath mae onglau cyfatebol yn ....
(b) Mewn dau driongl cyfath mae ochrau cyfatebol yn ....

YMARFER 6.3GC

1 Edrychwch ar y siapiau hyn.

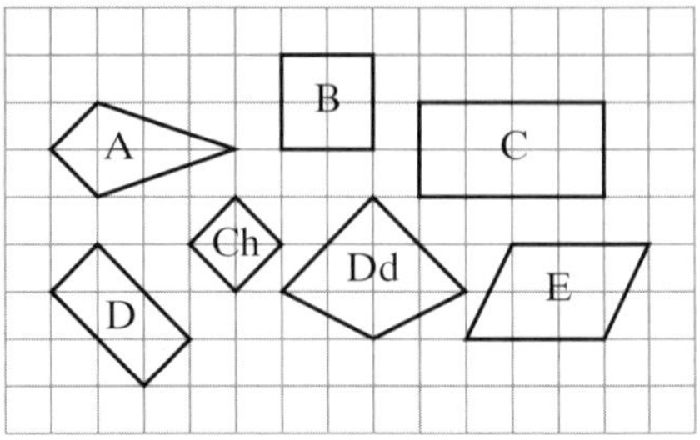

Copïwch a chwblhewch y tabl isod. Ticiwch (✓) y blwch os yw'r disgrifiad yn gywir. Rhowch groes (✗) os nad yw'r disgrifiad yn gywir.

Siâp	Pob ochr yn hafal	Ochrau cyferbyn yn baralel	Pob ongl yn ongl sgwâr
A			
B			
C			
Ch			
D			
Dd			
E			

2 Enwch bob un o'r siapiau yng nghwestiwn **1**.

3 **(a)** Beth yw enw pedrochr sydd â dau bâr o ochrau hafal a'r rhain nesaf at ei gilydd?
(b) Pa ffaith arall sy'n wir am y pedrochr hwn?

4 Brasluniwch drapesiwm. Labelwch yn eglur unrhyw ochrau hafal ac unrhyw ochrau paralel.

5 Mae ochrau cyferbyn pedrochr yn hafal a pharalel.
Enwch bob siâp gwahanol y gallai'r pedrochr hwn fod.

YMARFER 6.4GC

1 Dyma nifer o siapiau wedi eu gwneud o sgwariau centimetr.

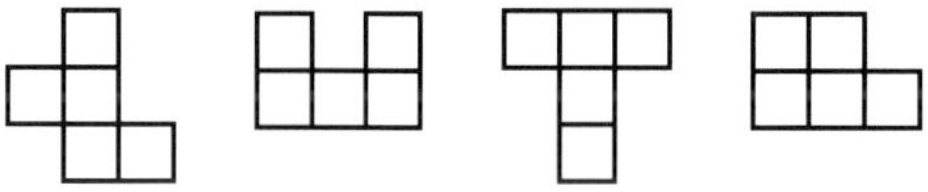

A B C Ch

Pa rai na allwch eu plygu at ei gilydd i ffurfio blwch agored?

2 Mae gan flwch ymylon 5 cm, 6 cm a 3 cm.
Ai ciwb yw hwn, neu giwboid?
Eglurwch eich ateb.

3 Lluniadwch rwyd o'r blwch caeedig hwn.
Labelwch hyd pob ymyl.

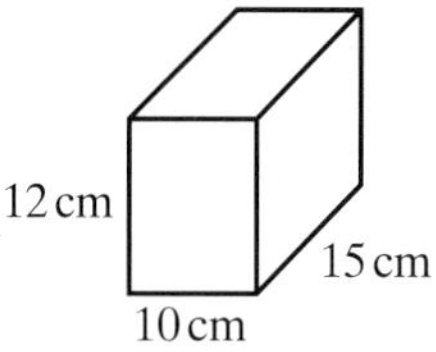

YMARFER 6.5GC

Mae'r siapiau solid hyn wedi eu gwneud o giwbiau centimetr.
Defnyddiwch bapur isometrig i luniadu'r siapiau.

1 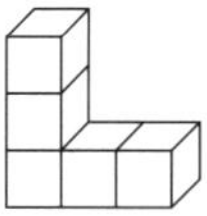

2 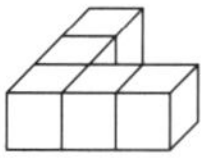

3 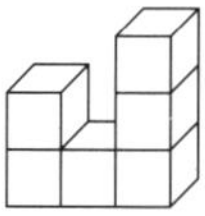

4 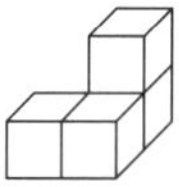

5 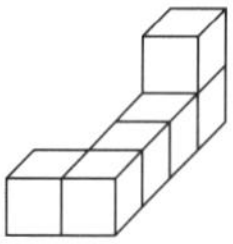

6 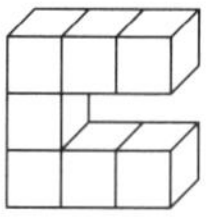

7 CASGLU DATA

YMARFER 7.1GC

1 Pa rai o'r rhain sy'n ddata arwahanol a pha rai sy'n ddata di-dor?

Amser o'r dydd
Pwysau wy
Nifer y pys mewn coden
Diwrnod eich geni
Glawiad wythnos
Pris eitem

2 Rhestrwch o leiaf tair enghraifft arall o
(a) data di-dor.
(b) data arwahanol.

3 Dyluniwch daflen gasglu data ar gyfer pob un o'r rhain.
(a) Hoff bwnc yn yr ysgol
(b) Hoff gamp neu gêm
(c) Lliw esgid ysgol

YMARFER 7.2GC

1 Lluniwch graff llinell fertigol i ddangos pob un o'r setiau hyn o ddata.

(a)

Math o bryd parod	Amlder
Pizza	18
Chineaidd	8
Byrger	13
Kebab	6
Pysgodyn a sglodion	4
Arall	25

(b)

Math o gerbyd	Amlder
Car	43
Fan	29
Lori	15
Bws	7
Beic modur	4
Arall	2

(c)

Math o goeden	Amlder
Derwen	3
Ffawydden	7
Pinwydden	10
Sycamorwydden	6
Llwyfen	2
Arall	2

2 Lluniwch siart bar i ddangos pob un o'r setiau hyn o ddata.

(a)

Hoff liw	Amlder
Glas	23
Coch	9
Gwyrdd	6
Melyn	4
Pinc	7
Du	3
Arall	8

(b)

Nifer y chwiorydd	Amlder
0	7
1	12
2	8
3	2
4 neu fwy	1

(c)

Maint esgid	Amlder
39	12
40	8
41	15
42	11
43	9
44	6
45	2
Arall	7

(ch)

Math o aderyn	Amlder
Aderyn to	41
Drudwy	32
Ysguthan	14
Llinos	5
Colomen	2
Arall	6

(d)

Nifer y diodydd mewn diwrnod	Amlder
Llai na 4	5
4	12
5	21
6	28
7	23
8 neu fwy	11

(dd)

Nifer yr anifeiliaid anwes	Amlder
0	14
1	45
2	23
3	12
4	5
5 neu fwy	1

(e) Mae Sali'n cynnal arolwg i ddarganfod barn disgyblion am ginio ysgol. Mae ei chanlyniadau i'w gweld yn y tabl canlynol.

Lefel boddhad	Atebion	Amlder
Rhagorol	卌 卌 卌 卌 卌 ||	
Da	卌 卌 卌 |||	
Gweddol	卌 卌 卌 |	
Gwael	卌 卌 卌 卌 ||	

Copïwch a chwblhewch y golofn amlder yn y tabl uchod a defnyddiwch y data hyn i lunio siart bar addas.

CBAC Haf 2001

(f) Cynhaliodd Ann arolwg o liw pob car oedd wedi'i barcio mewn gwesty yn agos at ei chartref. Cofnododd hi'r lliwiau yn y ffordd ganlynol.

R – coch **B – glas**
G – gwyrdd **W – gwyn**
S – arian **O – lliwiau eraill**

Dyma ganlyniadau ei harolwg.

R R B W W S O O O R S
S S W G G R R B S S O
O W R S S G B G B W O
S S R R W R S G G S W

(i) Gan ddefnyddio'r data uchod, cwblhewch y tabl canlynol.

Lliw	Marciau rhifo	Amlder
Coch	𝍸 ||||	9
Glas		
Gwyrdd		
Gwyn		
Arian		
Lliwiau eraill		

(ii) Copïwch a chwblhewch y tabl uchod a defnyddiwch y data i lunio siart bar priodol.

CBAC Haf 2004

(ff) Mae Dafydd yn cynnal arolwg yn ei ddosbarth er mwyn darganfod lliw llygaid disgyblion. Dangosir ei ganlyniadau yn y tabl canlynol.

Lliw	Nifer y disgyblion	Amlder
Glas	𝍸 𝍸 |||	
Gwyrdd	𝍸 ||	
Brown	𝍸 𝍸 𝍸	

Copïwch a chwblhewch y golofn amlder yn y tabl uchod a defnyddiwch y data hyn i lunio siart bar priodol.

CBAC Haf 2005

YMARFER 7.3GC

1 Dyma dabl dwyffordd yn dangos canlyniadau arolwg ceir.
Copïwch a chwblhewch y tabl.

	Du	Nid du	Cyfanswm
O'r Almaen	18	49	
Nid o'r Almaen	23	64	
Cyfanswm			

2 Dyma dabl dwyffordd yn dangos canlyniadau arolwg o'r cerbydau mewn maes parcio.

(a) Copïwch a chwblhewch y tabl.

	Gwyn	Nid gwyn	Cyfanswm
Car	3	86	
Nid car	24	7	
Cyfanswm			

(b) Sawl car gwyn oedd yn yr arolwg?

(c) Sawl car oedd yn yr arolwg?

(ch) Sawl cerbyd nad oedd yn wyn?

(d) Beth oedd cyfanswm nifer y cerbydau yn yr arolwg?

3 Dyma dabl dwyffordd yn dangos y gwerthiant mewn siop lyfrau yn ystod un diwrnod.

(a) Copïwch a chwblhewch y tabl.

	Clawr meddal	**Nid clawr meddal**	**Cyfanswm**
Ffuglen		11	98
Ffeithiol	9	17	
Cyfanswm			

(b) Sawl llyfr ffeithiol gafodd ei werthu?

(c) Sawl llyfr ffuglen â chlawr meddal gafodd ei werthu?

(ch) Beth oedd cyfanswm nifer y llyfrau a werthwyd?

4 Cafodd grŵp o ddisgyblion eu holi ynghylch eu hoff bwnc ac â pha law roedden nhw'n ysgrifennu.
Dyma dabl dwyffordd yn dangos y canlyniadau.

(a) Copïwch a chwblhewch y tabl.

	Llaw dde	**Llaw chwith**	**Naill neu'r llall**	**Cyfanswm**
Mathemateg	27	8	1	
Nid mathemateg		13		112
Cyfanswm	126			

(b) Sawl disgybl oedd yn llaw chwith?

(c) Sawl disgybl a ddewisodd fathemateg?

(ch) Sawl disgybl llaw dde a ddewisodd bwnc ar wahân i fathemateg?

(d) Sawl disgybl a gymerodd ran yn yr arolwg?

5 Mewn pencampwriaeth nofio, Awstralia, China ac UDA enillodd y mwyaf o fedalau.
Mae'r tabl yn dangos eu canlyniadau.

(a) Copïwch a chwblhewch y tabl.

	Aur	**Arian**	**Efydd**	**Cyfanswm**
Awstralia	27	8	1	
China		13		112
UDA	126			
Cyfanswm				

(b) Beth oedd cyfanswm y medalau arian a enillodd y gwledydd hyn?

(c) Sawl medal aur a enillodd Awstralia?

(ch) Pa un o'r gwledydd hyn a enillodd y mwyaf o fedalau efydd?

(d) Beth oedd cyfanswm yr holl fedalau a enillodd y gwledydd hyn?

YMARFER 7.4GC

1 Defnyddiwch farciau rhifo i lunio tabl amlder ar gyfer pob un o'r setiau data hyn.

(a) Y marciau allan o 30 mewn prawf mathemateg
Defnyddiwch y grwpiau 1 i 5, 6 i 10, 11 i 15, 16 i 20, ...

14	26	16	24	13	4	8	22	20	24
2	25	15	16	22	11	10	23	8	23
23	17	5	7	17	9	12	18	17	18
7	29	8	18	14	16	13	16	6	6
13	16	14	9	6	19	7	13	15	4
19	21	19	14	9	3	7	23	19	21

(b) Nifer yr afalau ar goeden
Defnyddiwch y grwpiau 1 i 10, 11 i 20, 21 i 30, ...

43	34	17	37	18	42	11	37	18	15
24	25	23	23	30	24	13	16	28	21
15	37	35	27	28	33	21	27	6	18
23	2	29	39	31	40	36	86	27	46
7	25	21	19	90	29	27	24	14	27
36	21	30	25	22	31	29	37	7	43

(c) Nifer y lorïau yn dod â nwyddau i ganolfan bob dydd
Defnyddiwch y grwpiau 1 i 19, 20 i 39, 40 i 59 ... .

49	41	63	36	29	53	65	46	27	48
51	74	52	44	47	77	87	35	69	74
53	27	44	50	67	9	36	14	31	42
73	55	35	53	83	45	62	53	43	61
4	62	28	37	16	43	45	32	55	43
66	37	17	18	33	38	57	51	77	66

2 Lluniwch siart bar ar gyfer pob un o'r setiau data hyn.

(a)

Nifer y gemau fideo	Amlder
1 i 5	7
6 i 10	14
11 i 15	31
16 i 20	27
21 i 25	11
26 neu fwy	10

(b)

Nifer y nofwyr	Amlder
0 i 49	2
50 i 99	5
100 i 149	11
150 i 199	9
200 i 249	3
250 neu fwy	1

(c)

Nifer yr wyau	Amlder
1 i 5	5
6 i 10	8
11 i 15	17
16 i 20	23
21 i 25	9
26 neu fwy	3

(ch)

Nifer y rhedwyr	Amlder
1 i 5	9
6 i 10	17
11 i 15	18
16 i 20	4
21 neu fwy	2

(d)

Nifer y balwnau	Amlder
0 i 9	4
10 i 19	11
20 i 29	27
30 i 39	35
40 i 49	21
50 i 59	13
60 i 69	5
70 neu fwy	9

(dd)

Nifer y pysgod	Amlder
1 i 10	9
11 i 20	9
21 i 30	15
31 i 40	28
41 i 50	7
51 neu fwy	2

YMARFER 8.1GC

1 I gyfrifo nifer y seddau mewn neuadd ysgol rydych yn lluosi nifer y rhesi â 20. Sawl sedd sydd yn y neuadd os oes

(a) 20 rhes? **(b)** 15 rhes?
(c) 17 rhes? **(ch)** $13\frac{1}{2}$ rhes?

2 Gallwch ddarganfod perimedr sgwâr trwy luosi hyd un ochr â 4.
Cyfrifwch berimedr sgwâr sydd â'i ochrau yr hyd hwn.

(a) 5 cm **(b)** 13 cm
(c) $6\frac{1}{2}$ cm **(ch)** 8.2 cm

3 Pris tocyn bws i blentyn yw hanner y pris i oedolyn. Beth yw pris tocyn plentyn os yw pris tocyn oedolyn yn:

(a) 80c? **(b)** 70c?
(c) £1.30 **(ch)** £2.36?

4 Mae pump o ffrindiau yn rhannu pecyn o gnau yn gyfartal rhwng ei gilydd. I gyfrifo sawl cneuen sydd i bob ffrind, rhannwch gyfanswm y cnau â 5.
Sawl cneuen sydd i bawb os yw'r pecyn yn cynnwys

(a) 20 cneuen? **(b)** 55 cneuen?
(c) 80 cneuen? **(ch)** 125 cneuen?

5 Gallwch ddarganfod faint o amser, mewn munudau, sydd ei angen i goginio darn o gig eidion trwy luosi pwysau'r cig, mewn cilogramau, â 40.
Faint o amser sydd ei angen i goginio darn o gig eidion sy'n pwyso

(a) 2 kg? **(b)** 8 kg?
(c) $5\frac{1}{2}$ kg? **(ch)** 3.2 kg?

6 Gallwch ddarganfod arwynebedd ystafell betryalog trwy luosi ei hyd â'i lled. Cyfrifwch arwynebedd yr ystafelloedd hyn.

(a) Hyd 4 m a lled 3 m
(b) Hyd a lled ill dau yn 7 m
(c) Hyd $2\frac{1}{2}$ m a lled 6 m
(ch) Hyd 5.4 m a lled 5 m

7 Mae cwmni llogi ceir yn codi tâl o £30 am y llogi, ac wedyn £2 am bob milltir rydych yn teithio.
Beth yw cyfanswm y gost os ydych yn teithio

(a) 25 milltir? **(b)** 70 milltir?
(c) 400 milltir? **(ch)** 185 milltir?

8 Mae tîm pêl-droed yn cael 3 phwynt am bob gêm maen nhw'n ei hennill ac 1 pwynt am bob gêm gyfartal. Beth yw cyfanswm pwyntiau'r tîm am y canlyniadau hyn?

(a) ennill 3 gêm a chael 5 gêm gyfartal
(b) ennill 7 gêm a chael 10 gêm gyfartal
(c) ennill 14 gêm a chael 6 gêm gyfartal
(ch) ennill 28 gêm a chael 3 gêm gyfartal

9 I newid doleri UDA yn bunnoedd, rhaid rhannu nifer y doleri ag 1.5. Sawl punt gewch chi am
(a) \$6? **(b)** \$150?
(c) \$24? **(ch)** \$10.50?

10 I newid pellter mewn milltiroedd i fod mewn cilometrau, rhaid lluosi nifer y milltiroedd ag 8 a rhannu â 5. Cyfrifwch nifer y cilometrau sydd yr un pellter â'r rhain.
(a) 10 milltir **(b)** 15 milltir
(c) 100 milltir **(ch)** 44 milltir

YMARFER 8.2GC

Yng nghwestiynau **1** i **7**, defnyddiwch y llythrennau **bras** i ysgrifennu fformiwla ar gyfer y sefyllfa.

1 I gyfrifo nifer y **s**eddi mewn neuadd ysgol, rydych yn lluosi nifer y **r**hesi â 20.

2 I gyfrifo **p**erimedr sgwâr, rydych yn lluosi **h**yd un ochr â 4.

3 Mae pris tocyn bws **p**lentyn yn hanner pris tocyn bws **o**edolyn.

4 Mae pump o ffrindiau yn rhannu pecyn o gnau yn gyfartal.
I gyfrifo sawl cneuen sydd i bob **f**frind, rhannwch gyfanswm y **c**nau â 5.

5 I gyfrifo'r **a**mser, mewn munudau, sydd ei angen i goginio darn o gig eidion, rydych yn lluosi **p**wysau'r cig, mewn cilogramau, â 40.

6 I gyfrifo **a**rwynebedd ystafell betryalog, rydych yn lluosi ei **h**yd â'i **l**led.

7 Mae cwmni llogi ceir yn codi **t**âl o £30 am y llogi, ac wedyn £2 am bob **m**illtir rydych yn teithio.

Yng nghwestiynau **8** i **10**, defnyddiwch lythrennau addas i ysgrifennu fformiwla ar gyfer y sefyllfa a nodwch beth mae pob llythyren yn ei gynrychioli.

8 Mae tîm pel-droed yn cael 3 phwynt am bob gêm maen nhw'n ei hennill ac 1 pwynt am bob gêm gyfartal.

9 I newid doleri UDA yn bunnoedd, rydych yn rhannu nifer y doleri ag 1.5.

10 I newid pellter mewn milltiroedd i fod mewn cilometrau, rhaid lluosi nifer y milltiroedd ag 8 a rhannu â 5.

YMARFER 8.3GC

1 Cyfrifwch werth pob un o'r mynegiadau hyn os yw $a = 4$ a $b = 2$.
(a) $a + b$ **(b)** $a - b$
(c) $2a$ **(ch)** $7a$
(d) $5b$ **(dd)** $8b$
(e) ab **(f)** a^2
(ff) $3ab$ **(g)** $2a + b$
(ng) $3a - b$ **(h)** $5a + 4b$
(i) $3a - 4b$ **(l)** $a^2 + b^2$
(ll) $3a^2$ **(m)** $6b^2$
(n) a^2b **(o)** b^3
(p) $\frac{a}{b}$ **(ph)** $\frac{10b}{a}$
(r) $b - a$ **(rh)** $\frac{4b}{2a}$
(s) $\frac{a^2}{b^2}$ **(t)** $\frac{b}{a}$

2 Defnyddiwch y fformiwla $C = 5t + 2$ i gyfrifo gwerth C pan fo
(a) $t = 2$. **(b)** $t = 8$. **(c)** $t = 12$.
(ch) $t = 20$. **(d)** $t = \frac{1}{2}$.

3 Defnyddiwch y fformiwla $P = 2C - F$ i gyfrifo gwerth P pan fo
(a) $C = 4, F = 4.$
(b) $C = 3, F = 5.$
(c) $C = 8, F = 5.$
(ch) $C = 0, F = 7.$

4 Defnyddiwch y fformiwla $X = w + nd$ i gyfrifo gwerth X pan fo
(a) $w = 1, n = 2, d = 1.$
(b) $w = 4, n = 2, d = 6.$
(c) $w = 12, n = 10, d = 0.$
(ch) $w = 50, n = 30, d = 10.$
(d) $w = 11, n = 9, d = \frac{1}{2}.$

5 Darganfyddwch werth pob un o'r mynegiadau hyn os yw $k = 3$ ac $m = 2$.
(a) $k + m$ **(b)** $5k$ **(c)** km
(ch) $m - k$ **(d)** $4k + 6m$

YMARFER ADOLYGU 8GC

1 Defnyddiwch y fformiwla:

cyfanswm y gost = nifer y dyddiau a weithir × £2000 + £500

i ddarganfod beth yw **cyfanswm y gost** pan fydd **nifer y dyddiau a weithir** = 6.

CBAC Haf 2005

2 Mae'r fformiwla hon yn cael ei defnyddio i gyfrifo cost atgyweirio boeler nwy:

cost = cyfradd yr awr × nifer yr oriau + tâl sefydlog

(a) Cyfrifwch y **gost** pan fo:

cyfradd yr awr = £4.00
nifer yr oriau = 5
tâl sefydlog = £25.00

(b) Cyfrifwch y **tâl sefydlog** pan fo:

cost = £50.00
cyfradd yr awr = £6.00
nifer yr oriau = 3

CBAC Haf 2000

3 Mae cost llogi fan yn cael ei rhoi mewn punnoedd gan y fformiwla ganlynol:

cost = nifer yr oriau × 5 + 20

(a) Darganfyddwch gost llogi fan am 6 awr.
(b) Talodd Tim £85. Am faint o oriau roedd Tim wedi llogi fan?

CBAC Haf 2001

4 Mae cost llogi cymysgydd sment yn cael ei rhoi mewn punnoedd gan y fformiwla ganlynol:

cost = nifer yr oriau × 7 + 20

(a) Darganfyddwch gost llogi'r cymysgydd sment am 12 awr.
(b) Cyfrifwch **nifer yr oriau** mae'r cymysgydd yn cael ei logi pan fo'r gost yn £125.

CBAC Haf 2002

5 Mae'r fformiwla hon yn cael ei defnyddio i gyfrifo cost, mewn punnoedd, atgyweirio set deledu:

Swm i'w dalu = 12.25 × nifer yr oriau + 55

(a) Cyfrifwch y swm i'w dalu pan fo nifer yr oriau yn 13.
(b) Cyfrifwch **nifer yr oriau** pan fo'r swm i'w dalu yn 153 punt.

CBAC Haf 2004

9 → DEGOLION

YMARFER 9.1GC

1 Ysgrifennwch, mewn geiriau, werth lle'r digid 8 ym mhob un o'r rhifau hyn.
(a) 800 (b) 0.8
(c) 8000 (ch) 8.74
(d) 0.028

2 Ysgrifennwch y rhifau hyn fel degolion.
(a) $\frac{9}{10}$ (b) $8\frac{3}{10}$ (c) $\frac{7}{100}$
(ch) $61\frac{23}{100}$ (d) $\frac{183}{1000}$

3 Ysgrifennwch y degolion hyn fel ffracsiynau neu rifau cymysg (rhifau cyfan a ffracsiynau) yn eu ffurf symlaf.
(a) 0.4 (b) 5.1 (c) 27.5
(ch) 0.25 (d) 1.13

4 Ysgrifennwch y symiau hyn i gyd mewn punnoedd. Wedyn, gosodwch nhw yn eu trefn, y lleiaf yn gyntaf.
£13.84 82c £4.09 £0.08 12c £5.79

5 Ysgrifennwch y rhifau hyn yn eu trefn, y mwyaf yn gyntaf.
0.816 8.61 0.068 1.806 60.1

6 Defnyddiwch y ffaith fod 1000 mililitr mewn litr i ysgrifennu'r cyfeintiau hyn mewn litrau.
(a) 250 ml (b) 1500 ml
(c) 185 ml (ch) 5 ml
(d) 2250 ml

7 Ysgrifennwch yr hydoedd hyn mewn centimetrau.
(a) 1.2 m (b) 84 mm
(c) 3.85 m (ch) 56 mm
(d) 7 mm

8 Ysgrifennwch yr hydoedd hyn yn eu trefn, y lleiaf yn gyntaf.
7.3 cm 0.61 m 83 mm 2.08 m 48.1 cm

9 Lluniwch grid i ddangos bod $\frac{2}{5} = \frac{4}{10} = 0.4$.

10 Ysgrifennwch y ffracsiynau hyn fel degolion.
(a) $\frac{7}{10}$ (b) $\frac{1}{2}$ (c) $\frac{4}{5}$
(ch) $\frac{3}{4}$ (d) $\frac{13}{100}$

YMARFER 9.2GC

1 Cyfrifwch y rhain.

(a) $\begin{array}{r} 3.87 \\ +\ 9.15 \\ \hline \end{array}$ (b) $\begin{array}{r} 38.43 \\ +\ 59.12 \\ \hline \end{array}$

(c) $\begin{array}{r} 41.53 \\ +\ 67.42 \\ \hline \end{array}$ (ch) $\begin{array}{r} 16.19 \\ +\ 8.34 \\ \hline \end{array}$

(d) $\begin{array}{r} 36.84 \\ +\ 53.92 \\ \hline \end{array}$ (dd) $\begin{array}{r} 137.58 \\ +\ 273.16 \\ \hline \end{array}$

2 Cyfrifwch y rhain.

(a) $\begin{array}{r} 19.28 \\ -\ 6.25 \\ \hline \end{array}$ **(b)** $\begin{array}{r} 47.16 \\ -15.42 \\ \hline \end{array}$

(c) $\begin{array}{r} 253.80 \\ -\ 81.47 \\ \hline \end{array}$ **(ch)** $\begin{array}{r} 17.84 \\ -\ 8.13 \\ \hline \end{array}$

(d) $\begin{array}{r} 57.42 \\ -23.51 \\ \hline \end{array}$ **(dd)** $\begin{array}{r} 721.58 \\ -236.82 \\ \hline \end{array}$

3 Cyfrifwch y rhain.
- **(a)** £3.95 + 82c + £1.57
- **(b)** £15.21 + 77c + £3.42 + 61c
- **(c)** £63.84 + 90c + £8.51 + £91.20 + 47c
- **(ch)** £6.25 + 42c + 87c + £63.20

4 Cyfrifwch gost chwe DVD am £13.45 yr un.

5 Mae Alwena yn taflu picell 52.15 m ac mae Robin yn ei thaflu 46.47 m. Cyfrifwch y gwahaniaeth rhwng pellter eu tafliadau.

6 Amser yr enillydd a'r olaf mewn camp neidio ceffylau oedd 47.82 eiliad a 53.19 eiliad.
Cyfrifwch y gwahaniaeth rhwng y ddau amser hyn.

7 Mae Meleri yn prynu'r tri phecyn hyn o foron.

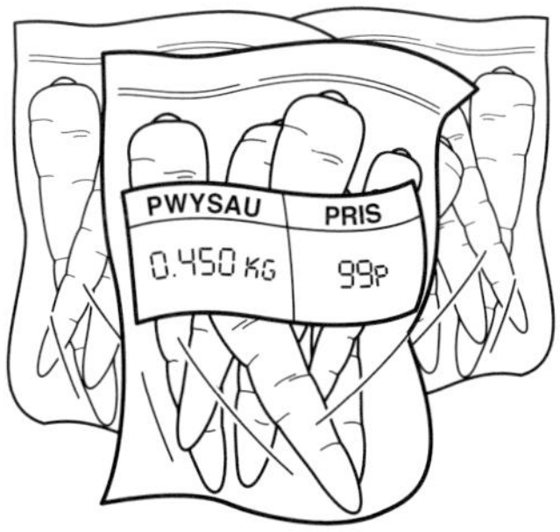

- **(a)** Faint yw cyfanswm eu pwysau?
- **(b)** Faint yw cyfanswm y gost?

8 Cyfrifwch gost 3 kg o nionod am £0.72 y cilogram.

9 Cyfrifwch y rhain.
- **(a)** 7.3 m + 87 cm + 6.1 m
- **(b)** 5.2 m + 54 cm + 3.85 m + 76 cm
- **(c)** 6.1 m − 278 cm
- **(ch)** 4.5 m − 57 cm
- **(d)** 12.1 cm − 7 mm

10 Cyfrifwch y rhain.
- **(a)** 650 g + 1.7 kg + 56 g + 2.1 kg
- **(b)** 3.7 kg + 450 g − 1.5 kg
- **(c)** 1.4 kg − 586 g
- **(ch)** 2 litr − 730 ml
- **(d)** 3 × 0.58 litr

11 Mae Helen yn prynu dau sgarff am £8.45 yr un a phâr o esgidiau am £35.99.
Faint o newid y mae hi'n ei gael o £60?

12 Mae Dewi yn prynu dau bapur newydd am 55c yr un a thri chylchgrawn am £1.20 yr un.
Faint o newid y mae Dewi yn ei gael o £10?

13 Cyfrifwch y rhain.

(a) 6×0.4	**(b)** 0.2×7
(c) 5×0.3	**(ch)** 0.8×9
(d) 0.4×0.1	**(dd)** 0.7×0.8
(e) 50×0.7	**(f)** 0.3×80
(ff) 0.4×0.3	**(g)** 0.6×0.1
(ng) $(0.7)^2$	**(h)** $(0.2)^2$

YMARFER 10.1GC

1 Enwch y rhannau hyn o gylch.

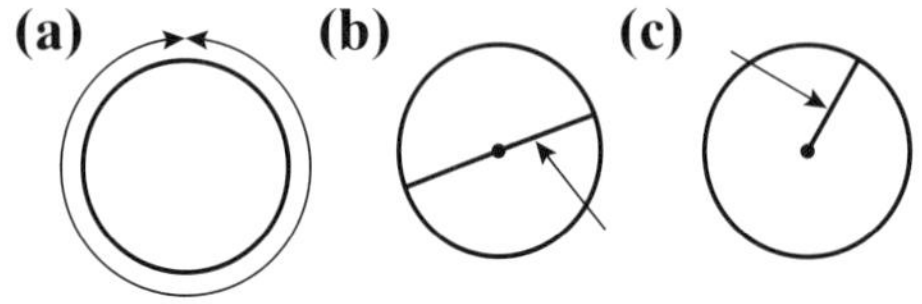

2 Enwch y polygonau hyn.

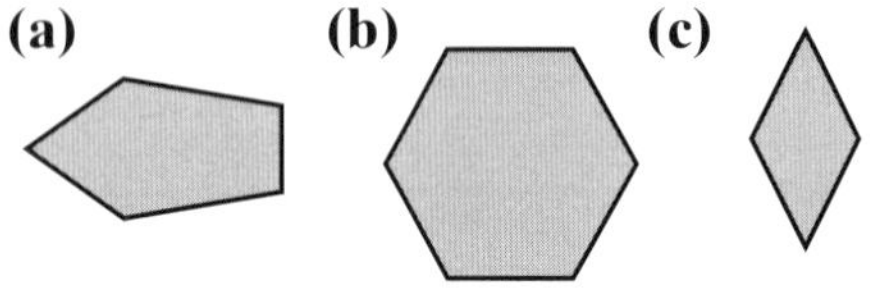

3 Mae hecsagon rheolaidd wedi ei lunio mewn cylch.
Sawl gradd yw'r mesuriad yn y canol ar gyfer lluniadu pob radiws sydd ei angen?

4 Lluniadwch gylch, radiws 5 cm, a'i ddefnyddio i lunio pentagon rheolaidd.
Mesurwch hyd ochr eich pentagon.

5 Lluniadwch gylch, radiws 6 cm, a'i ddefnyddio i lunio polygon 9 ochr rheolaidd.
Mesurwch hyd ochr eich polygon.

6

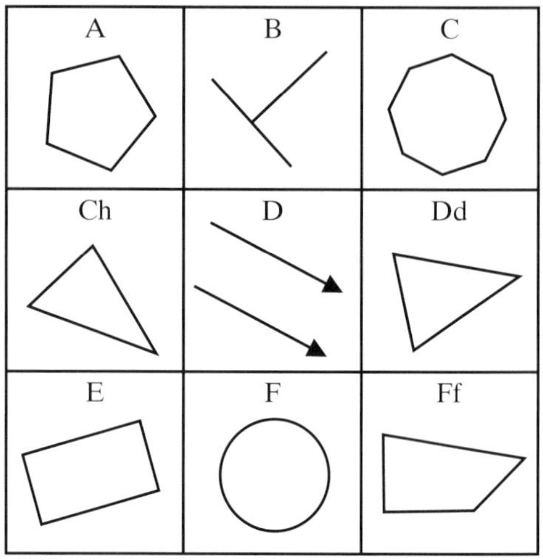

Copïwch a chwblhewch y tabl canlynol i ddangos pa un o'r blychau uchod sy'n cynnwys:

cylch	F
dwy linell baralel	
triongl isogeles	
pentagon	
petryal	

CBAC Haf 2001

7 Ym mhob un o rannau **(i)**, **(ii)** a **(iii)**, mae diagram o un o'r siapiau a enwir wedi'i luniadu. Lluniadwch ddiagram o'r siâp arall a enwir, gan ddangos yn glir y **gwahaniaeth** rhwng y ddau siâp.

(i) Sgwâr a phetryal

(ii) Triongl isosgeles a thriongl hafalochrog

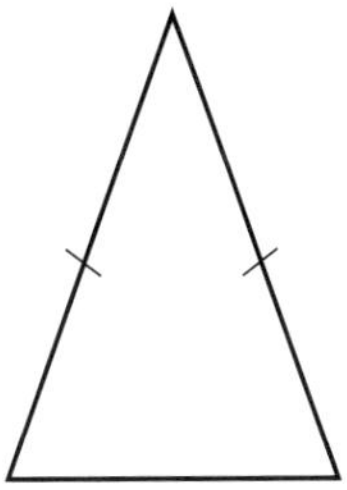

(iii) Octagon a phentagon

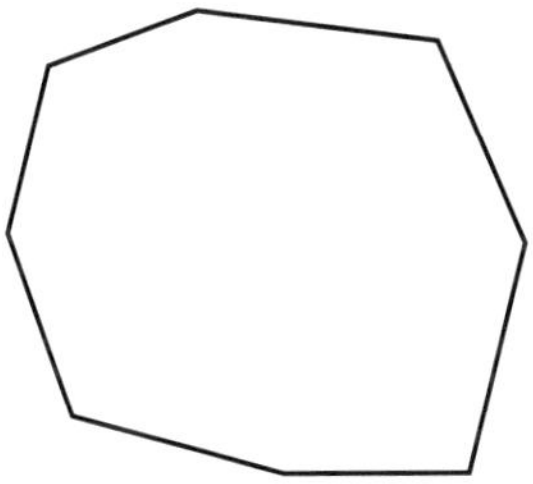

CBAC Haf 2005

8 Ar y diagramau canlynol tynnwch linellau i ddangos

arc cylch
radiws cylch
tangiad cylch
diamedr cylch
cord cylch

Mae arc cylch wedi'i luniadu i chi.

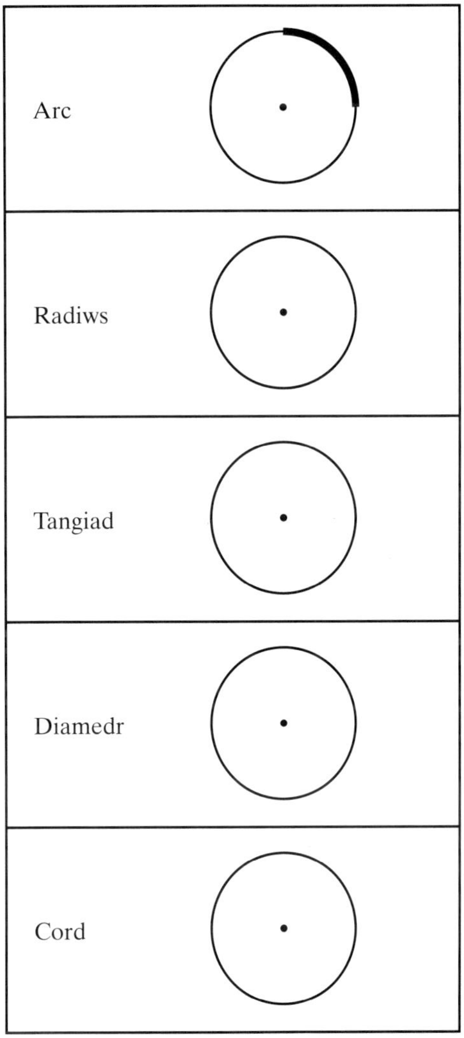

CBAC Haf 2005

YMARFER 11.1GC

Datryswch yr hafaliadau hyn.

1 $x - 5 = 12$	**2** $5x = 40$
3 $9y = 45$	**4** $x + 7 = 18$
5 $10p = 60$	**6** $2x = 2$
7 $3x = 18$	**8** $6y = 48$
9 $x - 2 = -5$	**10** $x - 12 = -4$
11 $x - 10 = -2$	**12** $x - 11 = -11$

YMARFER 11.2GC

Datryswch yr hafaliadau hyn.

1 $15 - x = 9$	**2** $7 - x = 10$
3 $3x + 2 = 11$	**4** $4x + 1 = 17$
5 $3x - 5 = 7$	**6** $3x + 6 = 48$
7 $3x - 7 = 41$	**8** $8x - 3 = 29$
9 $4x + 12 = 20$	**10** $4x + 18 = 22$
11 $5x + 6 = 31$	**12** $2x - 4 = -2$

YMARFER 11.3GC

Datryswch yr hafaliadau hyn.

1 $\frac{x}{4} = 7$	**2** $\frac{a}{3} = 6$	**3** $\frac{p}{7} = 7$
4 $\frac{y}{4} = 12$	**5** $\frac{x}{2} = 18$	**6** $\frac{x}{4} = 6$
7 $\frac{x}{3} = 7$	**8** $\frac{x}{5} = 5$	**9** $\frac{x}{6} = 1$
10 $\frac{x}{3} = 3$	**11** $\frac{x}{3} = 9$	**12** $\frac{x}{4} = 20$

YMARFER 11.4GC

1 Mae Rhydian yn meddwl am rif.
Mae'n adio 3 ato. Yr ateb yw 8.
Defnyddiwch x i gynrychioli rhif Rhydian.
Ysgrifennwch hafaliad a'i ddatrys i ddarganfod rhif Rhydian.

2 Mae Pat yn meddwl am rif.
Mae hi'n ei luosi â 3. Yr ateb yw 15.
Defnyddiwch x i gynrychioli rhif Pat.
Ysgrifennwch hafaliad a'i ddatrys i ddarganfod rhif Pat.

3 Mae pedwar afal yn costio 64c.
Defnyddiwch a i gynrychioli cost un afal mewn ceiniogau.
Ysgrifennwch hafaliad a'i ddatrys i ddarganfod cost un afal.

4 Mae gan Patel 16 cryno ddisg. Mae gan Sonia x cryno ddisg.
Gyda'i gilydd, mae ganddyn nhw 34 cryno ddisg.
Ysgrifennwch hafaliad a'i ddatrys i ddarganfod sawl cryno ddisg sydd gan Sonia.

5 Roedd gan Jên x pin ysgrifennu.
Mae hi wedi rhoi 6 ohonyn nhw i ffrindiau ac mae ganddi 7 yn weddill.
Ysgrifennwch hafaliad a'i ddatrys i ddarganfod sawl pin ysgrifennu oedd gan Jên ar y dechrau.

12 ARDDANGOS DATA

YMARFER 12.1GC

1 Dyma nifer y ceir o wahanol liwiau a aeth heibio i'r ysgol yn ystod un awr ginio.

Du	15
Glas	25
Gwyrdd	10
Coch	20
Arian	30
Arall	35

Lluniwch bictogram i ddangos y data hyn, gan ddefnyddio ● i gynrychioli 10 car.

2 Dyma sawl pysgodyn a gafodd ei ddal bob dydd am wythnos mewn llyn pysgota.

Dydd Llun	12
Dydd Mawrth	8
Dydd Mercher	10
Dydd Iau	4
Dydd Gwener	9
Dydd Sadwrn	18
Dydd Sul	27

Lluniwch bictogram i ddangos y data hyn, gan ddefnyddio ■ i gynrychioli 4 pysgodyn.

3 Dyma nifer y bobl a ddaeth i nofio ben bore bob dydd am wythnos mewn canolfan hamdden.

Dydd Llun	16
Dydd Mawrth	14
Dydd Mercher	18
Dydd Iau	15
Dydd Gwener	16
Dydd Sadwrn	10
Dydd Sul	8

Dewiswch eich symbol eich hun i gynrychioli 4 nofiwr a lluniwch bictogram i ddangos y data hyn.

4 Dyma sawl ymbarél a gafodd ei werthu mewn siop bob mis am flwyddyn.

Ionawr	40
Chwefror	20
Mawrth	60
Ebrill	80
Mai	50
Mehefin	30
Gorffennaf	15
Awst	10
Medi	25
Hydref	55
Tachwedd	40
Rhagfyr	65

Lluniwch bictogram i ddangos y data hyn.

YMARFER 12.2GC

1 Lluniwch siart cylch ar gyfer pob un o'r setiau data hyn.

(a)

Hoff ddiod	**Amlder**
Diod ffrwythau	42
Llaeth	12
Dŵr	48
Sudd	18
Arall	60
Cyfanswm	180

(b)

Lliw llygaid	**Amlder**
Glas	76
Gwyrddlas	28
Brown	92
Llwyd	38
Arall	6
Cyfanswm	240

(c)

Hoff fath o raglen	**Amlder**
Comedi	14
Opera sebon	22
Cartŵn	16
Drama	18
Arall	10
Cyfanswm	80

2 Lluniwch siart cylch ar gyfer pob un o'r setiau data hyn

(a)

Gweithgaredd	**Oriau**
Ysgol	6
Cysgu	9
Bwyta	2
Chwarae	3
Gwylio'r teledu	2
Arall	2

(b)

Hoff sianel deledu	**Amlder**
BBC	12
ITV	15
S4C	6
5	9
Lloeren/cabl	30

(c)

Hoff fath o ffilm	**Amlder**
Comedi	25
Arswyd	14
Caru	32
Antur	17
Arall	2

YMARFER 12.3GC

1 Mae'r tabl yn dangos y tymheredd uchaf bob dydd yn Miami dros gyfnod o 12 diwrnod.

Diwrnod	Ll	Ma	Me	Iau	Gw	Sad	Sul	Ll	Ma	Me	Iau	Gw
Tym. (°C)	27	29	28	31	33	34	37	36	33	32	30	31

Lluniwch graff llinell i ddangos yr wybodaeth hon.

2 Mae'r tabl yn dangos faint o raean gafodd ei werthu gan ganolfan arddio yn 2005.

Mis	Ion	Chwe	Maw	Ebr	Mai	Meh	Gorff	Awst	Medi	Hyd	Tach	Rhag
Gwerthiant (tunelli metrig)	2	3	5	8	13	11	6	5	7	8	4	1

Lluniwch graff llinell i ddangos yr wybodaeth hon.

3 Mae'r tabl yn dangos sawl tocyn gafodd ei werthu gan sinema bob dydd am wythnos.

Diwrnod	Llun	Maw	Mer	Iau	Gwe	Sad	Sul
Tocynnau	58	71	49	86	183	205	152

Lluniwch graff llinell i ddangos yr wybodaeth hon.

4 Mae'r tabl yn dangos gwerthiant misol teclynnau bach yn 2005.

Mis	Ion	Chwe	Maw	Ebr	Mai	Meh	Gorff	Awst	Medi	Hyd	Tach	Rhag
Gwerthiant (×£1000)	3	5	8	13	24	36	29	18	13	9	6	4

Lluniwch graff llinell i ddangos yr wybodaeth hon.

13 → CANRANNAU

YMARFER 13.1GC

1 Newidiwch y canrannau hyn yn ffracsiynau.
Ysgrifennwch bob ateb yn ei ffurf symlaf.
(a) 45% **(b)** 85%
(c) 4% **(ch)** 130%

2 Newidiwch y canrannau hyn yn ddegolion.
(a) 18% **(b)** 26% **(c)** 92%
(ch) 8% **(d)** 42% **(dd)** 3%
(e) 12% **(f)** 1% **(ff)** 170%
(g) 350% **(ng)** 5% **(h)** 14.5%

3 Newidiwch y degolion hyn yn ganrannau.
(a) 0.73 **(b)** 0.28 **(c)** 0.06
(ch) 0.235 **(d)** 1.68

4 Newidiwch y ffracsiynau hyn yn ganrannau.
(a) $\frac{3}{10}$ **(b)** $\frac{4}{5}$ **(c)** $\frac{13}{20}$
(ch) $\frac{7}{25}$ **(d)** $\frac{18}{40}$

5 Ysgrifennwch $\frac{1}{4}$ fel degolyn.
Ysgrifennwch 0.5 fel ffracsiwn.
Ysgrifennwch 10% fel degolyn.
Ysgrifennwch $\frac{1}{4}$, 0.5 a 30% yn eu trefn ddisgynnol.

6 Ysgrifennwch $\frac{2}{5}$ fel degolyn.
Ysgrifennwch 0.25 fel ffracsiwn.
Ysgrifennwch 10% fel degolyn.
Ysgrifennwch $\frac{2}{5}$, 0.25 a 10% yn nhrefn eu maint, y lleiaf yn gyntaf.
CBAC Haf 2003

7 **(a)** Ysgrifennwch $\frac{1}{2}$ fel degolyn
Ysgrifennwch 0.4 fel ffracsiwn
Ysgrifennwch 60% fel degolyn
Ysgrifennwch $\frac{1}{2}$, 0.4 a 60% yn eu trefn esgynnol.
(b) Lliwiwch 75% o'r siâp hwn.

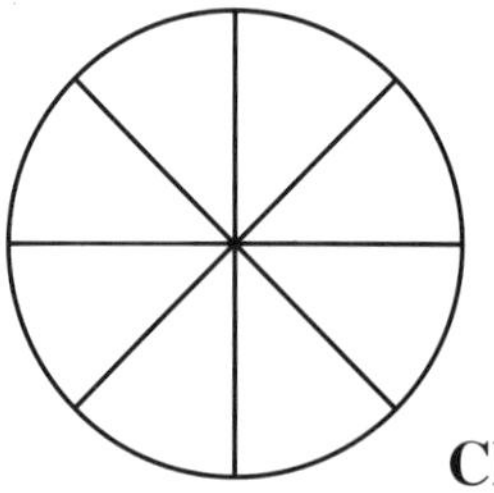

CBAC Haf 2002

8 Gan ddangos eich holl waith cyfrifo, darganfyddwch pa un o'r meintiau 0.8, $\frac{17}{20}$ ac 84% yw
(i) y lleiaf, **(ii)** y mwyaf.
CBAC Haf 2004

9 Gan ddangos eich holl waith cyfrifo, darganfyddwch pa un o'r meintiau $\frac{9}{20}$, 40% a 0.42 yw
(a) y lleiaf, **(b)** y mwyaf.
CBAC Haf 2005

YMARFER 13.2GC

Peidiwch â defnyddio cyfrifiannell yng nghwestiynau **1** i **6**.

1 Darganfyddwch 25% o £84.

2 Darganfyddwch 60% o 35 kg.

3 Darganfyddwch 15% o £70.

4 Mae Iestyn wedi benthyca £80 000 i brynu tŷ ac mae'n talu llog o 7% yn y flwyddyn gyntaf.
Cyfrifwch y llog.

5 Daeth 30% o ddisgyblion Blwyddyn 7 o'r un ysgol gynradd.
Mae 220 o ddisgyblion ym Mlwyddyn 7.
Faint ddaeth o'r ysgol gynradd honno?

6 Mae 15% o daliadau Treth y Cyngor Mr a Mrs Thompson yn cael ei ddefnyddio i dalu am yr heddlu, y gwasanaeth tân ac amddiffyn sifil.
Talodd Mr a Mrs Thompson £1200 o Dreth y Cyngor.
Faint sy'n mynd i dalu am yr heddlu, y gwasanaeth tân ac amddiffyn sifil?

Cewch ddefnyddio cyfrifiannell yng nghwestiynau **7** i **12**

7 Darganfyddwch 19% o £36.

8 Darganfyddwch 37% o 240 metr.

9 Darganfyddwch 108% o £64.

10 Cafodd 92% o'r seddi ar gyfer cyngerdd eu gwerthu yn ystod yr wythnos gyntaf.
Roedd 32 000 o seddi ar gael.
Faint gafodd eu gwerthu yn ystod yr wythnos gyntaf?

11 Mae Sara yn talu 6% o'i chyflog i gronfa bensiwn.
Ei chyflog misol yw £1450.
Faint y mae hi'n ei dalu i'r gronfa bensiwn bob mis?

12 Mae Michael yn newid £350 yn ewros.
Mae'r banc yn hawlio 2.5% o gomisiwn.
Faint yw'r comisiwn?

YMARFER 13.3GC

Peidiwch â defnyddio cyfrifiannell yng nghwestiynau **1** i **6**.

1 Cynyddwch £700 â'r canrannau hyn.
(a) 40% **(b)** 35%
(c) 70% **(ch)** 21%

2 Gostyngwch £520 â'r canrannau hyn.
(a) 70% **(b)** 25%
(c) 6% **(ch)** 20%

3 Cyflog Meinir yw £16 000 y flwyddyn.
Mae hi'n cael codiad cyflog o 3%.
Cyfrifwch ei chyflog newydd.

4 Mae cwmni'n torri 15% oddi ar ei fil cyflogau.
Y bil cyflogau cyn y toriad oedd £4 600 000.
Faint yw'r bil cyflogau ar ôl y toriad?

5 Cyflog Alwena yw £360 yr wythnos.
Mae hi'n talu 11% o yswiriant gwladol ac 15% o dreth incwm.
Cyfrifwch faint sydd gan Alwena yn weddill i'w wario bob wythnos.

6 Mae siop ddodrefn yn cynnal arwerthiant.

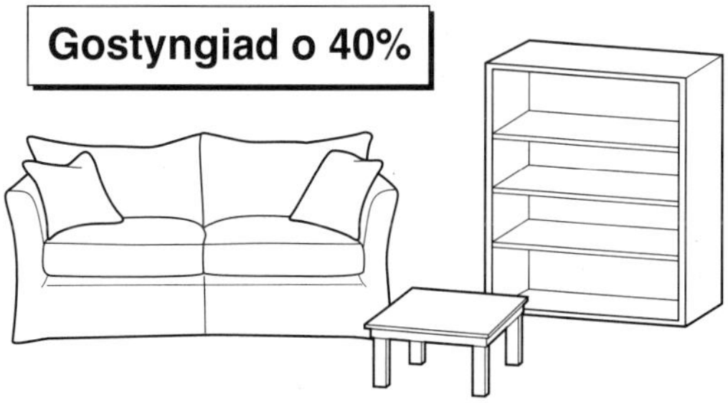

Cwblhewch y tabl i ddarganfod prisiau'r eitemau hyn yn yr arwerthiant.

Eitem	Pris gwreiddiol (£)	Gostyngiad (£)	Pris yn yr arwerthiant (£)
Cwpwrdd llyfrau	180		
Bwrdd a chadeiriau	840		
Soffa	440		
Uned arddangos	260		

Cewch ddefnyddio cyfrifiannell yng nghwestiynau **7** i **12**.

7 Cynyddwch £84 â'r canrannau hyn.
(a) 14% **(b)** 36%
(c) 9% **(ch)** 72%

8 Gostyngwch £428 â'r canrannau hyn.
(a) 23% **(b)** 37%
(c) 7% **(ch)** 69%

9 Gostyngodd gwerth car 12% yn y flwyddyn gyntaf.
Ei bris yn newydd oedd £16 800.
Beth oedd ei werth ymhen blwyddyn?

10 Llwyddodd 8% yn fwy o bobl mewn arholiad yn 2005 nag yn 2004.
Llwyddodd 6400 yn 2004.
Faint lwyddodd yn 2005?

11 Ym 1971 roedd 902 000 o enedigaethau yn y Deyrnas Unedig. Erbyn 1981 roedd y gyfradd geni 19% yn is.
Cyfrifwch nifer y genedigaethau ym 1981. Rhowch eich ateb i'r fil agosaf.

12 Roedd gwerth hynafolyn wedi cynyddu 180% mewn pum mlynedd.
Roedd yn werth £240 ar ddechrau'r pum mlynedd.
Faint oedd ei werth ar ddiwedd y pum mlynedd?

YMARFER 13.4GC

Peidiwch â defnyddio cyfrifiannell yng nghwestiynau **1** i **5**.

1 Cyfrifwch £4 fel canran o £50.

2 Cyfrifwch 8 metr fel canran o 40 metr.

3 Cyfrifwch 90c fel canran o £3.

4 Cyflog Geraint yw £50 yr wythnos.
Mae'n cael codiad cyflog o £2 yr wythnos.
Cyfrifwch ei godiad cyflog fel canran o £50.

5 Pris gwreiddiol cyfrifiadur oedd £600 ond mae'n cael ei ostwng £90.
Cyfrifwch y gostyngiad fel canran o'r pris gwreiddiol.

Cewch ddefnyddio cyfrifiannell yng nghwestiynau **6** i **10**.

6 Cyfrifwch £64 fel canran o £400.

7 Cyfrifwch 180 kg fel canran o 400 kg.

8 Nifer y tai a adeiladwyd mewn tref yn 2003 oedd 480. Cafodd hyn ei gynyddu 168 yn 2004.
Darganfyddwch y cynnydd fel canran o 480.

9 Gostyngodd gwerth buddsoddiad o £4800 ym 1998 i £4200 yn 2003.
Darganfyddwch y gostyngiad fel canran o £4800.

10 Yn 2005 cafodd yr isafswm cyflog cenedlaethol ei gynyddu o £4.85 i £5.05.
Cyfrifwch y cynnydd fel canran o £4.85.
Rhowch eich ateb i'r rhif cyfan agosaf.

YMARFER 14.1GC

1 Ysgrifennwch gyfesurynnau'r pwyntiau A, B, C, Ch, D, Dd, E, F, Ff ac G.

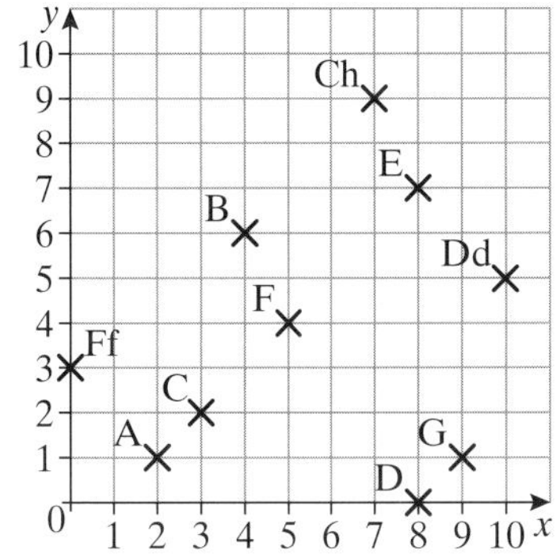

2 Ar grid, lluniadwch echelinau x ac y o 0 i 8.
Plotiwch y pwyntiau hyn a'u labelu.
A(7, 1) B(3, 5) C(4, 2)
Ch(2, 0) D(0, 6)

YMARFER 14.2GC

1 Ysgrifennwch gyfesurynnau'r pwyntiau A, B, C, Ch, D, Dd, E, F, Ff ac G.

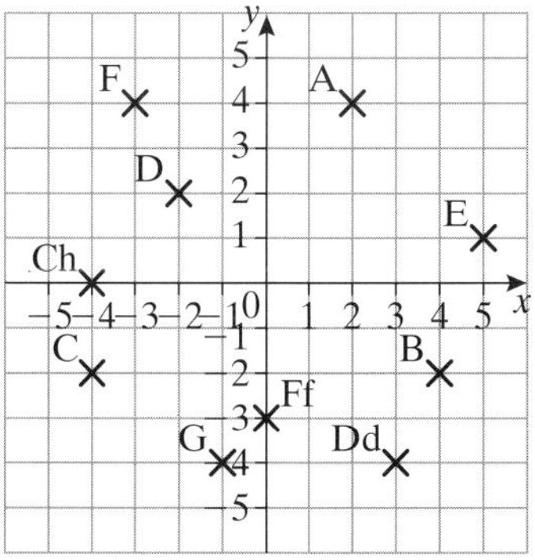

Yng nghwestiynau **2** i **9** bydd angen lluniadu echelinau x ac y o -5 i 5.

2 Plotiwch y pwyntiau A(5, 1), B(5, -3), C(-3, -3) a D(-3, 1), a'u labelu. Unwch y pwyntiau i ffurfio siâp ABCD. Beth yw enw arbennig y siâp ABCD?

3 Plotiwch y pwyntiau A(4, 1), B(4, -4) ac C(-3, -4), a'u labelu. Unwch y pwyntiau i ffurfio siâp ABC. Beth yw enw arbennig y siâp ABC?

4 Plotiwch y pwyntiau A(2, 4), B(2, -2), C(-1, -4) a D(-1, 2), a'u labelu. Unwch y pwyntiau i ffurfio siâp ABCD. Beth yw enw arbennig y siâp ABCD?

5 Plotiwch y pwyntiau A(2, 2), B(5, -3), C(-1, -3) a D(-2, 2), a'u labelu. Unwch y pwyntiau i ffurfio siâp ABCD. Beth yw enw arbennig y siâp ABCD?

6 Plotiwch y pwyntiau A(1, 3), B(1, -4) ac C(-3, -4), a'u labelu. Nodwch y pwynt D fel bod ABCD yn betryal. Ysgrifennwch gyfesurynnau D.

7 Plotiwch y pwyntiau A(1, 1), B(5, -1) a D(-3, -1), a'u labelu. Nodwch y pwynt C fel bod ABCD yn rhombws. Ysgrifennwch gyfesurynnau C.

8 Plotiwch y pwyntiau A(-1, 4), B(1, 0) ac C(-3, -2), a'u labelu. Nodwch y pwynt D fel bod ABCD yn sgwâr. Ysgrifennwch gyfesurynnau D.

9 Plotiwch y pwyntiau A(−2, 2), B(3, 3) ac C(1, −2), a'u labelu.
Nodwch y pwynt D fel bod ABCD yn baralelogram.
Ysgrifennwch gyfesurynnau D.

YMARFER 14.3GC

1 Ysgrifennwch hafaliadau'r llinellau **(a)**, **(b)**, **(c)** ac **(ch)**.

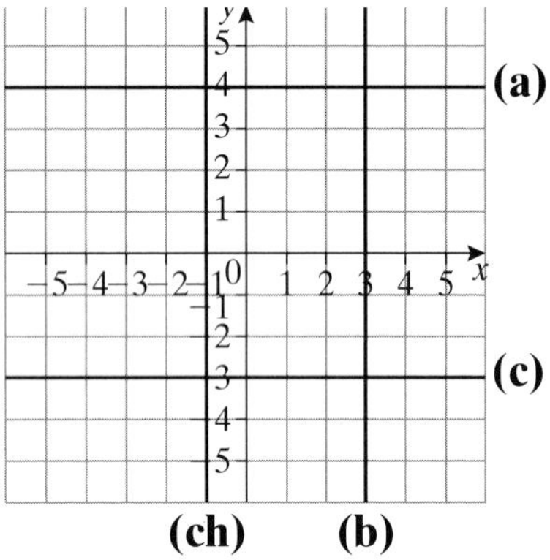

Yng nghwestiynau **2** i **4**, defnyddiwch yr un grid a labelwch ei echelinau o −7 i +7.

2 Copïwch a chwblhewch y tabl gwerthoedd hwn ar gyfer yr hafaliad $y = x + 2$.

x	−3	−2	−1	0	1	2	3
$y = x + 2$	−1		1		3		

Plotiwch y pwyntiau ar eich grid a'u cysylltu â llinell syth.

3 Copïwch a chwblhewch y tabl gwerthoedd hwn ar gyfer yr hafaliad $y = x - 4$.

x	−3	−2	−1	0	1	2	3	4	5
$y = x - 4$	−7		−5		−3		−1		

Plotiwch y pwyntiau ar eich grid a'u cysylltu â llinell syth.

4 Copïwch a chwblhewch y tabl gwerthoedd hwn ar gyfer yr hafaliad $x + y = 5$.

x	−1	0	1	2	3	4	5	6
$y = x + 2$	6		4		2		0	

Plotiwch y pwyntiau ar eich grid a'u cysylltu â llinell syth.

5 Beth yw cyfesurynnau'r pwynt lle mae'r llinellau yng nghwestiynau **3** a **4** yn croesi ei gilydd?

Yng nghwestiynau **6** a **7**, defnyddiwch yr un grid a labelwch ei echelinau o −8 i 8.

6 Copïwch a chwblhewch y tabl gwerthoedd hwn ar gyfer yr hafaliad $y = 2x - 3$.

x	−2	−1	0	1	2	3	4	5
$2x$		−2		2			8	
-3		−3		−3			−3	
$y = 2x - 3$		−5		−1			5	

Plotiwch y pwyntiau ar eich grid a'u cysylltu â llinell syth.

7 Copïwch a chwblhewch y tabl gwerthoedd hwn ar gyfer yr hafaliad $y = 6 - x$.
Cofiwch: $6 - (-2) = 6 + 2 = 8$.

x	−2	−1	0	1	2	3	4	5	6	7
$y = 6 - x$	8			5			2		0	

Plotiwch y pwyntiau ar eich grid a'u cysylltu â llinell syth.

8 Beth yw cyfesurynnau'r pwynt lle mae'r llinellau yng nghwestiynau **6** a **7** yn croesi ei gilydd?

15 → TRAWSFFURFIADAU 1

YMARFER 15.1GC

1 Copïwch y siapiau hyn.
Ar bob siâp, tynnwch y llinellau cymesuredd.

(a)

(b)

(c)

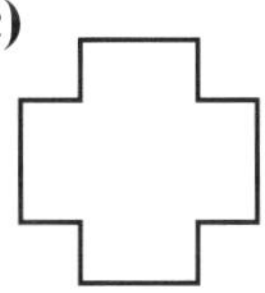

2 Sawl llinell cymesuredd sydd gan y siapiau hyn?

(a)

(b)

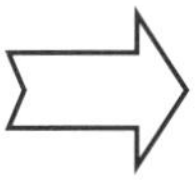

(c)

3 Lluniadwch betryal.
Mae gan betryal ddwy linell cymesuredd.
Tynnwch y ddwy linell cymesuredd ar eich petryal.

4 Mae gan y triongl hwn dair llinell cymesuredd.
Pa fath o driongl yw hwn?

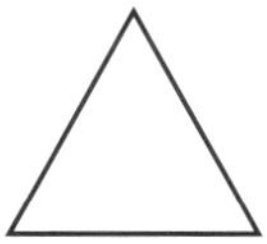

5 Copïwch y grid hwn.
Lliwiwch ragor o sgwariau er mwyn i'r groeslin doredig fod y llinell cymesuredd.

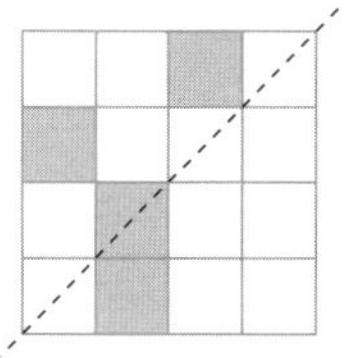

6 Copïwch y grid hwn.
Lliwiwch ragor o sgwariau er mwyn i'r grid fod â dwy linell cymesuredd.

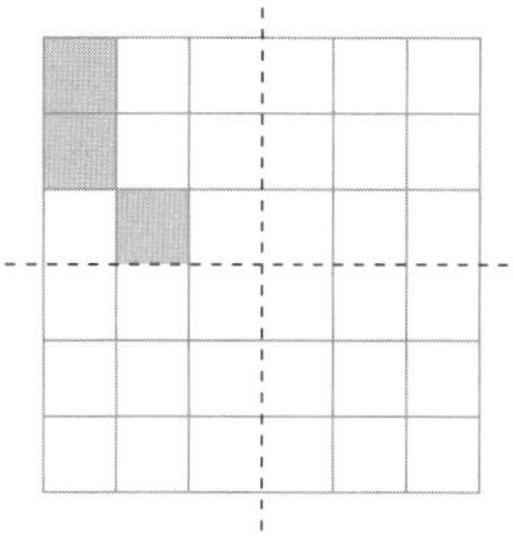

7 Gwnewch batrwm sydd â dwy linell cymesuredd. Lliwiwch sgwariau ar grid tebyg i hwn.

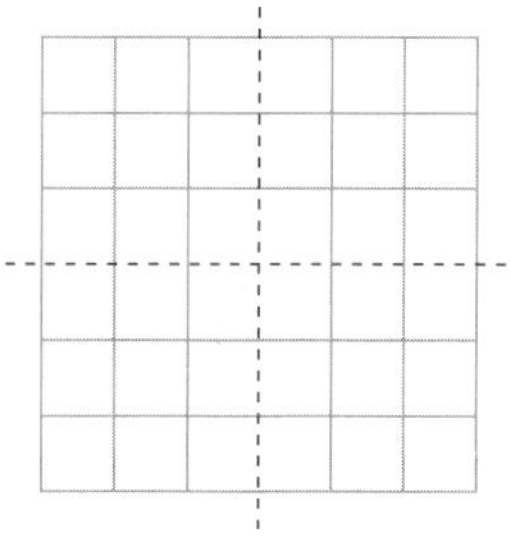

8 Copïwch y diagramau hyn.
Cwblhewch y diagramau er mwyn i'r llinellau toredig fod yn llinellau cymesuredd.

(a)

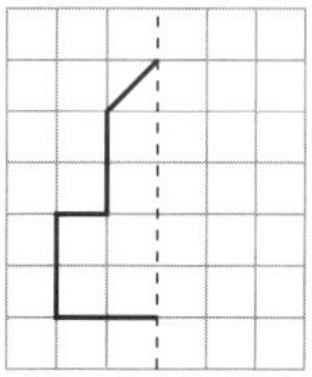

(b)

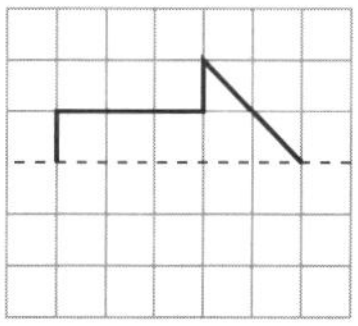

(c)

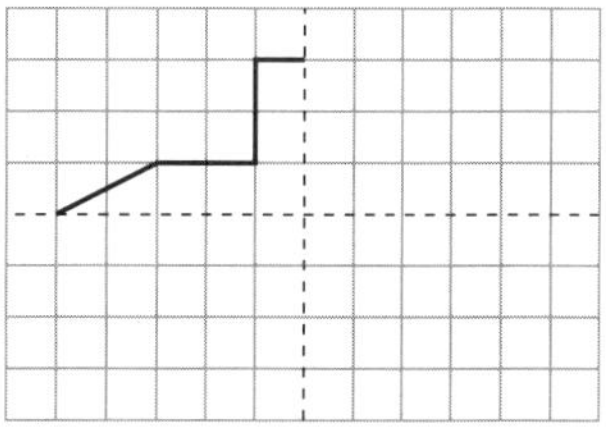

YMARFER 15.2GC

1 Beth yw trefn cymesuredd cylchdro pob un o'r siapiau hyn?

(a)
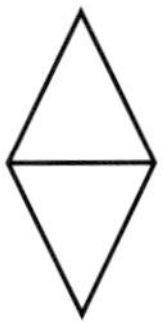

(b)
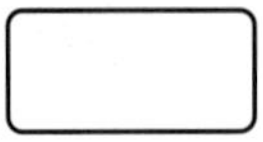

(c)

(ch)
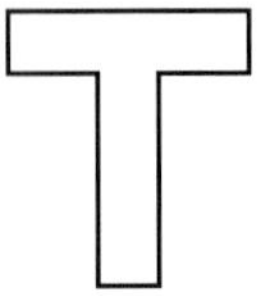

2 Edrychwch ar y pentagon rheolaidd hwn.

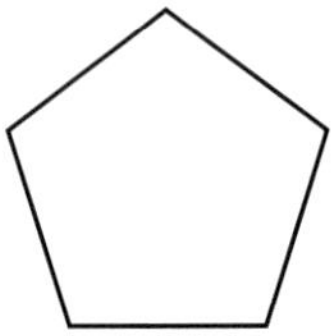

Sawl llinell cymesuredd sydd ganddo? Beth yw trefn ei gymesuredd cylchdro?

3 Mae gan y triongl hwn gymesuredd cylchdro trefn 3.

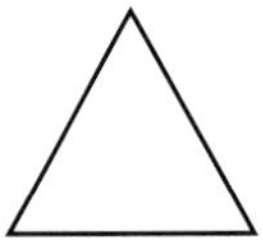

Lluniadwch driongl gwahanol nad oes ganddo gymesuredd cylchdro.

4 Copïwch y grid hwn. Lliwiwch ragor o sgwariau er mwyn i'r patrwm fod â chymesuredd cylchdro trefn 2.

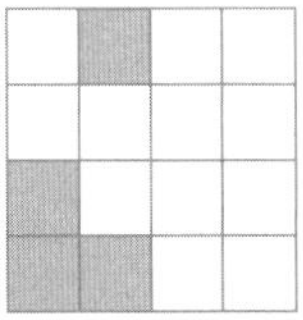

5 Copïwch y grid hwn. Lliwiwch ragor o sgwariau er mwyn i'r patrwm fod â chymesuredd cylchdro trefn 4.

6 Lliwiwch sgwariau ar grid 3 × 3 er mwyn i'ch patrwm fod â chymesuredd cylchdro trefn 2 ond dim cymesuredd adlewyrchiad.

7 Copïwch y diagram hwn.

Cwblhewch y lluniad er mwyn iddo fod â chymesuredd cylchdro trefn 4.

8 Copïwch y diagram hwn.

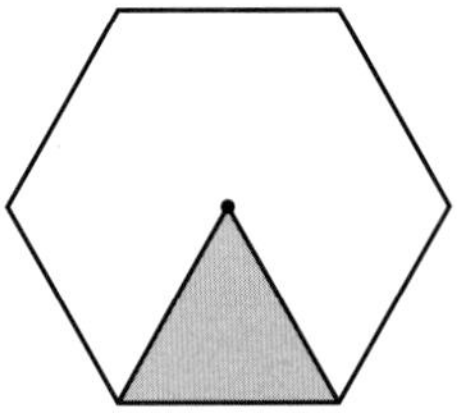

Cwblhewch y lluniad er mwyn iddo fod â chymesuredd cylchdro trefn 3 ond dim cymesuredd adlewyrchiad.

9 Lluniadwch batrwm syml sydd â chymesuredd cylchdro trefn 2.

YMARFER 15.3GC

1 Copïwch bob siâp ar bapur sgwariau a'i adlewyrchu yn y llinell ddrych sydd ar y grid.

(a)

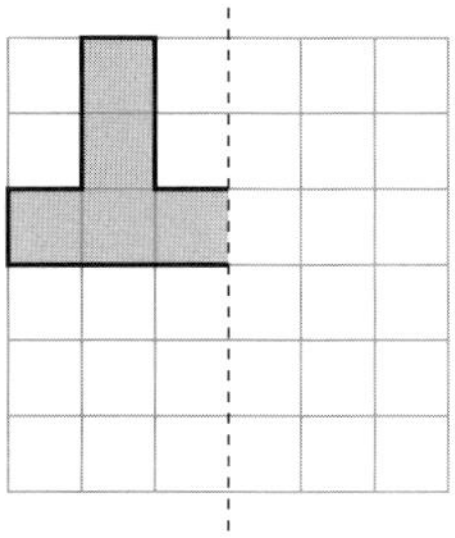

(b)

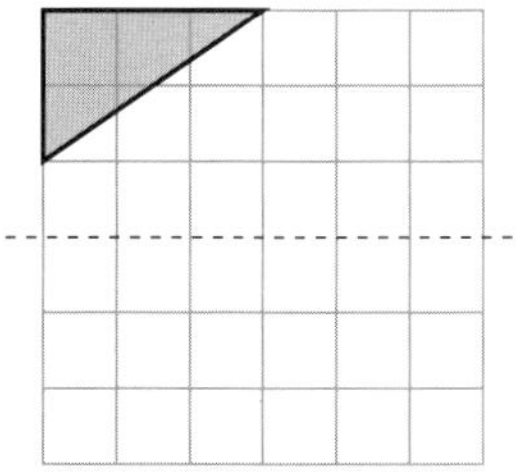

(c)

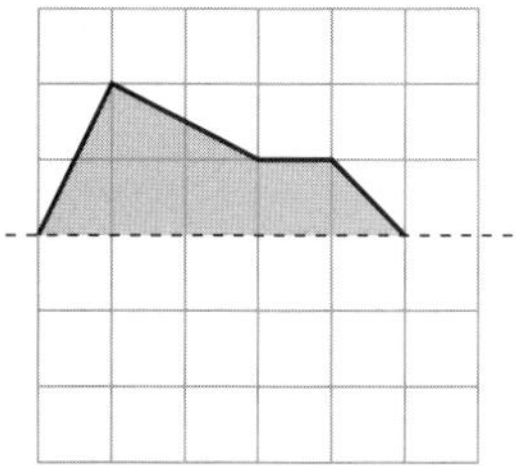

(ch)

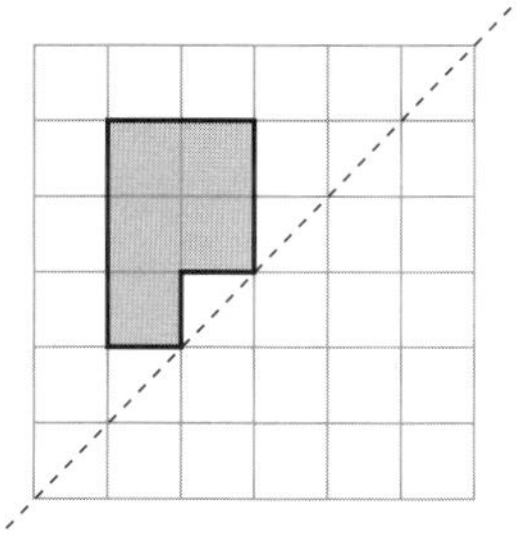

(d)

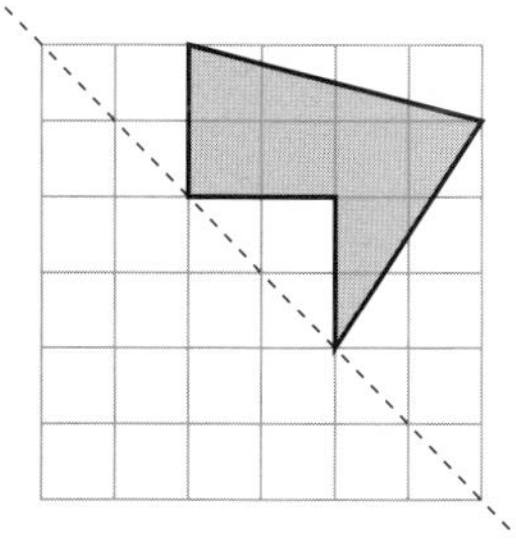

2 Copïwch bob pâr o siapiau ar bapur sgwariau a thynnwch linell ddrych ar gyfer yr adlewyrchiad.

(a)

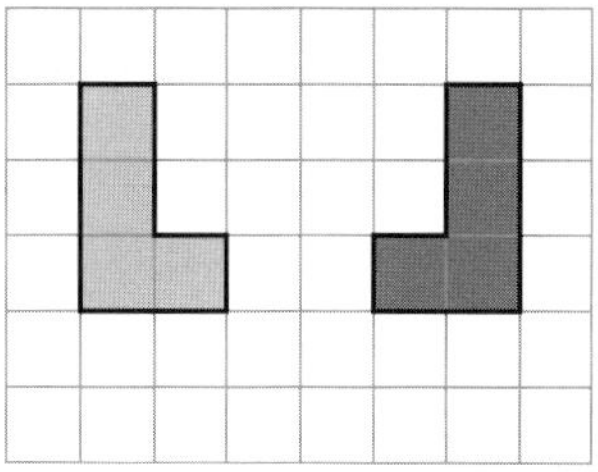

(b)

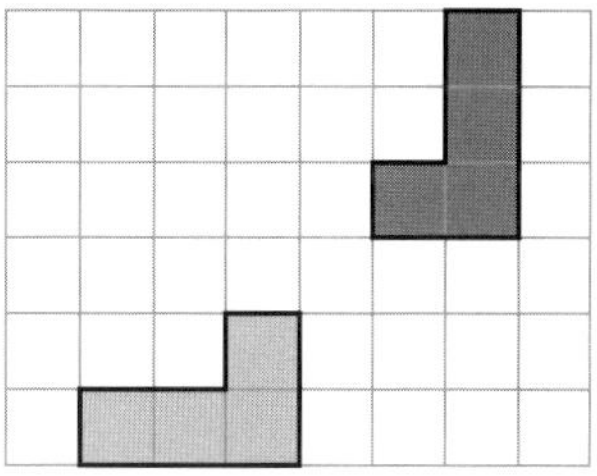

(c)

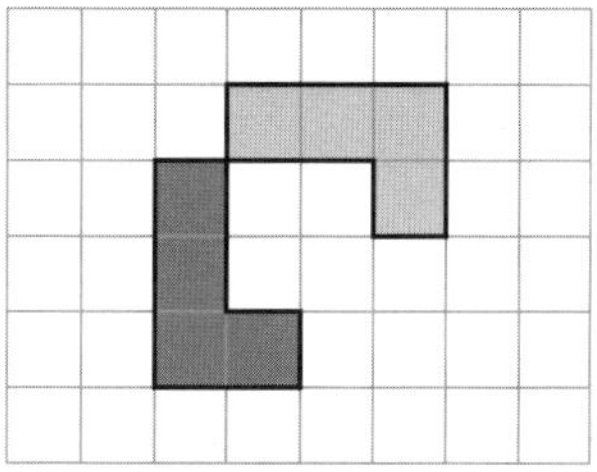

3 Copïwch y diagram.
Adlewyrchwch faner A yn y llinell ddrych. Labelwch y ddelwedd yn B.
Adlewyrchwch faner A yn yr echelin *y*. Labelwch y ddelwedd yn C.

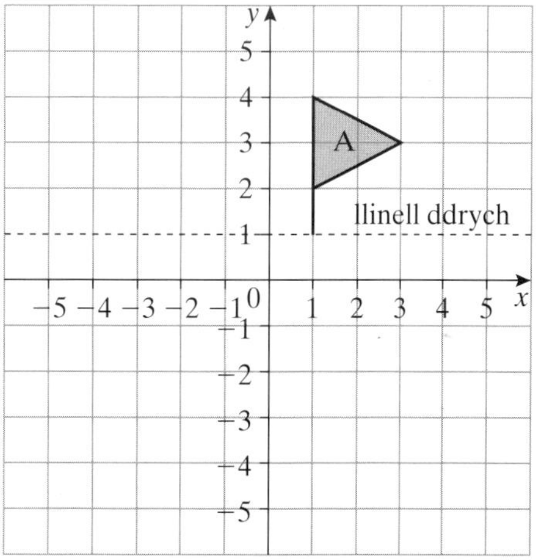

4 Lluniadwch echelinau x ac y o -5 i 5. Plotiwch y pwyntiau (2, 1), (5, 1), (5, 3) a (3, 5).
Unwch y pwyntiau i ffurfio trapesiwm, a'i labelu'n A.
Adlewyrchwch siâp A yn yr echelin y.
Labelwch y ddelwedd yn B.
Adlewyrchwch siâp A yn yr echelin x.
Labelwch y ddelwedd yn C.

5 Trwy ba ongl mae'r gwrthrych tywyll wedi ei gylchdroi i ffitio'r ddelwedd olau?

(a)

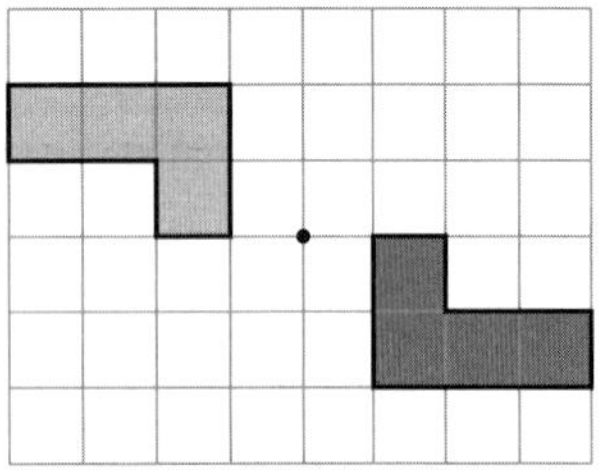

(b)

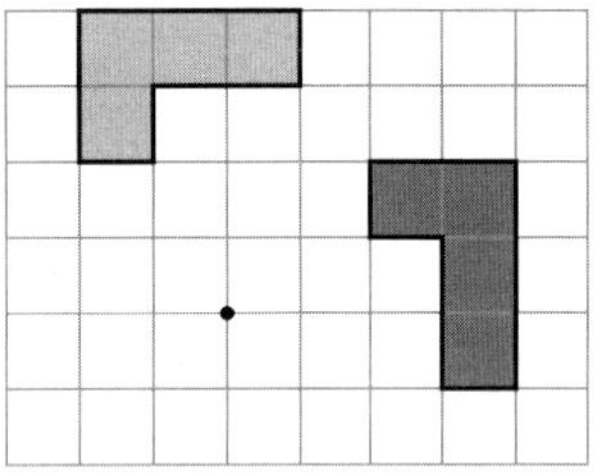

6 Mae'r pwyntiau A, B ac C yn rhan o'r siâp hwn.
Mae gan y siâp gymesuredd cylchdro trefn 6.

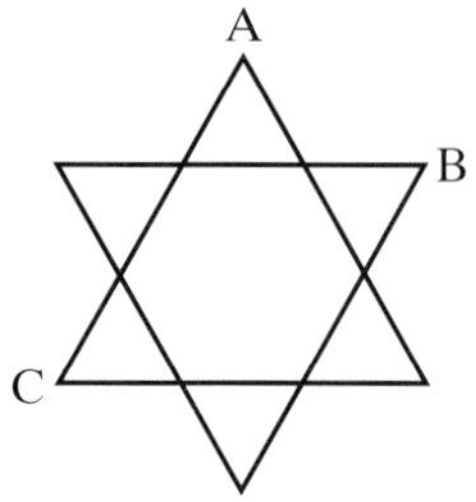

Pa ongl gylchdro yn y cyfeiriad clocwedd sy'n mapio
(a) A ar ben B?
(b) A ar ben C?

7 Mae triongl A naill ai wedi ei gylchdroi neu wedi ei adlewyrchu i roi'r delweddau hyn.

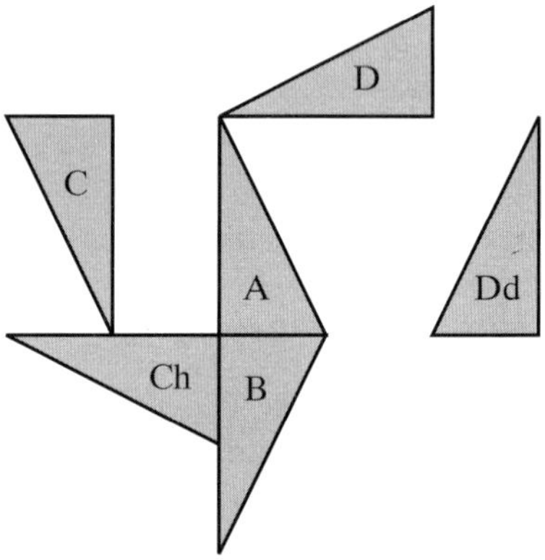

(a) Rhestrwch y trionglau sy'n adlewyrchiadau o driongl A.
(b) Rhestrwch y trionglau sy'n gylchdroeon o driongl A.

16 → MESURAU CYFARTALEDD AC AMREDIAD

YMARFER 16.1GC

1 Darganfyddwch ganolrif pob un o'r setiau data hyn.

(a) 1 4 5 7 9 9 10
(b) 3 9 6 4 3 9 3 2 7
(c) 4 5 9 6 9 9 7 4 8 8
(ch) 2 5 3 2 7 8 9 3 4
(d) 3 7 1 3 5 7 9 11

2 Cyfrifwch ganolrif y saith cyflog wythnosol hyn.

£257 £238 £289 £362
£321 £411 £306

3 Dyma oedran chwech o athrawon.

46 52 38 25 31 62

Cyfrifwch yr oedran canolrif.

4 Dyma farciau Sophie mewn pum prawf.

5 8 9 7 8

Dyma farciau Carol mewn chwe phrawf.

7 6 9 4 8 3

(a) Cyfrifwch farc canolrif
  (i) Sophie. **(ii)** Carol.
(b) Pwy gafodd y marc canolrif uchaf?

5 Mae Steffan wedi bod yn cyfrifo canolrif y rhifau hyn.

4 2 1 5 7

Mae'n dweud mai'r canolrif yw 1. Mae'n anghywir.

(a) Beth oedd ei gamgymeriad?
(b) Beth yw'r ateb cywir?

YMARFER 16.2GC

1 Darganfyddwch fodd y set hon o ddata.

1 2 1 3 2 4
3 5 2 5 2

2 Dyma nifer y bechgyn a gymerodd ran mewn deg o wahanol ymarferion chwaraeon.

18 17 17 20 16
20 9 9 17 10

Darganfyddwch nifer moddol y bechgyn mewn ymarfer chwaraeon.

3 Dyma'r marciau a gafodd disgyblion mewn prawf.

10 12 18 17 16 18 14 15
16 18 14 18 20 9 18 13

Darganfyddwch y marc moddol.

4 Dyma daldra deg o bobl.

173 cm 158 cm 161 cm 163 cm
181 cm 153 cm 173 cm 170 cm
162 cm 180 cm

Darganfyddwch y taldra moddol.

5 Dyma oedrannau grŵp o ffrindiau.

18 22 21 19 18
18 17 19 17 21

Darganfyddwch yr oedran moddol.

YMARFER 16.3GC

1 Cyfrifwch gymedr y set hon o ddata.

3 6 5 4 7 6 8 1

2 Mae garddwr yn mesur uchder grŵp o blanhigion.
Dyma'r uchderau.

50 cm 65 cm 80 cm
40 cm 35 cm

Cyfrifwch yr uchder cymedrig.

3 Dyma farciau disgyblion mewn prawf.

9 7 8 7 5 6 8 9 5 6

Cyfrifwch y marc cymedrig.

4 Dyma oedrannau grŵp o ffrindiau.

18 22 21 19 18
18 17 19 17 21

Cyfrifwch yr oedran cymedrig.

5 Dyma gyflogau deg gweithiwr mewn cwmni bach.

£20 000	£20 000
£20 000	£18 000
£22 000	£23 000
£25 000	£21 000
£23 000	£28 000

Cyfrifwch y cyflog cymedrig.

YMARFER 16.4GC

1 Darganfyddwch amrediad y set hon o ddata.

3 6 5 4 7 6 8 1

2 Mae garddwr yn mesur uchder grŵp o blanhigion.
Dyma'r uchderau.

50 cm 65 cm 80 cm
40 cm 35 cm

Cyfrifwch amrediad yr uchderau.

3 Dyma farciau disgyblion mewn prawf.

9 7 8 7 5 6 8 9 5 6

Cyfrifwch amrediad y marciau.

4 Dyma oedrannau grŵp o ffrindiau.

18 22 21 19 18
18 17 19 17 21

Cyfrifwch amrediad eu hoedrannau.

5 Dyma gyflogau deg gweithiwr mewn cwmni bach.

£20 000	£20 000
£20 000	£18 000
£22 000	£23 000
£25 000	£21 000
£23 000	£28 000

Cyfrifwch amrediad eu cyflogau.

YMARFER 16.5GC

1 Mae'r tabl yn dangos pwysau'r menywod mewn dosbarth cadw'n heini.

Pwysau mewn kg (i'r cilogram agosaf)	Nifer yr aelodau
45 − 49	8
50 − 54	12
55 − 59	10
60 − 64	6
65 − 69	8

Ysgrifennwch y dosbarth modd.

2 Mae'r tabl yn dangos cyflog wythnosol 30 o weithwyr.

Cyflog wythnosol (£)	Nifer y gweithwyr
100 − 149.99	3
150 − 199.99	10
200 − 249.99	12
249 − 300.99	5

Ysgrifennwch y dosbarth modd.

3 Mae'r tabl yn dangos oedran y bobl mewn clwb chwarae cardiau.

Oedran	Nifer y bobl
20–29	5
30–39	12
40–49	8
50–59	15
60–69	26
70–79	10

Darganfyddwch y dosbarth modd.

4 Dyma'r marciau a gafodd disgyblion mewn prawf.

55	60	62	74	53
59	73	81	91	48
43	62	90	85	45
63	67	75	49	84
61	67	44	68	77
83	49	84	76	63
53	73	88	64	74
79	56	63	44	59
82	59	65	57	87
83	72	70	51	48

Copïwch a chwblhewch y tabl amlder ac ysgrifennwch y dosbarth modd.

Marc	Marciau rhifo	Cyfanswm
41–50		
51–60		
61–70		
71–80		
81–90		
91–100		

YMARFER ADOLYGU 16GC

1 Y marciau a gafodd Jane mewn naw prawf mathemateg yw

78 67 75 89 86
46 66 78 84

Cyfrifwch werth cymedrig y marciau hyn.

CBAC Haf 2005

2 Mae Anwen yn chwarae golff. Ei sgorau yn ei gemau diweddar yw:

75 74 69 83 79 82 65
87 75 73 71 74 81

(a) Darganfyddwch amrediad y sgorau hyn.
(b) Darganfyddwch werth cymedrig y sgorau hyn.

CBAC Haf 2004

3 Mae Sioned yn paratoi ar gyfer gwyliau. Mae hi'n edrych ar gost yr un gwyliau mewn nifer o bamffledi gwahanol. Dangosir y costau isod.

£320 £365 £299 £405
£354 £387 £368 £310

(a) Darganfyddwch amrediad y costau hyn.
(b) Darganfyddwch werth cymedrig y costau hyn.

CBAC Haf 2003

4 Dyma sgorau chwaraewr criced yn ei un ar ddeg gêm ddiwethaf.

15 0 35 2 56 2
75 5 21 2 17

(a) Ysgrifennwch fodd y sgorau hyn.
(b) Darganfyddwch werth canolrif y sgorau.

5 7 4 7 5 5 6 7 8 7 8 4 7 4 3 5

Ar gyfer y rhifau uchod:
(a) darganfyddwch y canolrif.
(b) ysgrifennwch y modd.
(c) darganfyddwch yr amrediad.
(ch) cyfrifwch y gwerth cymedrig.

CBAC Haf 2002

6 23 35 33 26 53 28 45 35 18 44

Ar gyfer y rhifau a ddangosir uchod:
(a) ysgrifennwch amrediad y rhifau.
(b) cyfrifwch werth cymedrig y rhifau.

CBAC Haf 2001

7 1 3 7 4 2 9 8 7 2 6 2 8 2 9 9

Ar gyfer y rhifau uchod, ysgrifennwch:
(a) y modd.
(b) y canolrif.

CBAC Haf 2001

8 Dyma nifer y gemau cyfrifiadur a gafodd eu gwerthu mewn siop yn ystod y naw diwrnod cyn y Nadolig.

23 34 45 35 65
56 39 54 63

(a) Beth yw amrediad nifer y gemau cyfrifiadur a gafodd eu gwerthu bob dydd?
(b) Cyfrifwch y nifer cymedrig o gemau cyfrifiadur a gafodd eu gwerthu bob dydd.

CBAC Haf 2000

9 Wrth roi tro i'r troellwr isod, mae yr un mor debygol o lanio ar unrhyw un o'r rhifau sydd arno.

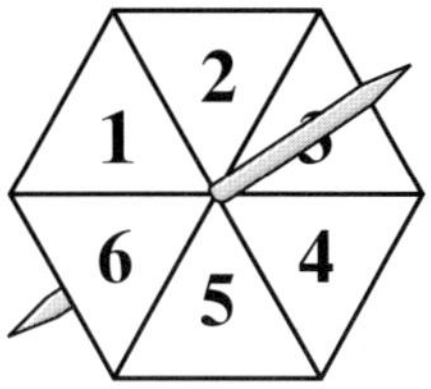

Mae Wenna yn rhoi tro i'r troellwr un deg tri o weithiau. Dyma ei chanlyniadau.

1	3	3	5	4	2	6
6	4	5	5	3	3	

Ar gyfer y gwerthoedd hyn, ysgrifennwch

(i) y modd.

(ii) y canolrif.

CBAC Haf 2000

17 → DILYNIANNAU 1

YMARFER 17.1GC

1 Darganfyddwch bedwar term cyntaf pob un o'r dilyniannau hyn.

(a) Term cyntaf 3, rheol term-i-derm Adio 5

(b) Term cyntaf -5, rheol term-i-derm Adio 2

(c) Term cyntaf 23, rheol term-i-derm Tynnu 5

(ch) Term cyntaf 60, rheol term-i-derm Tynnu 25

(d) Term cyntaf -17, rheol term-i-derm Adio 6

(dd) Term cyntaf -1, rheol term-i-derm Adio $\frac{1}{2}$

2 Ysgrifennwch y ddau derm nesaf ym mhob un o'r dilyniannau hyn a rhowch y rheol term-i-derm.

(a) 1, 8, 15, 22, 29, 36, ...

(b) 7, 13, 19, 25, 31, 37, ...

(c) 9, 17, 25, 33, 41, 49, ...

(ch) 4, 13, 22, 31, 40, 49, ...

(d) 16, 21, 26, 31, 36, 41, ...

(dd) 23, 30, 37, 44, 51, 58, ...

3 Ysgrifennwch y ddau derm nesaf ym mhob un o'r dilyniannau hyn a rhowch y rheol term-i-derm.

(a) 41, 35, 29, 23, 17, 11, ...

(b) 39, 32, 25, 18, 11, 4, ...

(c) 26, 21, 16, 11, 6, 1, ...

(ch) 29, 23, 17, 11, 5, -1, ...

(d) 43, 35, 27, 19, 11, 3, ...

(dd) 68, 55, 42, 29, 16, 3, ...

4 Darganfyddwch y rhifau coll ym mhob un o'r dilyniannau hyn a rhowch y rheol term-i-derm.

(a) 1, 7, …, 19, 25, …

(b) 11, …, 35, 47, …, 71

(c) 85, …, 67, …, 49, 40

(ch) …, 87, 83, 79, …, 71

(d) 7, 22, …, …, 67, 82

(dd) 34, …, 20, 13, 6, …

YMARFER 17.2GC

1 Lluniadwch y patrwm nesaf ym mhob un o'r dilyniannau hyn.
I bob dilyniant, cyfrwch y dotiau ym mhob patrwm a darganfyddwch y rheol term-i-derm.

(a)

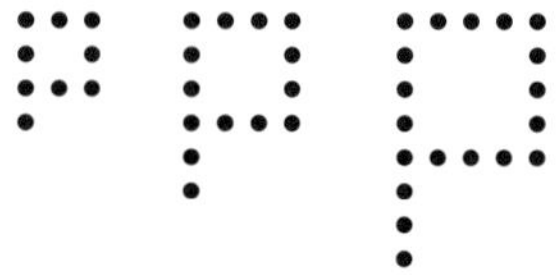

(b)

(c)

(ch)

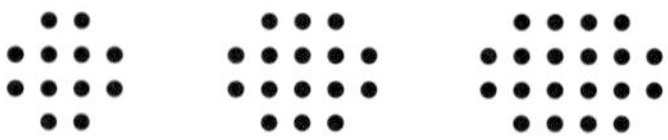

2 Lluniadwch y patrwm nesaf ym mhob un o'r dilyniannau hyn.
I bob dilyniant, cyfrwch y llinellau ym mhob patrwm a darganfyddwch y rheol term-i-derm.

(a) 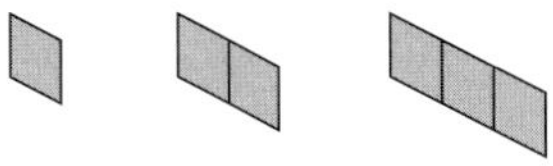

(b) 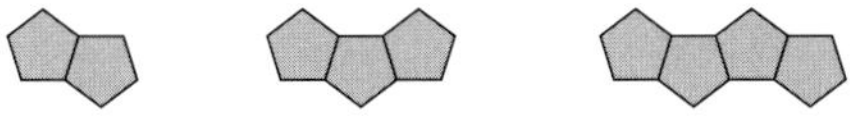

(c) 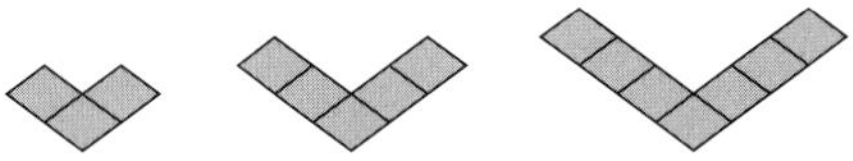

(ch) 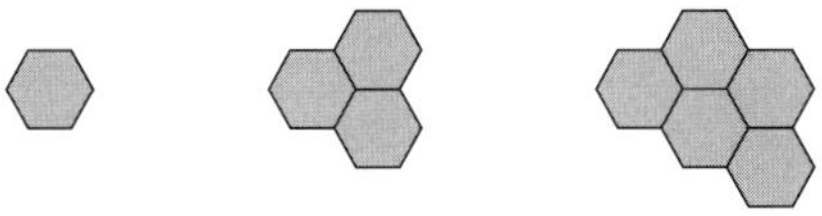

YMARFER 17.3GC

1 **(a)** Ysgrifennwch y term nesaf yn y dilyniant

3 8 13 18 23 …

(b) Ysgrifennwch, mewn geiriau, y rheol ar gyfer parhau â'r dilyniant hwn.

88 79 70 61 52 …

CBAC Haf 2000

2 **(a)** Ysgrifennwch y term nesaf yn y dilyniant

4 8 12 16 20 …

(b) Mae dotiau'n cael eu defnyddio i wneud dilyniant o batrymau.
Mae'r tri phatrwm cyntaf i'w gweld isod.

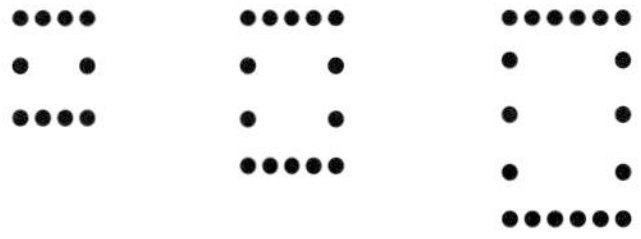

Lluniadwch y pedwerydd patrwm.

CBAC Haf 2001

3 **(a)** Ysgrifennwch y ddau derm nesaf yn y dilyniant

4 11 18 25 32 … …

(b) Mae trionglau, ∇, yn cael eu defnyddio i wneud dilyniant o batrymau.
Dangosir isod y tri phatrwm cyntaf.

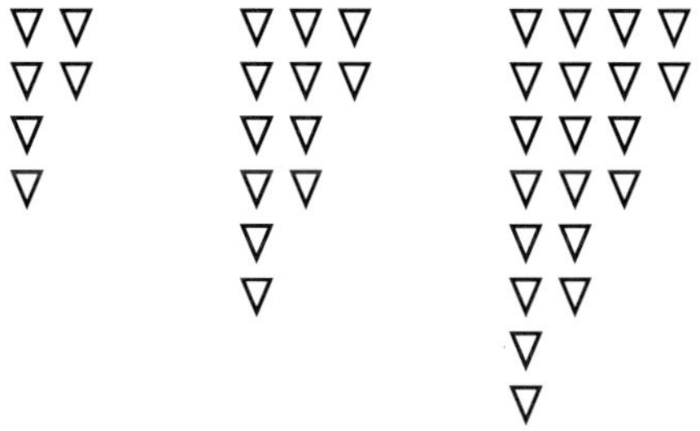

Lluniadwch y pedwerydd patrwm.

CBAC Haf 2002

4 Ysgrifennwch y ddau rif nesaf yn y dilyniant:

27, 25, 21, 15, ……, ……

CBAC Haf 2003

5 Ysgrifennwch dri therm cyntaf y dilyniant sydd â'i $n$fed term yn $n^2 - 2$.

CBAC Haf 2004

6 **(a)** Ysgrifennwch y ddau derm nesaf yn y dilyniant

5 8 12 17 ………………

(b) Mae dotiau'n cael eu defnyddio i luniadu dilyniant o batrymau.
Dangosir isod y tri phatrwm cyntaf.

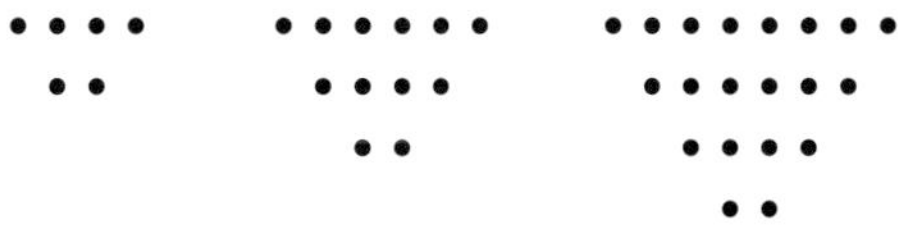

Lluniadwch y siâp nesaf yn y patrwm.

CBAC Haf 2004

7 Mae dotiau'n cael eu defnyddio i wneud dilyniant o batrymau. Dangosir y tri phatrwm cyntaf isod.

Lluniadwch y **pumed** patrwm.

CBAC Haf 2005

8 96 48 24 12 6 …

(i) Ysgrifennwch y term nesaf yn y dilyniant uchod.

(ii) Disgrifiwch, mewn geiriau, y rheol ar gyfer darganfod y term nesaf yn y dilyniant uchod.

CBAC Haf 2005

18 → DULLIAU GWAITH PEN 1

YMARFER 18.1GC

Cyfrifwch y rhain.

1 12 + 20 **2** 51 + 30
3 44 + 70 **4** 59 + 30
5 67 + 70 **6** 12 + 23
7 21 + 36 **8** 13 + 45
9 23 + 47 **10** 24 + 37
11 52 + 36 **12** 26 + 69
13 41 +23 **14** 49 + 36
15 36 +56 **16** 47 + 81
17 53 + 67 **18** 43 + 88
19 94 + 58 **20** 49 + 63

YMARFER 18.2GC

Cyfrifwch y rhain.

1 50 − 20 **2** 80 − 20
3 46 − 30 **4** 59 − 40
5 121 − 60 **6** 39 − 15
7 33 − 8 **8** 88 − 27
9 38 − 25 **10** 74 − 53
11 83 − 19 **12** 72 − 39
13 44 − 28 **14** 86 − 18
15 67 − 29 **16** 100−41
17 90 − 33 **18** 94 − 27
19 100 − 35 **20** 46 − 19

YMARFER 18.3GC

Faint sydd raid ei adio at

1 25 i wneud 100? **2** 63 i wneud 100?
3 27 i wneud 80? **4** 42 i wneud 65?
5 51 i wneud 93? **6** 37 i wneud 69?
7 29 i wneud 78? **8** 46 i wneud 92?
9 25 i wneud 81? **10** 56 i wneud 83?

YMARFER 18.4GC

Cyfrifwch y rhain.

1 2×3 **2** 3×2 **3** 7×6
4 6×7 **5** 7×2 **6** 4×8
7 9×9 **8** 5×4 **9** 3×3
10 8×3 **11** 9×6 **12** 5×8
13 3×7 **14** 6×4 **15** 9×10
16 8×8 **17** 10×3 **18** 5×7

YMARFER 18.5GC

Cyfrifwch y rhain.

1 $8 \div 2$ **2** $\frac{24}{3}$ **3** $20 \div 5$
4 $24 \div 4$ **5** $35 \div 5$ **6** $7\overline{)14}$
7 $18 \div 6$ **8** $42 \div 7$ **9** $21 \div 3$
10 $\frac{72}{9}$ **11** $30 \div 6$ **12** $\frac{72}{8}$
13 $48 \div 6$ **14** $7\overline{)28}$ **15** $54 \div 9$
16 $2\overline{)12}$ **17** $27 \div 3$ **18** $60 \div 6$

YMARFER 18.6GC

Amcangyfrifwch werth pob un o'r rhain.

1 $\sqrt{19}$ **2** $\sqrt{41}$ **3** $\sqrt{74}$
4 $\sqrt{10}$ **5** $\sqrt{26}$ **6** $\sqrt{83}$
7 $\sqrt{97}$ **8** $\sqrt{51}$ **9** $\sqrt{42}$

YMARFER 18.7GC

1 Talgrynnwch y rhifau hyn i'r rhif cyfan agosaf.

(a) 24.3	**(b)** 561.5
(c) 81.2	**(ch)** 417.6
(d) 81.91	**(dd)** 128.43
(e) 39.8	**(f)** 627.203
(ff) 5.32	**(g)** 4.57

2 Talgrynnwch y rhifau hyn i 1 lle degol.

(a) 2.37	**(b)** 8.24
(c) 9.45	**(ch)** 12.6666
(d) 8.912	**(dd)** 12.87
(e) 9.624	**(f)** 7.465
(ff) 6.1919	**(g)** 1.95

3 Talgrynnwch y rhifau hyn i 2 le degol.

(a) 2.837	**(b)** 1.624
(c) 5.465	**(ch)** 5.1919
(d) 1.2345	**(dd)** 7.381
(e) 6.247	**(f)** 7.318
(ff) 7.904	**(g)** 9.595

4 Talgrynnwch y rhifau hyn i 1 ffigur ystyrlon.

(a) 64	**(b)** 372
(c) 9414	**(ch)** 98
(d) 9012	**(dd)** 54 217
(e) 2594	**(f)** 45 092
(ff) 1631	**(g)** 1871.32

5 Enillodd dyn £3 871 242 mewn loteri. Faint yw hyn yn gywir i 1 ffigur ystyrlon?

YMARFER 18.8GC

Cyfrifwch y rhain.

1 $3 - 5$	**2** $5 - 2$
3 $7 - 5$	**4** $4 - 6$
5 $3 - 4$	**6** $4 + 3$
7 $-1 + 3$	**8** $-3 + 3$
9 $-4 + 1$	**10** $2 + 1$
11 $-2 - 3$	**12** $-7 + 6$
13 $-3 + 2$	**14** $-6 - 5$
15 $-3 - 2$	**16** $- 3 + (-4)$
17 $4 + (-5)$	**18** $-4 - (-3)$
19 $-2 + (-1)$	**20** $-6 - (-4)$

YMARFER 18.9GC

Cyfrifwch y rhain.

1 $5 - 3 + 2 - 1$

2 $3 + 3 - 5 - 2$

3 $2 + 3 + 2 - 5$

4 $6 - 4 - 3 + 2$

5 $-5 + 3 - 2 + 2$

6 $5 - 2 - 3 - 1$

7 $8 - 3 + 2 - 6$

8 $4 - 3 - 5 - 1 + 4 + 1$

9 $6 + 2 + 1 - 4 - 3 + 3$

10 $-2 - 4 + 2 + 8 - 6 - 2$

YMARFER ADOLYGU 18GC

1 **(a)** Ysgrifennwch, mewn ffigurau, y rhif saith mil a naw deg saith.

(b) 47 42 63 29 53 27 46

(i) Ysgrifennwch ddau o'r rhifau uchod sy'n adio i 100.

(ii) Ysgrifennwch ddau o'r rhifau uchod sydd â gwahaniaeth o 13 rhyngddynt.

(c) Ysgrifennwch 57 259

(i) yn gywir i'r 100 agosaf.

(ii) yn gywir i'r 1000 agosaf.

CBAC Haf 2000

2 **(a)** Ysgrifennwch, mewn ffigurau, y rhif saith mil ac wyth deg pump.
(b) **(i)** Cyfrifwch 236 + 67.
(ii) Cyfrifwch 853 − 348.
(c) Amcangyfrifwch werth 48 × 7.9.

CBAC Haf 2001

3 **(a)** Ysgrifennwch, mewn ffigurau, y rhif wyth mil a thri deg saith.
(b) Darganfyddwch swm 273 a 358.
(c) Darganfyddwch y gwahaniaeth rhwng 458 a 439.
(ch) Ysgrifennwch 5838
(i) yn gywir i'r 10 agosaf.
(ii) yn gywir i'r 100 agosaf.
(d) Mae Arwel yn defnyddio pob un o'r digidau 2 5 6 9 i wneud rhifau pedwar digid.
(i) Beth yw'r **eilrif** lleiaf y gall ef ei wneud?
(ii) Beth yw'r **odrif** mwyaf y gall ef ei wneud?
(dd) Gan ddangos eich gwaith cyfrifo, darganfyddwch amcangyfrif ar gyfer 49.8 × 4.9.

CBAC Haf 2002

4 **(a)** Ysgrifennwch, mewn ffigurau, y rhif chwe mil saith cant ac wyth.
(b) 70 29 47 36 24
52 28 63 53
O'r rhestr o rifau a ddangosir uchod, ysgrifennwch
(i) dau rif sy'n adio i 100.
(ii) dau rif sydd â gwahaniaeth o 46.
(c) Gan ddefnyddio pob un o'r digidau 2 9 5 7, ysgrifennwch y rhif pedwar digid mwyaf y gallwch ei wneud.
(ch) Beth yw gwerth y 6 yn y rhif 7863?
(d) Mae'r rhif 537 yn cael ei luosi â 10. Beth yw gwerth y 3 yn yr ateb?
(dd) Mae'r rhif 6780 yn cael ei rannu â 10. Beth yw gwerth yr 8 yn yr ateb?

CBAC Haf 2003

5 **(a)** **(i)** Roedd set deledu yn costio un fil ac wyth deg o bunnoedd. Ysgrifennwch gost y set deledu mewn ffigurau.
(ii) Mae Arwyn yn ennill £12,000,000.
Ysgrifennwch y swm hwn mewn geiriau.
(b) **(i)** Beth sy'n gorfod cael ei adio at 67 i wneud 94?
(ii) Beth sy'n gorfod cael ei dynnu o 105 i adael 48?
(c) 912 921 936 953
901 987 934 978
O'r rhestr uchod o rifau ysgrifennwch
(i) y rhif lleiaf.
(ii) y rhif mwyaf.
(ch) Gan ddangos eich holl waith cyfrifo, amcangyfrifwch werth ar gyfer 198.7 × 10.2.

CBAC Haf 2004

6 **(a)** Mae Marc yn prynu siwt a chot fawr.
Mae'r siwt yn costio £135 ac mae'r got fawr yn costio £129.
Darganfyddwch gyfanswm cost y siwt a'r got fawr.
(b) Mae Siân yn prynu ffrog.
Pris y ffrog yw £124.
Mae Siân yn defnyddio saith papur ugain punt i dalu am y ffrog.
Faint ddylai Siân ei gael yn newid?

(c) Mae Mair eisiau prynu camera newydd.
Mae'n mynd i bum siop ac mae'n nodi pris yr un camera ym mhob siop.
Y prisiau yw:
£278 £281 £298 £273 £297
Ysgrifennwch
(i) pris isaf y camera.
(ii) pris uchaf y camera.

CBAC Haf 2005

7 Gan ddefnyddio rhifau o'r rhestr isod yn unig, atebwch y cwestiynau canlynol.

2 5 9 12 17
18 32 38 42

(a) Ysgrifennwch y ddau rif sy'n adio i 49.
(b) Ysgrifennwch y ddau rif sydd â gwahaniaeth o 29 rhyngddynt.
(c) Ysgrifennwch y ddau rif sy'n lluosi â'i gilydd i roi ateb o 84.
(ch) Pan fydd 63 yn cael ei rannu â rhif, yr ateb yw 7.
Ysgrifennwch y rhif.

CBAC Haf 2005

8 Defnyddiwch y ffaith fod $86 \times 73 = 6278$ i ysgrifennu atebion y canlynol.
(a) $8.6 \times 73 =$
(b) $869 \times 7.3 =$
(c) $6278 \div 73 =$

CBAC Haf 2005

YMARFER 19.1GC

1 I bob un o'r siapiau hyn:
- copïwch y siâp ar bapur sgwariau.
- lluniadwch helaethiad o'r siâp gan ddefnyddio'r ffactor graddfa sydd wedi'i nodi.

(a) Ffactor graddfa 2

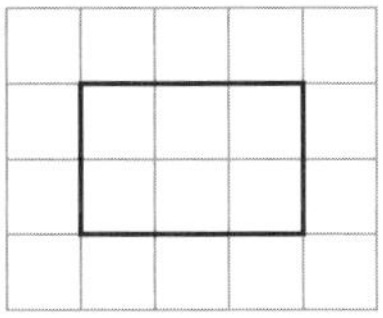

(b) Ffactor graddfa 3

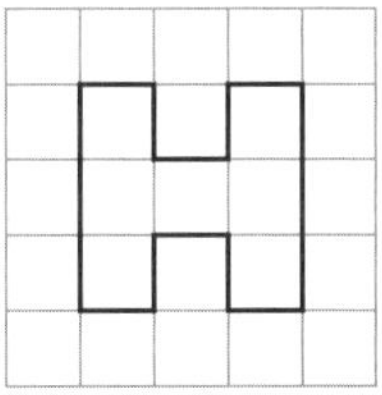

(c) Ffactor graddfa 3

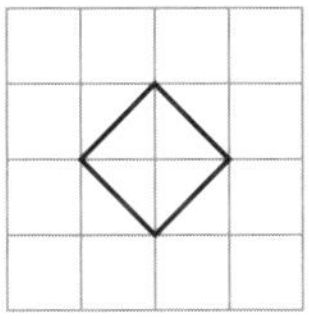

(ch) Ffactor graddfa 2

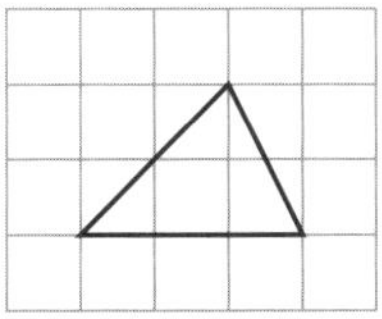

(d) Ffactor graddfa 2

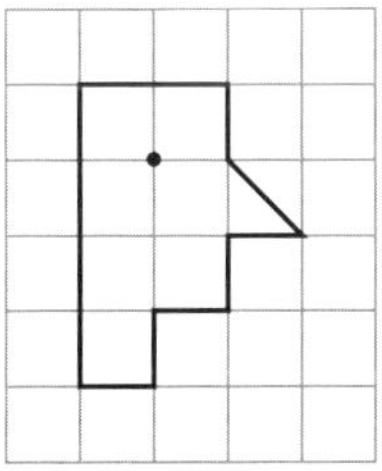

2 Cyfrifwch ffactor graddfa helaethiad pob un o'r parau hyn o siapiau.

(a)

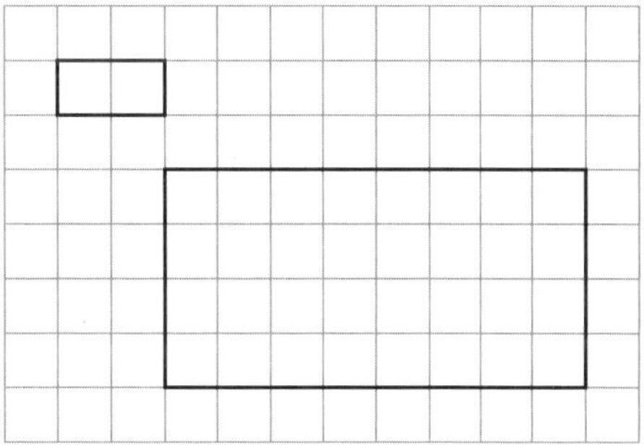

(b)

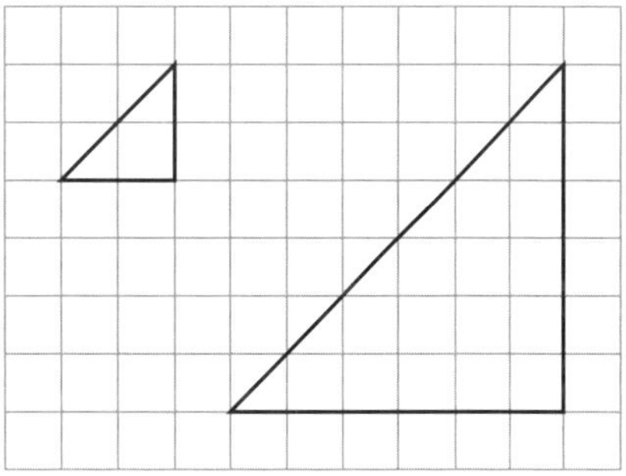

(c)

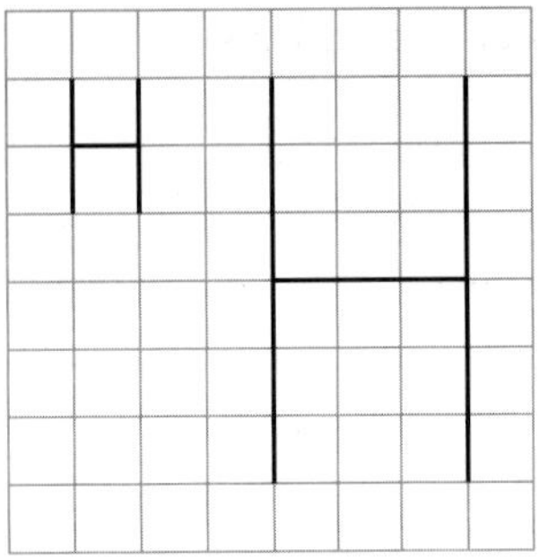

(ch)

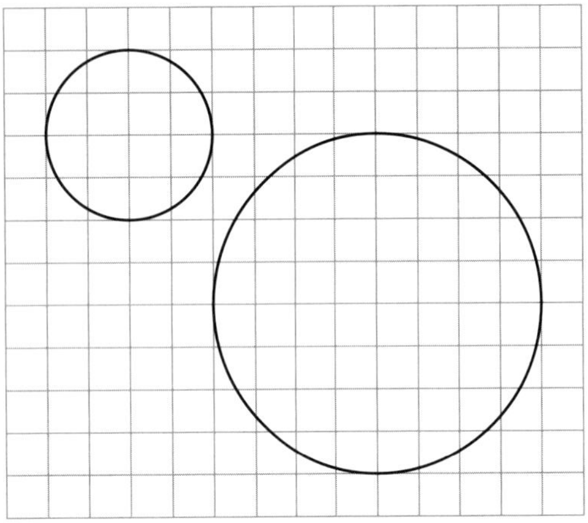

3 Yn y parau hyn o siapiau, ydy'r siâp mawr yn helaethiad o'r siâp bach? Rhowch reswm dros eich ateb.

(a)

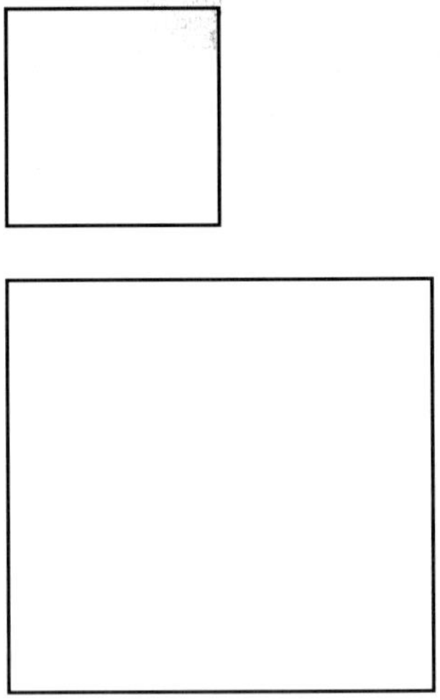

(b)

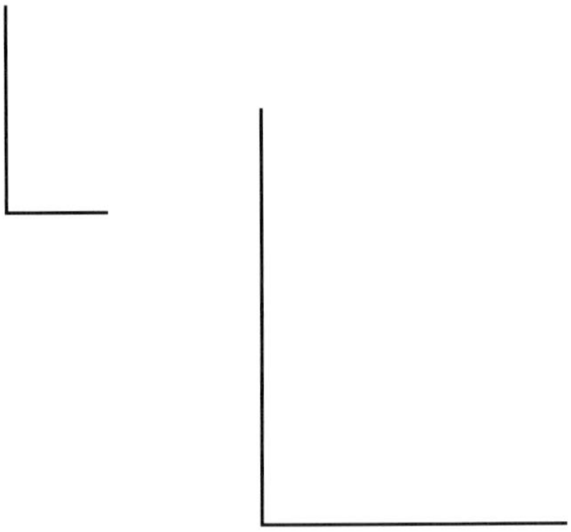

YMARFER 19.2GC

1 Copïwch y siapiau hyn ar bapur sgwariau.
Helaethwch bob un â'r ffactor graddfa sydd wedi'i nodi.
Defnyddiwch y dot fel canol i'r helaethiad.

(a) Ffactor graddfa 3

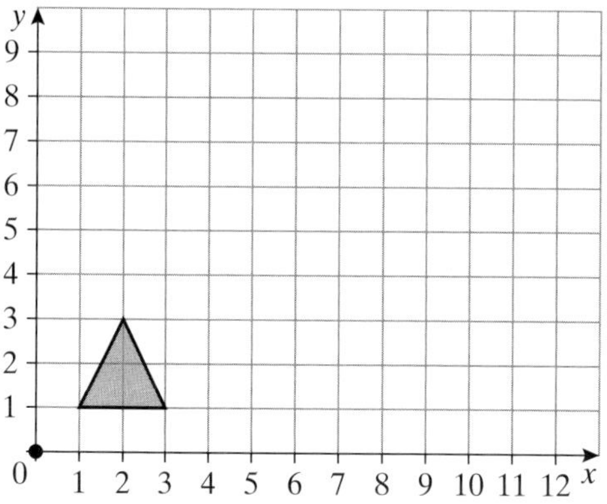

(b) Ffactor graddfa 2

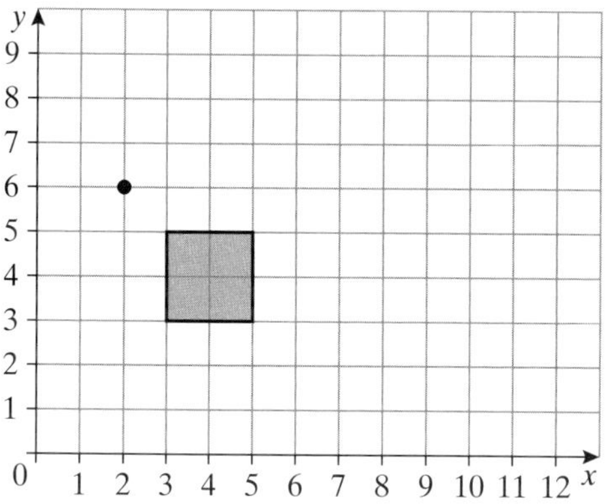

(c) Ffactor graddfa 4

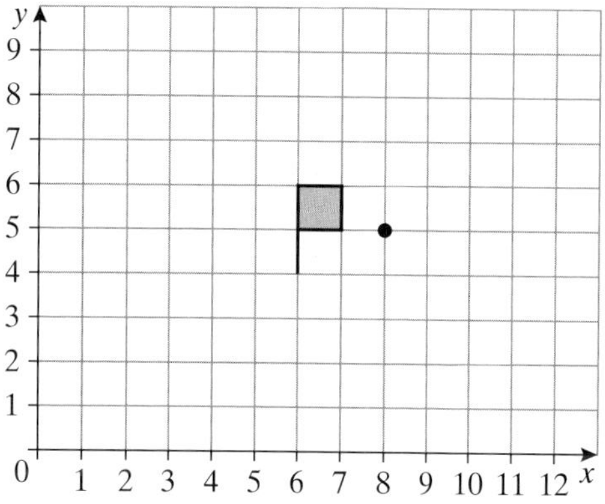

(ch) Ffactor graddfa 3

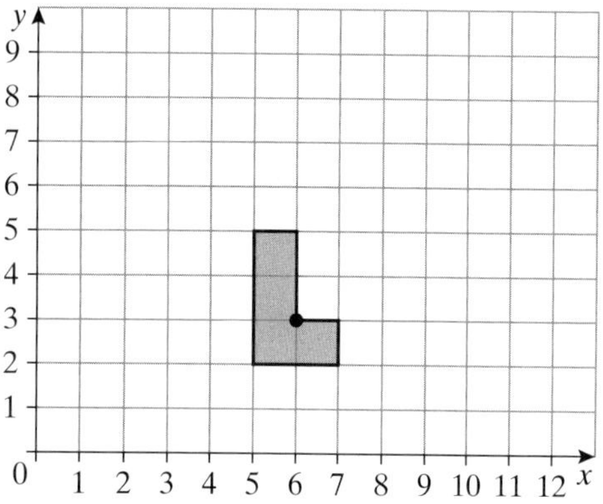

(d) Ffactor graddfa 2

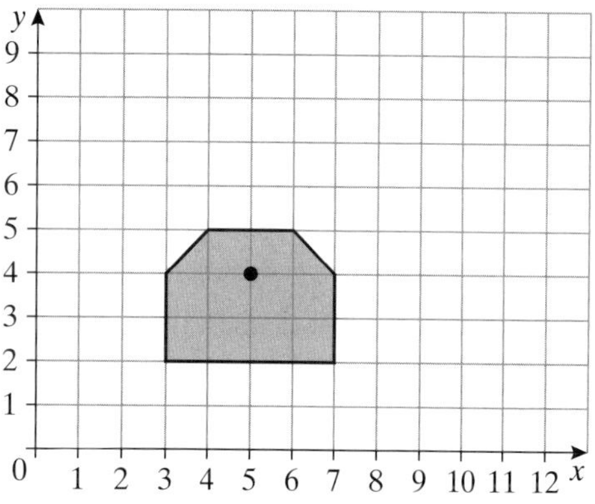

2 Copïwch y diagramau hyn ar bapur sgwariau.
I bob diagram, darganfyddwch
(i) ffactor graddfa'r helaethiad.
(ii) cyfesurynnau canol yr helaethiad.

(a)

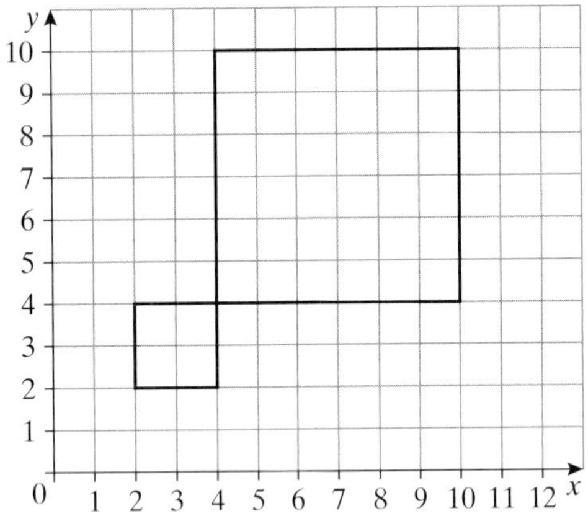

(b)

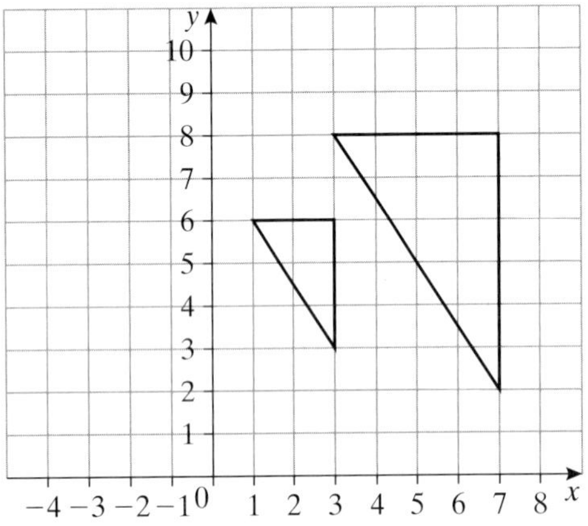

(c)

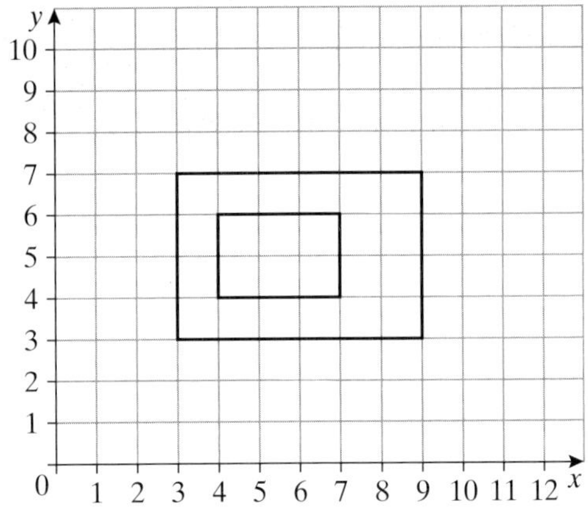

(ch)

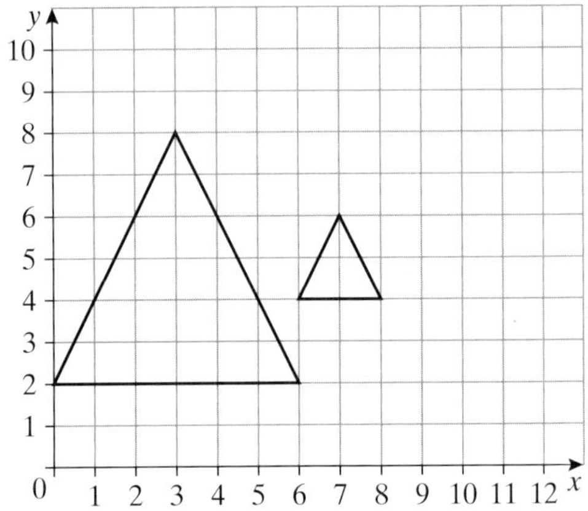

(d)

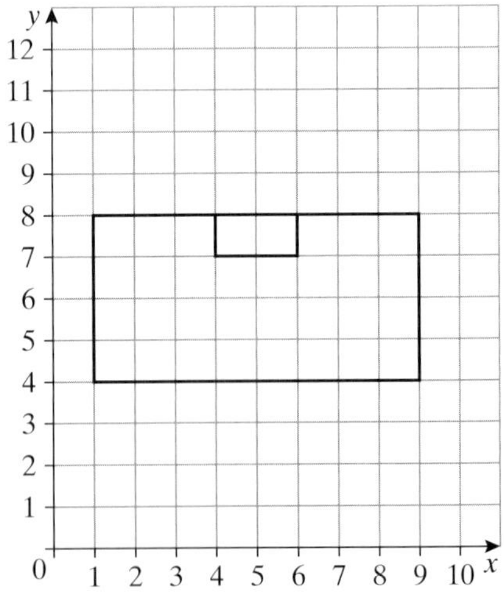

YMARFER 20.1GC

1 I gwblhau pob un o'r brawddegau isod, dewiswch y gair tebygolrwydd gorau o blith y rhain.

Amhosibl Annhebygol Siawns deg
Tebygol Sicr

(a) Mae hi'n .... mai bachgen fydd y baban nesaf i'w eni ym Mhowys.

(b) Mae hi'n .... y bydd eira ym Mhegwn y De yr wythnos nesaf.

(c) Mae hi'n ....y cewch chi fwy nag 1 wrth daflu dis cyffredin.

2 Copïwch y raddfa hon.

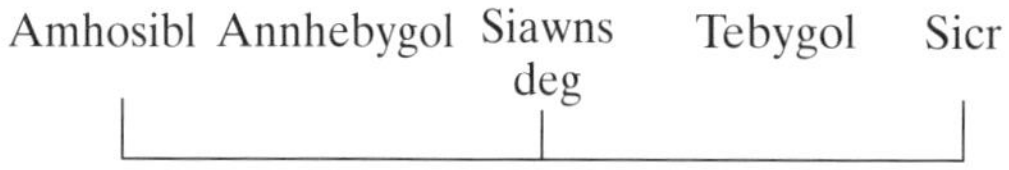

Rhowch saethau i ddangos y siawns y bydd y pethau hyn yn digwydd.

(a) Bydd dŵr yn llifo trwy'r tap ar ôl i chi ei agor.

(b) Bydd hi'n dywyll heno.

(c) Bydd y Nadolig ar ddydd Sul.

3 Mae 20 marblen mewn tun. Mae 3 marblen goch, 10 marblen las a 7 marblen felen.
Mae marblen yn cael ei thynnu o'r tun, heb edrych.
Dewiswch y gair tebygolrwydd cywir i gwblhau'r brawddegau hyn.

(a) Mae hi'n .... fod y farblen yn goch.

(b) Mae hi'n .... fod y farblen yn las.

(c) Mae hi'n .... fod y farblen yn wyrdd.

YMARFER 20.2GC

1 Mae chwe cherdyn wedi eu gosod wyneb i lawr a'u cymysgu. Wedyn mae un cerdyn yn cael ei ddewis.

Copïwch y raddfa debygolrwydd hon.

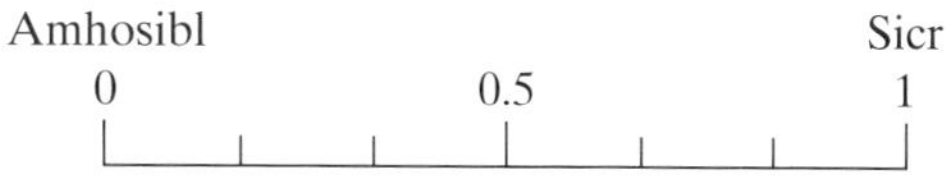

Rhowch saethau i ddangos tebygolrwydd pob un o'r digwyddiadau hyn.
Mae'r rhif ar y cerdyn

(a) yn 3.

(b) yn llai na 6.

(c) yn eilrif.

2 Mae 10 pin ysgrifennu mewn bag. Mae 2 yn goch, 7 yn las ac 1 yn ddu. Mae pin ysgrifennu'n cael ei ddewis, heb edrych.

(a) Defnyddiwch air tebygolrwydd i gwblhau'r frawddeg hon.

Mae'n .... y bydd y pin ysgrifennu'n las.

(b) Copïwch y raddfa debygolrwydd hon.

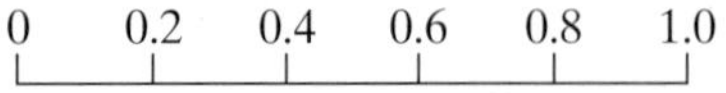

Ar y raddfa, nodwch debygolrwydd pob un o'r datganiadau hyn.
Defnyddiwch saethau a'u labelu'n C, Gw a Gl.
C: mae'r pin ysgrifennu'n goch.
Gw: mae'r pin ysgrifennu'n wyrdd.
Gl: mae'r pin ysgrifennu'n las.

3 Mae hwn yn droellwr teg.

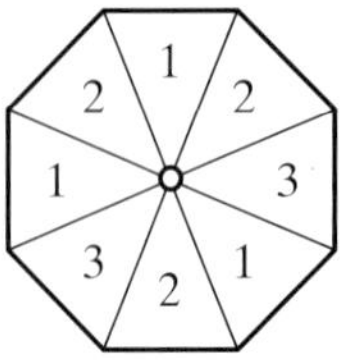

Cyfrifwch debygolrwydd ei droelli a chael
(a) 3.
(b) eilrif.
(c) 4.

4 Mae dis cyffredin yn cael ei daflu.
Darganfyddwch debygolrwydd sgorio
(a) odrif.
(b) 4.

5 Mae gan Mair 10 pin ysgrifennu. Mae 3 yn ddu, 5 yn las a 2 yn wyrdd.
Mae hi'n dewis pin ysgrifennu, heb edrych.
Gan roi eich ateb fel degolyn, cyfrifwch debygolrwydd dewis pin ysgrifennu
(a) sy'n las.
(b) sy'n wyrdd.
(c) nad yw'n ddu.

6 Mae 12 cownter mewn bag.
Mae'r raddfa debygolrwydd yn dangos tebygolrwyddau dewis cownter o liw arbennig.

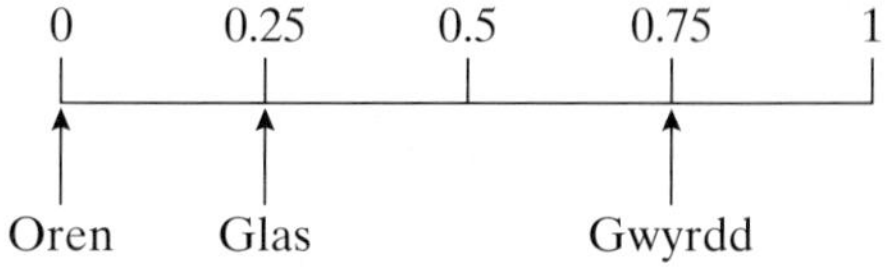

Sawl cownter o bob lliw sydd yn y bag?

7 Mae gan Gwenno 8 marblen mewn bag. Mae 3 marblen yn felyn a'r 5 arall yn binc.
(a) Mae hi'n tynnu marblen o'r bag, heb edrych.
Pa liw mae hi fwyaf tebygol o'i gael?
(b) Mae Gwenno yn tynnu rhai o'r marblis o'r bag.
Nawr mae ganddi hi siawns deg o gael marblen binc.
Sawl marblen o'r naill liw a'r llall y mae hi wedi eu tynnu o'r bag?

8 Mae gan Jac 10 pâr o sanau. Mae 3 o'r parau hyn yn ddu.
Mae Jac yn tynnu pâr o sanau o'r drôr, heb edrych.
Lluniadwch raddfa debygolrwydd a'i rhifo o 0 i 1, fel yng nghwestiwn **2**.
Ar eich graddfa, nodwch debygolrwydd pob un o'r datganiadau hyn.
(a) Bydd y sanau'n ddu.
(b) Ni fydd y sanau'n ddu.

9 Wrth daflu 3 darn arian, y tebygolrwydd o gael 2 'ben' ac 1 'gynffon' yw $\frac{3}{8}$.
Beth yw'r tebygolrwydd o beidio â chael 2 'ben' ac 1 'gynffon'?

10 Mae 5 cownter melyn, 2 gownter coch ac 8 cownter du mewn bag.
Mae cownter yn cael ei dynnu o'r bag, heb edrych.
Beth yw'r tebygolrwydd
(a) ei fod yn felyn?
(b) ei fod yn goch?
(c) nad yw'n goch?

YMARFER 20.3GC

1 Mae Irina wedi cynnal arolwg o hoff flasau creision disgyblion yn ei dosbarth. Dyma ei chanlyniadau.

Hoff flas	**Amlder**
Plaen	7
Cyw iâr	5
Caws a nionod	12
Barbiciw	2
Arall	4

Cyfrifwch amcangyfrif o'r tebygolrwydd mai hoff flas y disgybl nesaf i gael ei holi fydd caws a nionod.

2 Mae Tim yn rhoi prawf ar droellwr i weld a yw'n un teg.
Mae'n ei droelli 500 gwaith.
Dyma ei ganlyniadau.

Rhif ar y troellwr	**Amlder**
1	58
2	73
3	103
4	124
5	142

(a) Ar gyfer y troellwr hwn, cyfrifwch y tebygolrwydd arbrofol o gael
(i) 5. **(ii)** 1.
(b) Ar gyfer troellwr teg, cyfrifwch, fel degolyn, y tebygolrwydd o gael
(i) 5. **(ii)** 1.
(c) Ydy eich atebion yn awgrymu bod y dis yn un teg? Rhowch eich rhesymau.

YMARFER ADOLYGU 20GC

1 Mae bag coch yn cynnwys pump o beli wedi eu rhifo fel hyn.

(1) (2) (4) (6) (7)

Mae bag glas yn cynnwys chwech o beli wedi eu rhifo fel hyn.

(1) (3) (4) (6) (7) (8)

Mewn gêm, mae chwaraewr yn dewis pêl o'r bag coch ac wedyn pêl o'r bag glas. Mae'r rhifau ar y ddwy bêl yn cael eu hadio i gael sgôr cyfanswm.
(a) Copïwch a chwblhewch y tabl canlynol i ddangos pob sgôr sy'n bosibl.

Bag glas \ Bag coch	1	2	4	6	7
8	9	....	....	....	....
7	8	....	....	....	....
6	7	....	....	....	....
4	5	....	....	....	....
3	4	5	7	9	10
1	2	3	5	7	8

(b) **(i)** Beth yw'r tebygolrwydd fod chwaraewr yn cael sgôr cyfanswm o 14?

(ii) Beth yw'r tebygolrwydd nad yw chwaraewr yn cael sgôr cyfanswm o 14?

Mae chwaraewr yn ennill gwobr trwy sgorio cyfanswm o 5 neu lai.

(c) **(i)** Mae Tim yn chwarae'r gêm unwaith.
Beth yw'r tebygolrwydd y bydd yn ennill gwobr?

(ii) Mae 150 o bobl yn chwarae'r gêm unwaith.
Tua faint ohonynt y byddech chi'n disgwyl iddynt ennill gwobr?

(iii) Mae'n costio 20c i chwarae'r gêm unwaith. Y wobr am sgorio 5 neu lai yw 40c. Pe bai pob un o'r 150 o bobl yn chwarae'r gêm unwaith, tua faint o elw y byddech chi'n disgwyl i'r gêm ei wneud?

CBAC Haf 2000

2 Ar droellwr siâp sgwâr mae'r rhifau 0, 1, 2 a 3 wedi'u hysgrifennu. Ar droellwr arall, â siâp pentagon rheolaidd, mae'r rhifau 1, 2, 3, 4 a 5 wedi'u hysgrifennu.

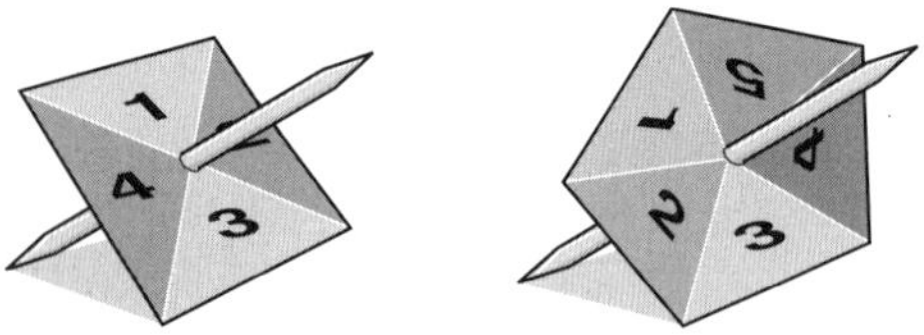

Mewn gêm, mae chwaraewr yn troi'r ddau droellwr ac yn lluosi'r ddau rif a ddangosir ar y troellwyr i gael y sgôr ar gyfer y gêm.

Er enghraifft, pe bai'r rhif ar y troellwr sgwâr yn 3 a'r rhif ar y troellwr pentagon yn 2, byddai'r chwaraewr yn cyfrifo $3 \times 2 = 6$ a byddai'n sgorio 6.

(a) Copïwch a chwblhewch y tabl canlynol i ddangos pob sgôr sy'n bosibl

Troellwr pentagon				
5	0	....	....	....
4	0	....	....	....
3	0	....	....	....
2	0	2	4	6
1	0	1	2	3
	0	1	2	3

Troellwr sgwâr

(b) **(i)** Beth yw'r tebygolrwydd y bydd chwaraewr yn sgorio 0?

(ii) Beth yw'r tebygolrwydd na fydd chwaraewr yn sgorio 0?

Mae chwaraewr yn ennill gwobr drwy gael sgôr o 2 neu lai.

(c) Mae Bethan yn chwarae'r gêm unwaith.
Beth yw'r tebygolrwydd y bydd hi'n ennill gwobr?

(ch) **(i)** Mae 600 o bobl yn chwarae'r gêm unwaith.
Tua faint ohonynt y byddech chi'n disgwyl iddynt ennill gwobr?

(ii) Mae'n costio 30c i chwarae'r gêm unwaith. Y wobr am gael sgôr o 2 neu lai yw 50c. Pe bai pob un o'r 600 o bobl yn chwarae'r gêm unwaith, tua faint o elw y byddech chi'n disgwyl i'r gêm ei wneud?

CBAC Haf 2001

3 Mae Siân yn taflu dis teg. Ar y raddfa isod marciwch y pwyntiau A, B ac C lle mae

A yn debygolrwydd mai 5 fydd y sgôr,
B yn debygolrwydd y bydd y sgôr yn eilrif,
C yn debygolrwydd mai 8 fydd y sgôr.

CBAC Haf 2001

4 Mewn gêm, mae chwaraewr yn taflu dau ddis teg, y naill yn goch a'r llall yn las.
Y sgôr ar gyfer y tafliad yw'r lleiaf o'r ddau rif sy'n cael eu dangos. Er enghraifft:
os bydd y dis coch yn dangos 5 a'r dis glas yn dangos 2, y sgôr ar gyfer y tafliad yw 2;
os bydd y dis coch yn dangos 3 a'r dis glas yn dangos 3, y sgôr ar gyfer y tafliad yw 3.

(a) Cwblhewch y tabl canlynol i ddangos pob sgôr sy'n bosibl.

Dis coch \ Dis glas	1	2	3	4	5	6
6	1	2	3	....	....	....
5	1	2	3	....	....	....
4	1	2	3	....	....	....
3	1	2	3	3	....	....
2	1	2	2	2	....	....
1	1	1	1	1	1	1

(b) **(i)** Beth yw'r tebygolrwydd y bydd chwaraewr yn sgorio 1?
(ii) Beth yw'r tebygolrwydd y bydd chwaraewr yn sgorio mwy nag 1?

Mae chwaraewr yn ennill gwobr drwy gael sgôr o 2 neu lai.

(c) Mae Gwilym yn chwarae'r gêm unwaith. Beth yw'r tebygolrwydd y bydd ef yn ennill gwobr?

(ch) **(i)** Mae 360 o bobl yn chwarae'r gêm unwaith.
Tua faint ohonynt y byddech chi'n disgwyl iddynt ennill gwobr?
(ii) Mae'n costio £1 i chwarae'r gêm unwaith. Y wobr am ennill yw £1.50. Pe bai pob un o'r 360 o bobl yn chwarae'r gêm unwaith, tua faint o elw y byddech chi'n disgwyl i'r gêm ei wneud?

CBAC Haf 2002

5 **(a)** Gan ddefnyddio'r raddfa debygolrwydd isod, nodwch y pwyntiau **A**, **B** ac **C** lle mae

A yn debygolrwydd bod eira ym Mhegwn y Gogledd ym mis Ionawr,
B yn debygolrwydd y bydd hi'n bwrw glaw yn niffeithdir Sahara yfory,
C yn debygolrwydd sgorio 2 wrth daflu dis cyffredin.

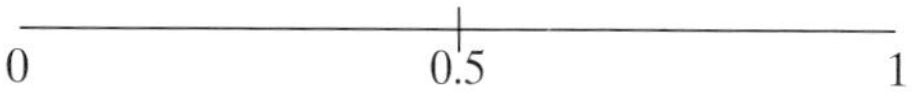

(b) Mae 155 o ddisgyblion ysgol yn prynu tocyn raffl yr un.
Prynodd Wyn un o'r tocynnau raffl.
(i) Beth yw'r tebygolrwydd y bydd Wyn yn ennill y raffl?
(ii) Mae Wyn yn credu mai'r tebygolrwydd y bydd bachgen yn ennill y raffl yw $\frac{1}{2}$. Ydy Wyn yn gywir? Rhowch reswm dros eich ateb.

CBAC Haf 2002

6 ♠ ♦ ♠ ♣ ♣ ♠

Mae gan Tim 6 cherdyn â siapiau arnyn nhw, fel yr uchod.

(a) Mae Tim yn dewis 1 cerdyn ar hap.
Tynnwch lun y siâp y mae'n fwyaf tebygol o'i ddewis.

♠ ♣ ♦

(b) Ar gopi o'r raddfa debygolrwydd a ddangosir isod, nodwch y pwyntiau A, B ac C lle mae

A yn debygolrwydd y bydd Tim yn dewis ♠

B yn debygolrwydd y bydd Tim yn dewis ♦

C yn debygolrwydd y bydd Tim yn dewis ♥

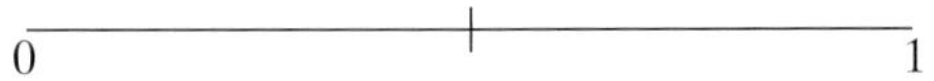

••➔62 20 Tebygolrwydd 1

21 MESURAU 1

YMARFER 21.1GC

1 Beth yw'r darlleniadau ar y raddfa hon?

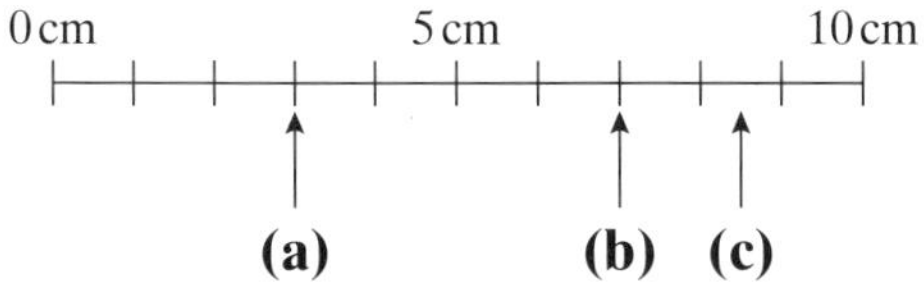

2 Beth yw'r darlleniad ar y raddfa hon?

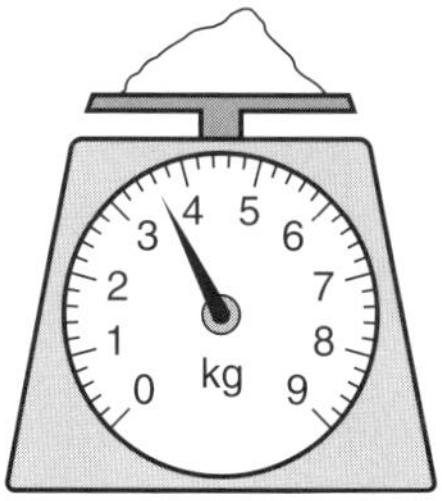

3 Beth yw'r darlleniadau ar y thermomedr hwn?

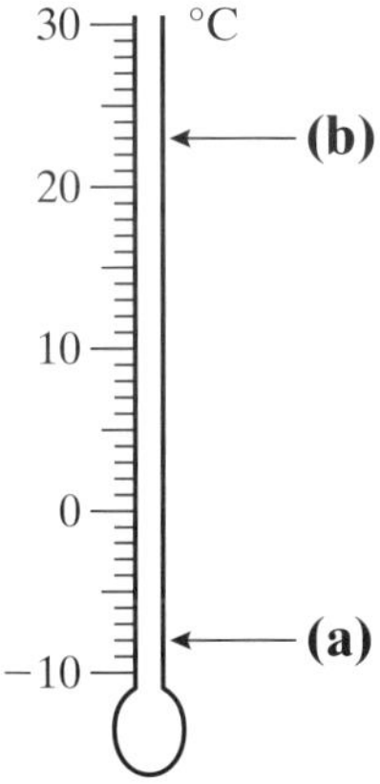

4 Beth yw hyd yr hoelen hon?

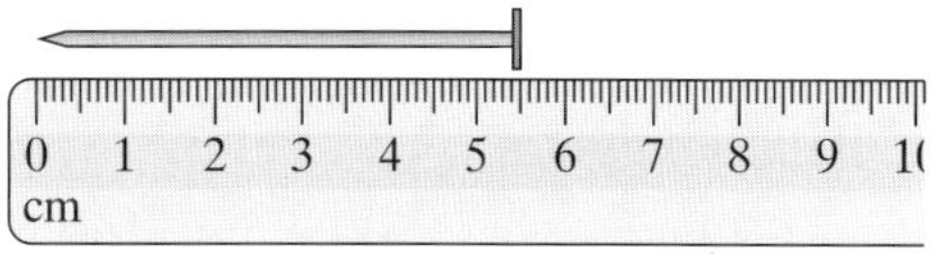

5 Mesurwch y pellter rhwng A a B.

YMARFER 21.2GC

1 Newidiwch yr hydoedd hyn yn gentimetrau.

(a) 2 m **(b)** 3.5 m
(c) 20 mm **(ch)** 15 m
(d) 45 mm

2 Newidiwch yr hydoedd hyn yn filimetrau.

(a) 2 cm **(b)** 5.5 cm
(c) 10 cm **(ch)** 2 m
(d) 3.5 m

3 Newidiwch y pwysau hyn yn gramau.

(a) 2 kg **(b)** 5 kg
(c) 6.35 kg **(ch)** 0.8 kg
(d) 0.525 kg

4 Rhowch y cyfeintiau hyn yn eu trefn, y lleiaf yn gyntaf.

1.2 litr 500 ml 2 litr
2500 ml 800 cl

5 Pa unedau metrig y byddech chi'n eu defnyddio i fesur yr hydoedd hyn?
- **(a)** Rhychwant eich llaw
- **(b)** Hyd coridor
- **(c)** Lled ffenestr
- **(ch)** Y pellter y gallwch ei gerdded mewn diwrnod
- **(d)** Y pellter o Gaerdydd i Gaeredin

6 Rhowch y pwysau hyn yn eu trefn, y lleiaf yn gyntaf.

1.2 kg   1500 g   160 g
2000 g   0.8 kg

7 Newidiwch y cyfeintiau hyn yn fililitrau.
- **(a)** 2 litr   **(b)** 3.5 litr
- **(c)** 2 cl   **(ch)** 15 cl
- **(d)** 0.345 litr

8 Mae gan Gwyn dri darn o linyn. Eu hydoedd yw 45 cm, 85 mm ac 1.2 m.
- **(a)** Ysgrifennwch nhw yn eu trefn, y byrraf yn gyntaf.
- **(b)** Beth yw cyfanswm hyd y llinynnau sydd gan Gwyn
  - **(i)** mewn milimetrau?
  - **(ii)** mewn centimetrau?
  - **(iii)** mewn metrau?

YMARFER 21.3GC

Dyma rai trawsnewidiadau rhwng unedau imperial ac unedau metrig.

Hyd	**Pwysau**
8 km $\approx$ 5 milltir	1 kg $\approx$ 2 pwys (lb)
1 m $\approx$ 40 modfedd	
1 fodfedd $\approx$ 2.5 cm	**Cynhwysedd**
1 droedfedd (tr) $\approx$ 30 cm	4 litr $\approx$ 7 peint (pt)

1 Newidiwch y mesurau hyn o'r unedau imperial i'w bras unedau metrig.
- **(a)** 6 throedfedd   **(b)** 35 milltir
- **(c)** 14 pwys   **(ch)** 45 pwys
- **(d)** 14 peint

2 Newidiwch y mesurau hyn o'r unedau metrig i'w bras unedau imperial.
- **(a)** 24 km   **(b)** 5 m   **(c)** 5 kg
- **(ch)** 12 litr   **(d)** 20 cm

3 Ar gyfer rysáit, mae ar Steffan angen 1 pwys o gig.
Sawl gram o gig y dylai Steffan ei brynu?

4 Lled rheiddiadur yw 20 modfedd.
Faint yw hyn mewn centimetrau?

5 Mae Cola'n cael ei werthu mewn poteli 2 litr.
Faint yw hyn mewn peintiau?

6 Taldra Pauline yw 5 troedfedd 4 modfedd.
Faint yw hyn mewn centimetrau?

7 **(a)** Mae baban yn pwyso 3.8 cilogram. Cyfrifwch bwysau'r baban, yn fras, mewn pwysi.
(b) Mae 1.75 peint yn fras hafal i 1 litr. Mae cynhwysydd yn dal 56 peint o baraffin.
Cyfrifwch gyfaint y paraffin, yn fras, mewn litrau.

CBAC Haf 2000

8 Mae Marc yn gyrru i gyfeiriad Dolgellau ac yn gweld yr arwydd hwn.

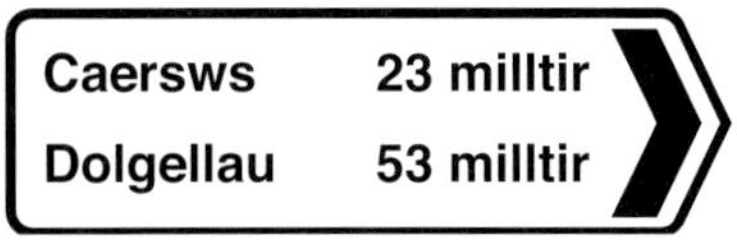

Yn fras, faint yw'r pellter mewn cilometrau o Gaersws i Ddolgellau?

YMARFER 21.4GC

1 Amcangyfrifwch y rhain.
- **(a)** Uchder eich desg
- **(b)** Lled drws
- **(c)** Màs gwydryn o ddŵr
- **(ch)** Cynhwysedd sinc cegin
- **(d)** Y pellter y gallwch ei gerdded mewn awr

2 Amcangyfrifwch uchder y polyn lamp hwn.

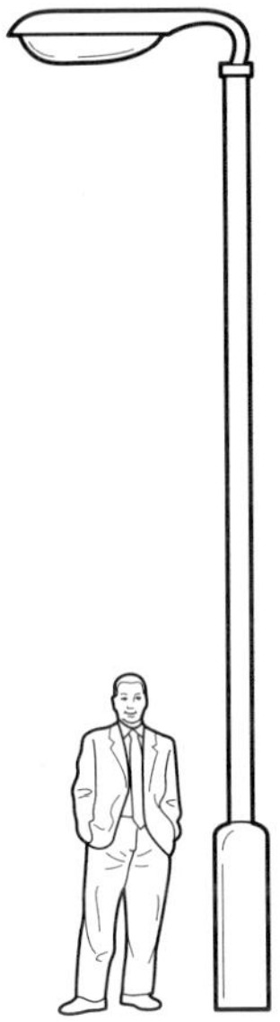

3 Uchder yr adeilad yn y llun hwn yw tua 16 m.
Amcangyfrifwch uchder y lori.

4 Mae Alun eisiau amcangyfrif hyd ei ystafell wely. Hyd ei droed yw 20 cm. Mae'n darganfod bod hyd yr ystafell yn 16 hyd troed.
Beth yw ei amcangyfrif o hyd ei ystafell wely?

5 Gofynnwyd i Adrian amcangyfrif y pellter y mae'n ei gerdded i'r ysgol. Ei ateb yw 1.135 km.
- **(a)** Pam nad yw hwn yn amcangyfrif synhwyrol?
- **(b)** Beth fyddai'n well amcangyfrif?

YMARFER 22.1GC

1 Mae'r graff hwn yn trawsnewid rhwng troedfeddi a chentimetrau.
Defnyddiwch y graff i ddarganfod
(a) sawl centimetr yw 6 troedfedd.
(b) sawl troedfedd yw 250 cm.
(c) sawl centimetr yw 1 droedfedd.

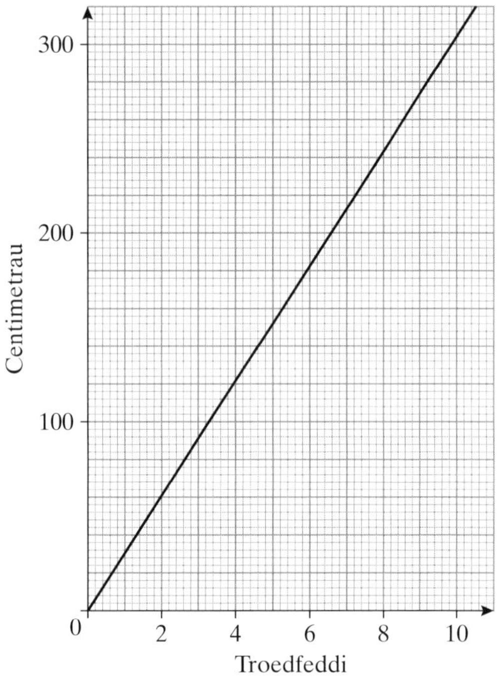

2 Byddai arwynebedd tir yn arfer cael ei fesur mewn erwau. Nawr mae'n cael ei fesur mewn hectarau (ha). Mae un hectar yn 10 000 m^2. Mae'r graff yn trawsnewid rhwng erwau a hectarau.

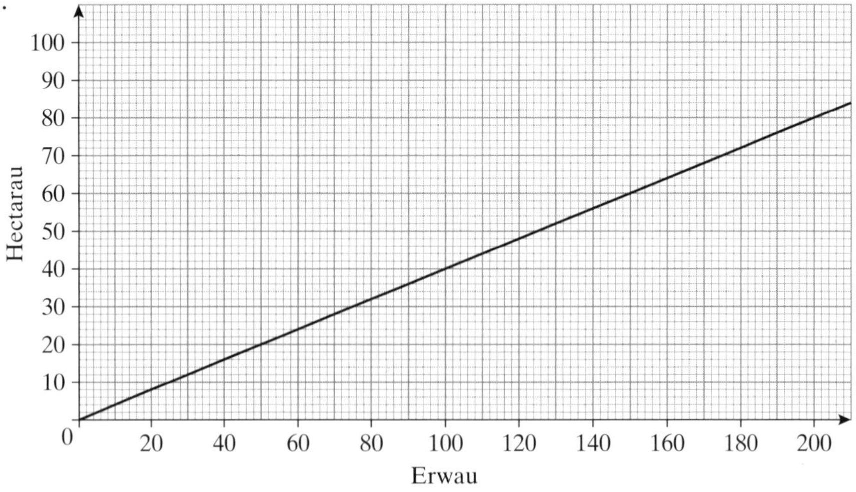

Defnyddiwch y graff i ddarganfod
(a) sawl hectar yw 100 erw. **(b)** sawl erw yw 45 ha. **(c)** sawl erw yw 1 ha.

YMARFER 22.2GC

1 Mae Mr Smith yn talu'n ôl fenthyciad dros nifer o flynyddoedd. Mae'r graff hwn yn dangos faint sydd ganddo'n ddyledus.

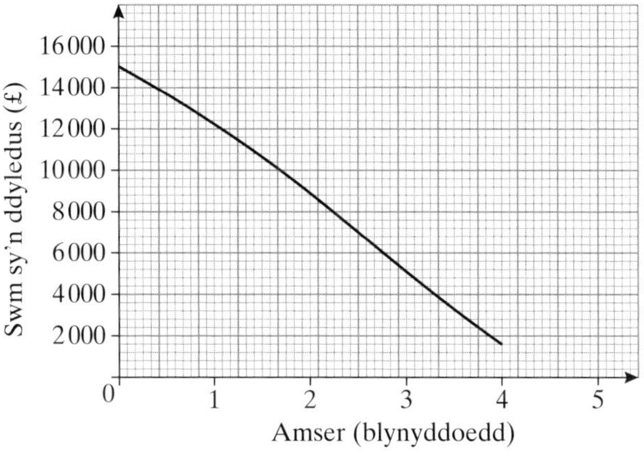

(a) Faint oedd Mr Smith wedi ei fenthyca?
(b) Faint oedd ganddo'n ddyledus ar ôl
 (i) 2 flynedd? **(ii)** 4 blynedd?
(c) Os yw'n parhau i dalu'r arian yn ôl ar yr un gyfradd, pryd bydd y ddyled wedi ei thalu'n llwyr? Rhowch eich ateb yn gywir i'r mis agosaf.

2 Mae'r graff yn dangos tymheredd claf dros gyfnod o ddiwrnod.

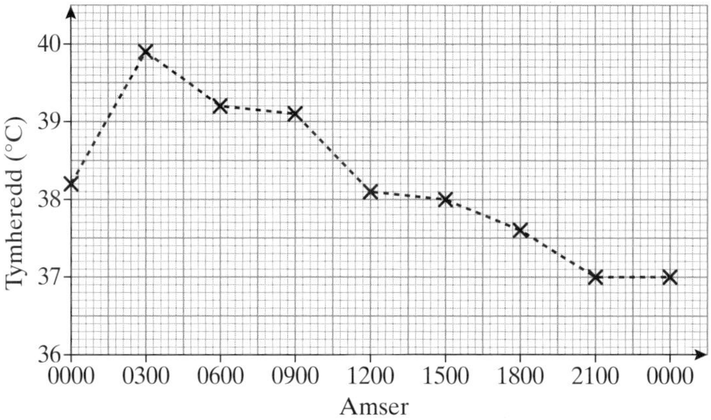

(a) Pa bryd roedd tymheredd y claf ar ei uchaf?
(b) Beth oedd ei dymheredd am 1500?
(c) Yn eich barn chi, pa mor aml y cafodd ei dymheredd ei gofnodi?
(ch) Pam mae'r pwyntiau wedi eu cysylltu â llinell doredig?

3 Mae'r graff yn dangos tymheredd dŵr sy'n cael ei dwymo mewn tegell.

(a) Ar ôl sawl eiliad mae tymheredd y dŵr yn uwch nag 80 °C?

(b) Beth yw'r tymheredd ar ôl 50 eiliad?

(c) Faint mae'r tymheredd yn codi rhwng 20 eiliad a 40 eiliad?

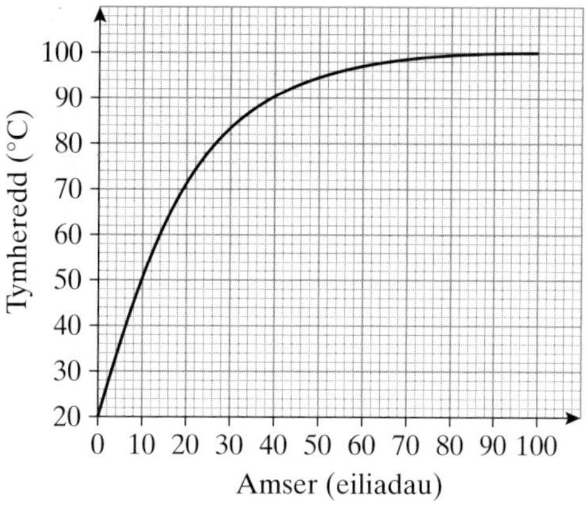

YMARFER 22.3GC

1 Mae Jac yn cerdded o Church Stretton i Ratlinghope dros fynydd Long Mynd, ar y gororau yn Swydd Amwythig
Mae'r graff yn dangos ei daith.
Disgrifiwch bob un o bedwar cymal taith Jac.

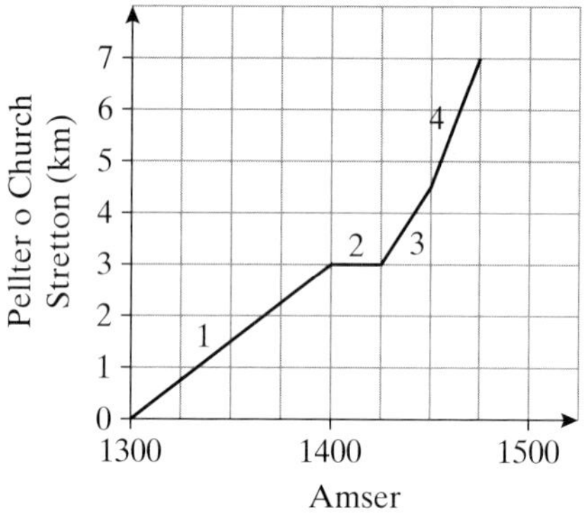

2 Mae Jasbir a Robert yn cael ras dros 2 km. Mae Robert yn rhedeg, wedyn yn cerdded ac yna'n rhedeg eto. Mae Jasbir yn loncian ar fuanedd cyson.
Mae'r graff yn dangos beth ddigwyddodd.

(a) Graff pwy yw'r llinell doredig?

(b) Pwy enillodd y ras?

(c) Disgrifiwch beth sy'n digwydd lle mae'r ddwy linell yn croesi ei gilydd.

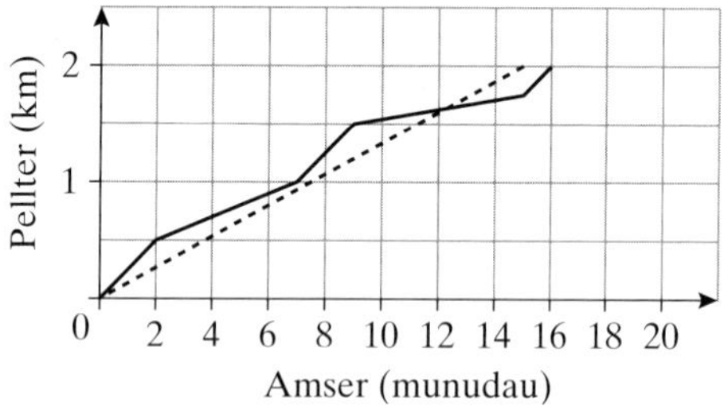

3 Mae'r graff yn dangos dau drên yn teithio rhwng Caerlŷr a St Pancras, Llundain. Y pellter rhwng y ddwy orsaf yw 100 milltir.

(a) Pa bryd y gwnaeth trên B adael Caerlŷr?

(b) Pa drên arhosodd? Pa mor bell o St Pancras oedd y trên pan arhosodd?

(c) Darganfyddwch yr amser a'r pellter o St Pancras pan aeth y ddau drên heibio ei gilydd.

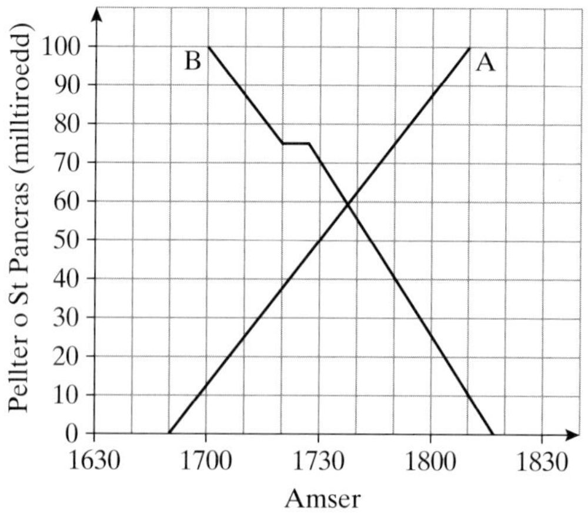

4 Mae'r graff yn dangos taith Siwan mewn car o'i chartref yn Abertawe i ardal gwasanaethau ac yna i Cheltenham, sy'n bellter o 120 o filltiroedd o Abertawe.

(a) Pa mor bell y teithiodd Siwan yn yr awr gyntaf?

(b) Am faint o funudau yr arhosodd Siwan yn yr ardal gwasanaethau?

(c) Heb gyfrifo unrhyw fuaneddau, eglurwch sut y gallwch ddweud a oedd Siwan, ar gyfartaledd, yn teithio'n gyflymach cyn neu ar ôl ei harhosiad.

(ch) Mae Lisa'n cychwyn o Cheltenham am 10.30 a.m. ac mae'n teithio ar fuanedd cyfartalog o 40 m.y.a. i'r ardal gwasanaethau. Lluniwch ei thaith hi ar gopi o'r graff.

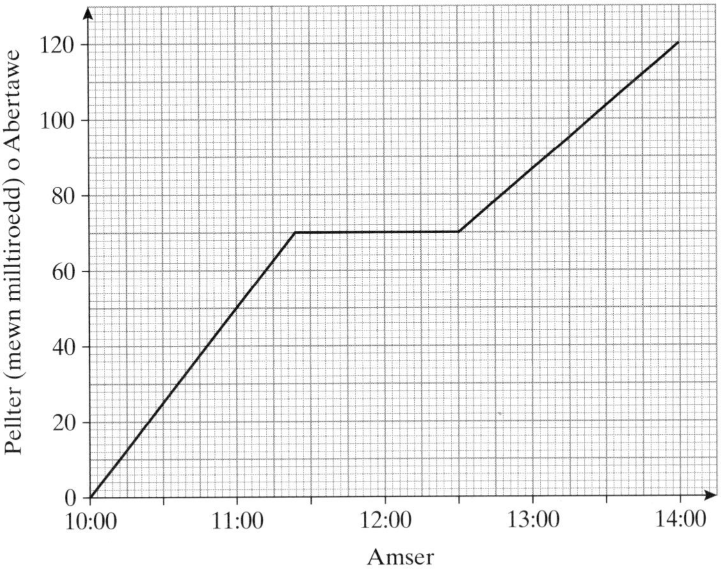

CBAC Haf 2004

23 → DEHONGLI YSTADEGAU

YMARFER 23.1GC

1 Mae'r pictogram yn dangos nifer y cwsmeriaid sy'n prynu pizzas mewn bwyty prydau parod bob dydd am wythnos.

(a) Sawl pizza gafodd ei werthu ar y dydd Mawrth?

(b) Sawl pizza gafodd ei werthu ar y diwrnod prysuraf?

(c) Sawl pizza gafodd ei werthu yn ystod yr wythnos?

(ch) Beth yw cymedr nifer y pizzas a gafodd eu gwerthu bob dydd?

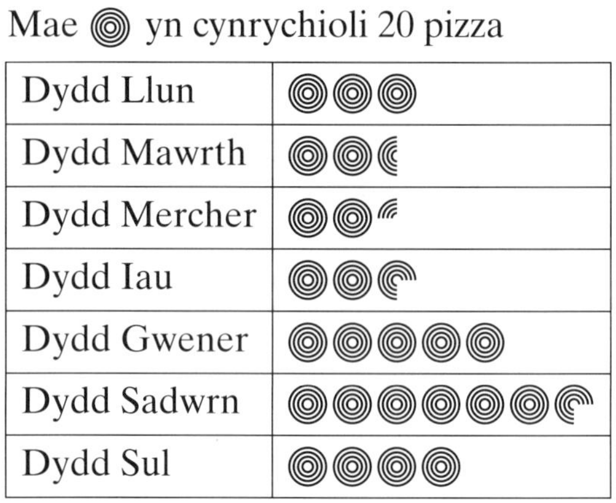

2 Mae'r pictogram yn dangos nifer y bobl a ddaeth i neuadd sglefrio mewn wythnos.

(a) Pa ddiwrnodau oedd y rhai lleiaf poblogaidd gan sglefrwyr?

(b) Faint o sglefrwyr ddaeth yno ar y dydd Mercher?

(c) Faint o sglefrwyr ddaeth yno yn ystod yr wythnos?

(ch) Beth yw cymedr nifer y sglefrwyr a ddaeth i'r neuadd bob dydd?

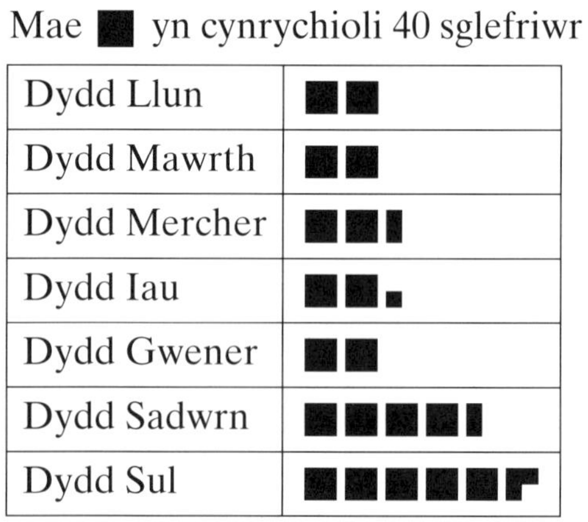

3 Mae'r pictogram yn dangos sawl parasol gafodd ei werthu gan ganolfan arddio mewn blwyddyn.

(a) Sawl parasol gafodd ei werthu yn yr haf?

(b) Sawl parasol gafodd ei werthu yn ystod y flwyddyn?

(c) Beth yw cymedr nifer y parasolau a gafodd eu gwerthu bob *mis*?

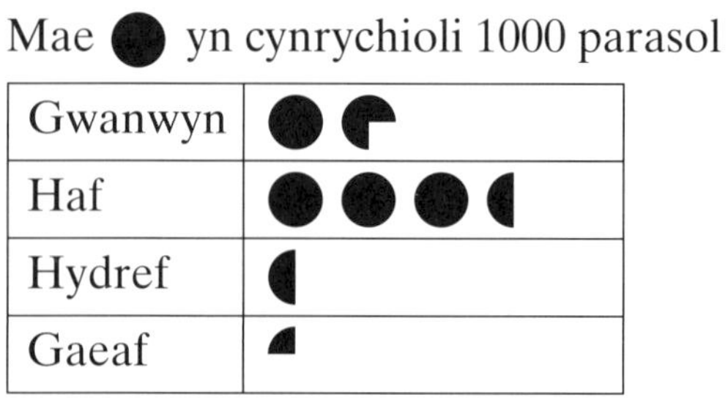

4 Mae'r pictogram yn dangos sawl ciwcymer gafodd ei werthu gan siop lysiau mewn wythnos.

(a) Ar ba ddiwrnod o'r wythnos roedd y siop lysiau wedi cau?

(b) Sawl ciwcymer gafodd ei werthu ar y dydd Iau?

(c) Sawl ciwcymer gafodd ei werthu yn ystod yr wythnos?

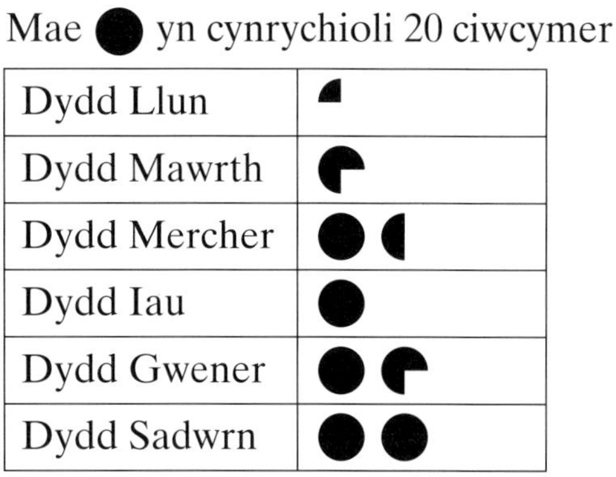

5 Mae'r pictogram yn dangos faint o yrwyr gafodd eu dal yn goryrru gan gamera mewn wythnos.

(a) Faint o yrwyr gafodd eu dal yn goryrru ar y dydd Mercher?

(b) Faint o yrwyr gafodd eu dal yn goryrru ar y dydd Llun?

(c) Faint o yrwyr gafodd eu dal yn goryrru yn ystod yr wythnos?

(ch) Beth yw cymedr nifer y gyrwyr a gafodd eu dal yn goryrru bob dydd?

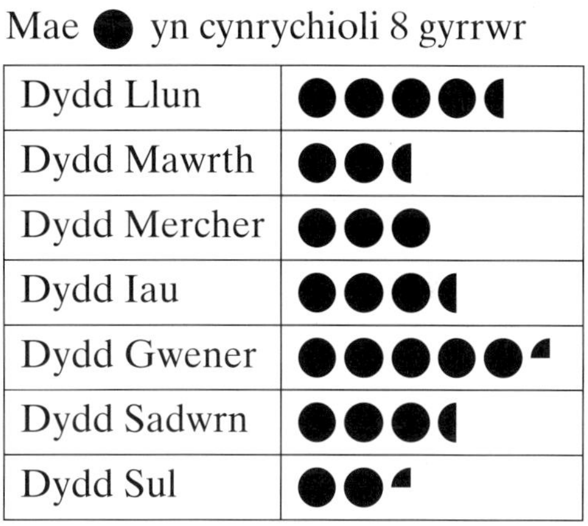

6 Mae'r pictogram yn dangos sawl set deledu gafodd ei gwerthu gan siop mewn blwyddyn.

(a) Sawl set deledu gafodd ei gwerthu ym mis Ebrill?

(b) Sawl set deledu gafodd ei gwerthu yn ystod y mis â'r gwerthiant lleiaf?

(c) Sawl set deledu gafodd ei gwerthu yn ystod y flwyddyn?

(ch) Beth yw cymedr nifer y setiau teledu a gafodd eu gwerthu bob mis?

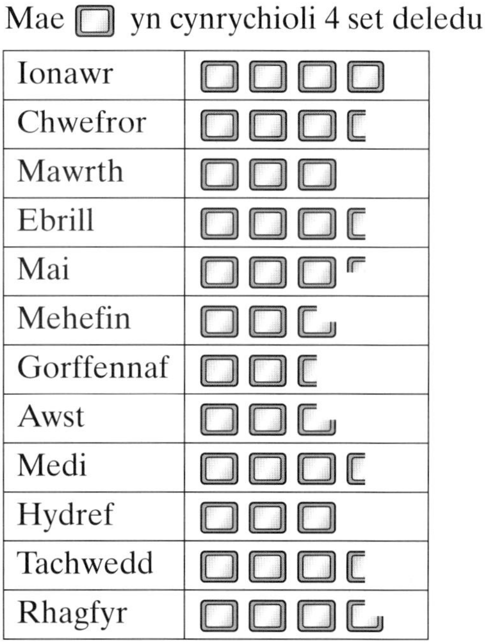

YMARFER 23.2GC

1 Mae'r siart cylch yn dangos hoff greision 60 o bobl a gafodd eu holi mewn arolwg. Faint o bobl a ddewisodd

(a) blas cig eidion?
(b) blas caws a nionod?
(c) blas halen a finegr?

2 Mae'r siart cylch yn dangos lliw llygaid 108 o bobl a gafodd eu holi mewn arolwg.

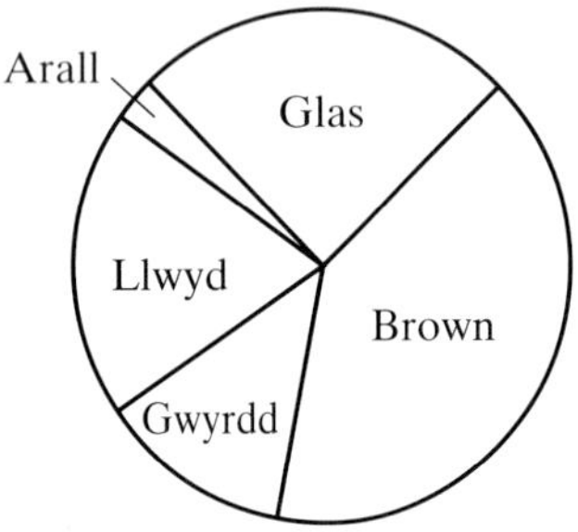

Faint o bobl oedd â
(a) llygaid glas? **(b)** llygaid llwyd?

3 Mae'r siart cylch yn dangos dosbarthiad poblogaeth gwledydd Prydain.

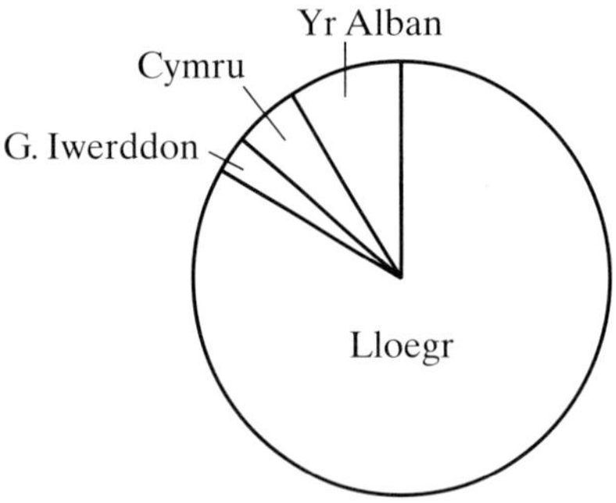

Cyfanswm poblogaeth gwledydd Prydain yw tua 60 miliwn o bobl.
Tua faint yw poblogaeth
(a) Yr Alban? **(b)** Cymru?
(c) Gogledd Iwerddon?
(ch) Lloegr?

4 Mae'r siart cylch yn dangos yn fras arwynebedd tir gwledydd Prydain.

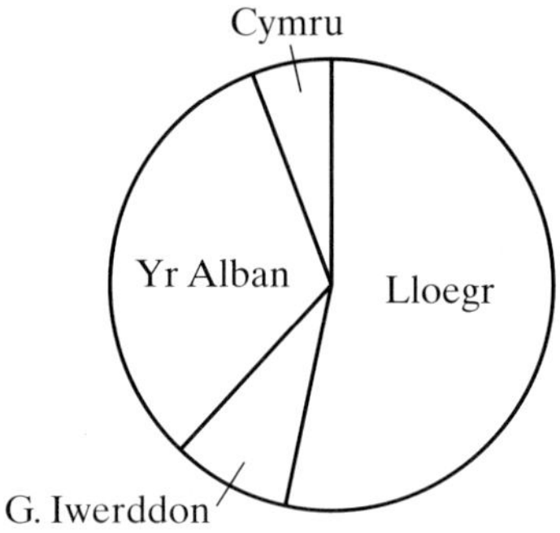

Cyfanswm arwynebedd tir gwledydd Prydain yw tua 94 320 milltir sgwâr.
Tua faint yw arwynebedd tir
(a) Yr Alban? **(b)** Cymru?
(c) Gogledd Iwerddon?
(ch) Lloegr?

5 Mae'r siart cylch yn dangos y cynhwysion sydd eu hangen i wneud crymbl ffrwythau.

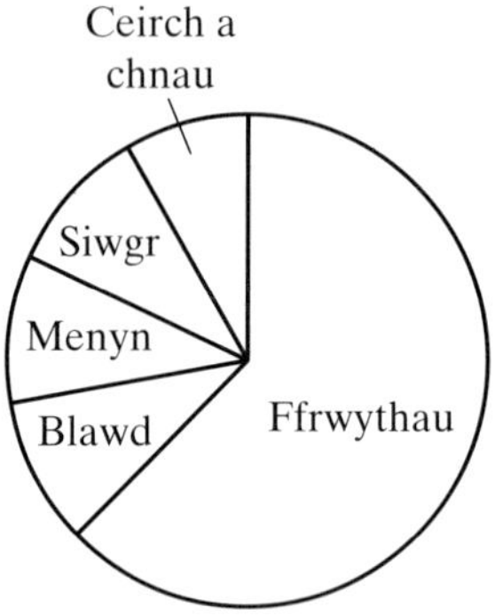

Mae Betsan yn paratoi crymbl ffrwythau mawr sy'n pwyso 2.4 kg. Tua faint, mewn gramau, yw pwysau pob un o'r cynhwysion yng nghrymbl Betsan?

YMARFER 23.3GC

1 Cafodd tymheredd dŵr ei gofnodi bob 5 munud wrth iddo gael ei dwymo.

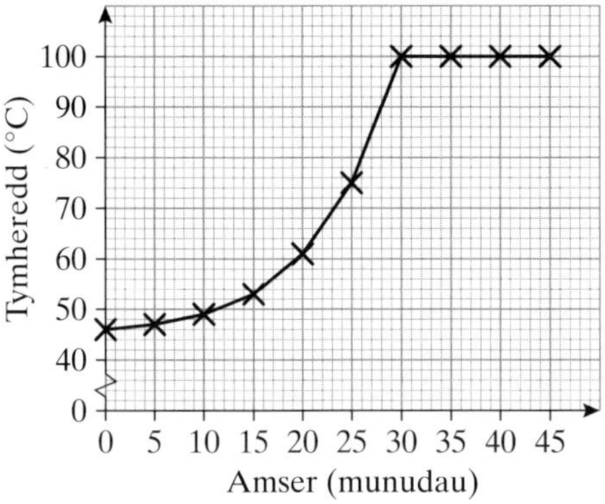

(a) Beth oedd tymheredd y dŵr cyn iddo gael ei dwymo?

(b) Sawl munud gymerodd y dŵr i gyrraedd 75°C?

(c) Sawl gradd oedd tymheredd y dŵr wedi codi yn ystod y 20 munud cyntaf?

(ch) Beth ddigwyddodd ar ôl 30 munud?

2 Mae'r graff llinell yn dangos nifer y gwylwyr yn y 6 gêm gyntaf a chwaraeodd y Dreigiau a'r Crwydriaid un tymor.

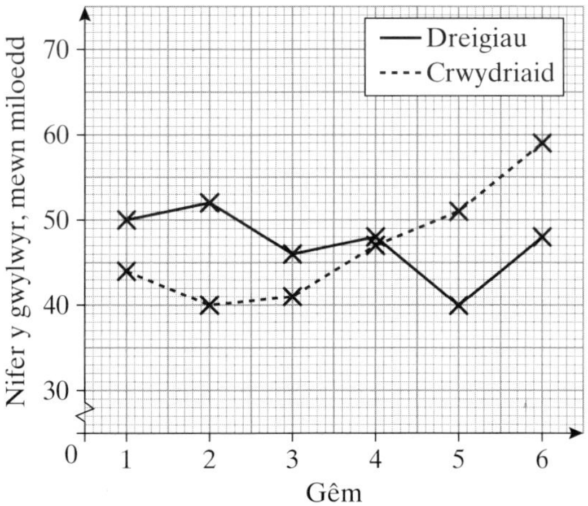

(a) Beth oedd maint y dorf yn ail gêm y Crwydriaid?

(b) I ba gêm y cafodd y ddau dîm tua'r un faint o dorf?

(c) Beth oedd amrediad maint y dorf ar gyfer gemau'r Dreigiau?

(ch) Beth oedd cymedr maint y dorf ar gyfer gemau'r Crwydriaid?

(d) Allwch chi ddefnyddio'r wybodaeth hon i ragfynegi maint y ddwy dorf ar gyfer y 7fed gêm? Eglurwch eich ateb.

3 Mae'r graff llinell yn dangos cyfanswm y glawiad ar Ynys y Bananas un flwyddyn.

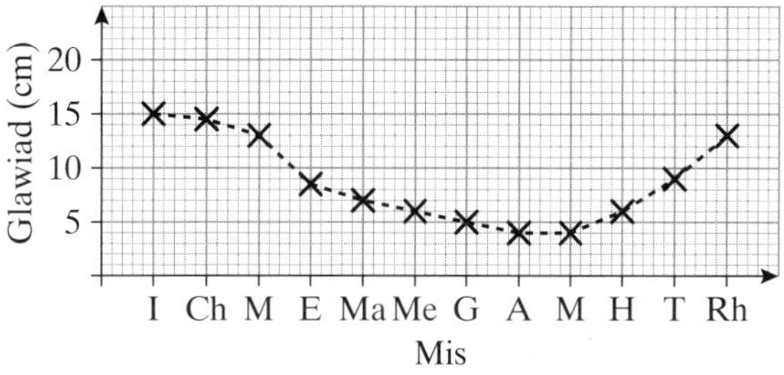

(a) Beth oedd y glawiad ym mis Mehefin?

(b) Pa fis gafodd y mwyaf o law?

(c) Beth oedd amrediad ffigurau'r glawiad misol am y flwyddyn?

(ch) Cyfrifwch gymedr y glawiad misol am y flwyddyn.

4 Mae'r graff llinell yn dangos y gwerthiant ar fferm fadarch un flwyddyn.

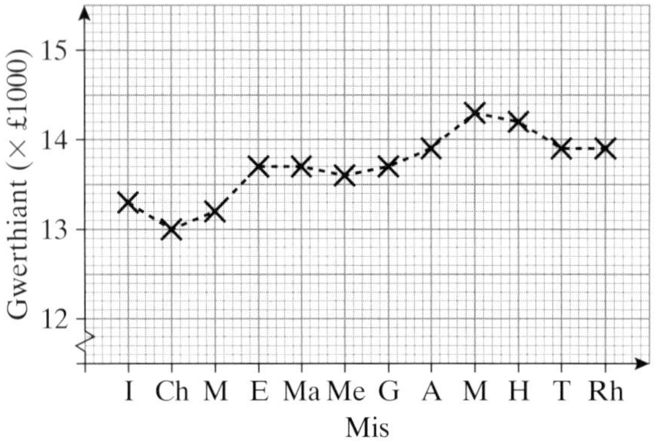

(a) Ym mha fis oedd y gwerthiant lleiaf?

(b) Beth oedd amrediad y gwerthiant ar gyfer y flwyddyn?

(c) Beth oedd cyfanswm y gwerthiant am y flwyddyn?

(ch) Beth oedd cymedr y gwerthiant bob mis?

5 Mae'r graff llinell yn dangos nifer y gyrwyr wnaeth dalu toll am groesi pont yn ystod un wythnos.

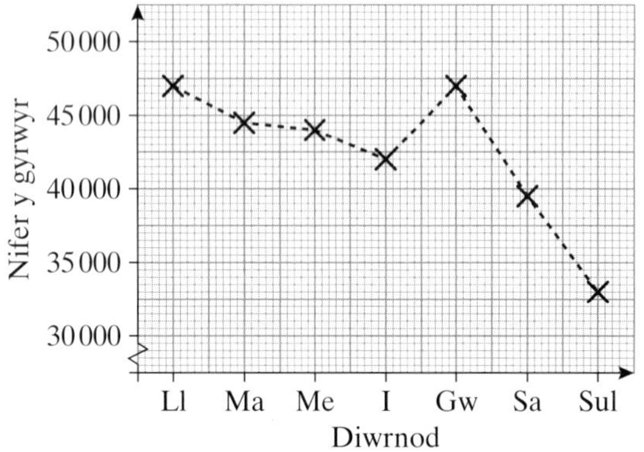

(a) Sawl gyrrwr wnaeth groesi'r bont yn ystod yr wythnos?

(b) Beth oedd cymedr nifer y gyrwyr wnaeth groesi'r bont bob dydd?

(c) Beth oedd amrediad nifer y gyrwyr wnaeth groesi'r bont bob dydd?

(ch) Pam, efallai, fod llai o yrwyr yn croesi'r bont ar ddydd Sadwrn a dydd Sul?

6 Mae'r graff llinell yn dangos cymedr y glawiad misol a chymedr uchafbwynt y tymheredd dyddiol yn Brisbane un flwyddyn.

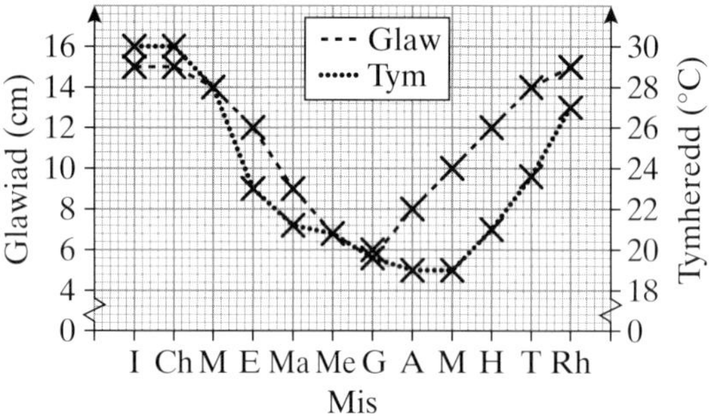

(a) Ym mha fis oedd cymedr y glawiad misol uchaf?

(b) Ym mha fisoedd oedd uchafbwynt y tymheredd dyddiol ar ei uchaf?

(c) Beth oedd uchafbwynt y tymheredd dyddiol ym mis Medi?

(ch) Ym mha fis oedd cymedr y glawiad misol tua 14 cm?

(d) Beth oedd amrediad uchafbwynt y tymheredd dyddiol am y flwyddyn?

(dd) Beth oedd amrediad y glawiad misol am y flwyddyn?

YMARFER 23.4GC

1 Mae'r siartiau cylch yn dangos faint o gwmnïau oedd yn ymwneud â'r fasnach awtomotif yn y Deyrnas Unedig ym 1998 ac yn 2001. Roedd cyfanswm nifer y cwmnïau yr un fath yn y naill flwyddyn a'r llall.

Nifer y cwmnïau ym 1998

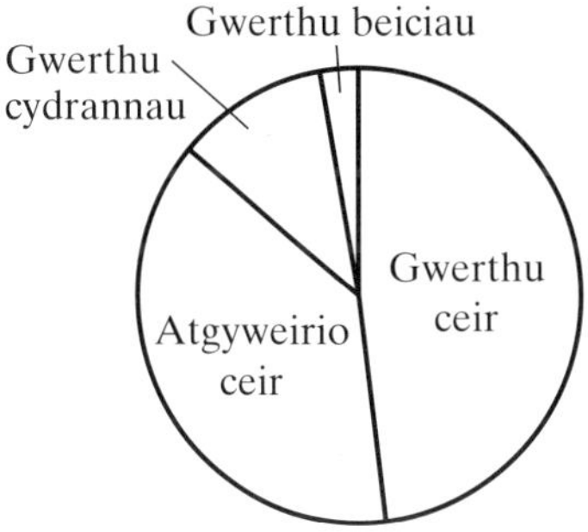

Nifer y cwmnïau ym 2001

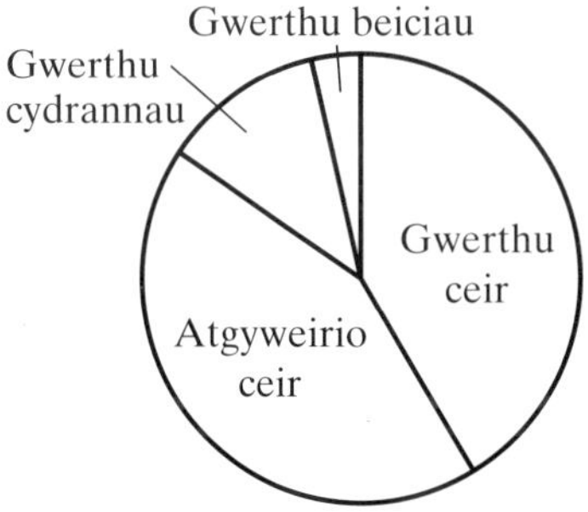

(a) Ym mha flwyddyn oedd nifer y cwmnïau atgyweirio ceir fwyaf?

(b) Beth yw'r prif wahaniaeth rhwng y naill flwyddyn a'r llall?

(c) Pa bethau sy'n debyg yn y naill flwyddyn a'r llall?

2 Mae'r diagramau yn dangos canlyniadau bechgyn a merched mewn prawf gwybodaeth gyffredinol.

Merched

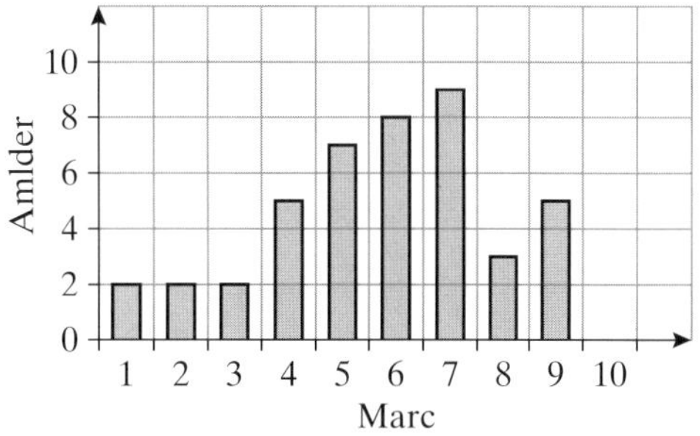

Bechgyn

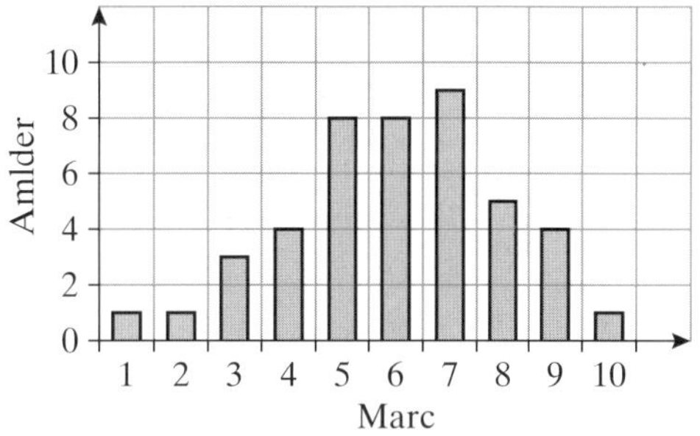

(a) Sawl merch sgoriodd 7 yn y prawf?

(b) Sawl bachgen sgoriodd 4 yn y prawf?

(c) Beth oedd sgôr moddol y merched?

(ch) Beth oedd sgôr moddol y bechgyn?

(d) Beth oedd amrediad sgorau'r merched?

(dd) Ai'r merched neu'r bechgyn wnaeth orau yn y prawf? Rhowch reswm dros eich ateb.

3 Un mesur o gyflwr iechyd gwlad yw ei Chyfradd Marwolaethau Plant (CMP). Mae'r siartiau bar isod yn dangos CMP 5 gwlad ddatblygedig a 5 gwlad annatblygedig.

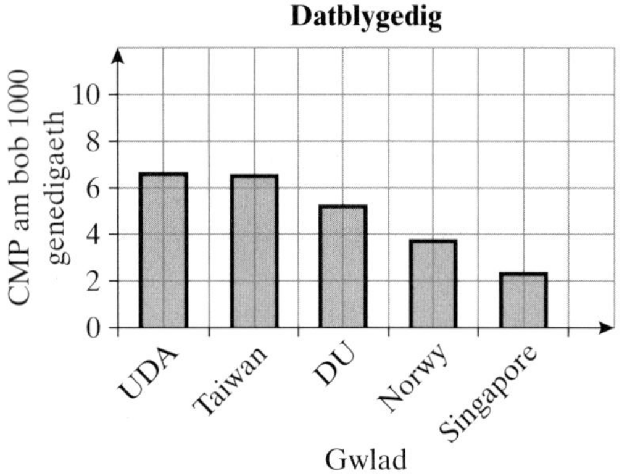

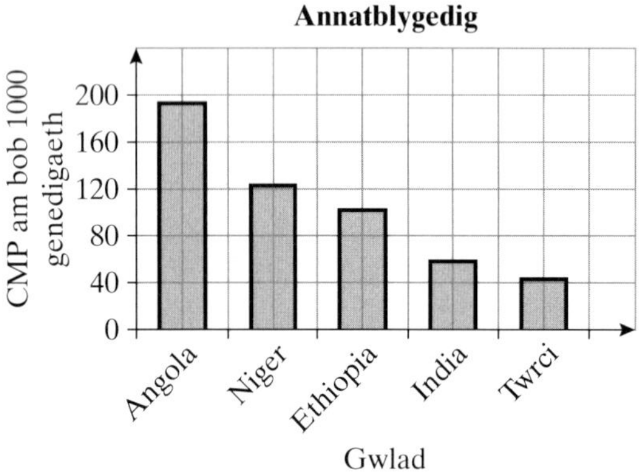

(a) Yn fras, beth yw CMP y DU?

(b) Yn fras, beth yw CMP Angola?

(c) Yn fras, beth yw cymedr yr CMP ar gyfer y gwledydd annatblygedig?

(ch) Yn fras, beth yw cymedr yr CMP ar gyfer y gwledydd datblygedig?

(d) Yn fras, beth yw amrediad yr CMP ar gyfer pob un o'r 10 gwlad?

(dd) Pa grŵp o wledydd yw'r iachaf?

(e) Lluniwch siart bar i ddangos y data ar gyfer pob un o'r 10 gwlad

24 → PERIMEDR, ARWYNEBEDD A CHYFAINT

YMARFER 24.1GC

1 Cyfrifwch berimedr pob un o'r siapiau hyn.

(a)

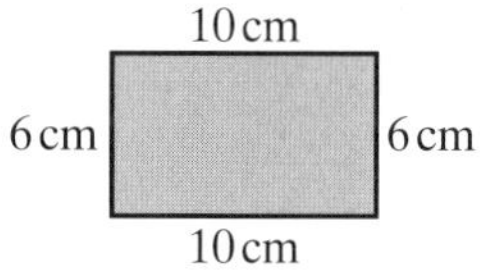

(b)

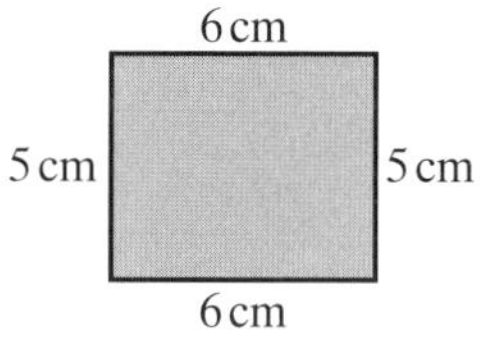

(c)

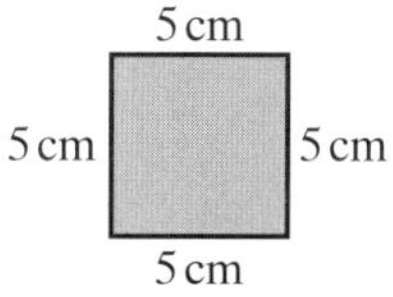

(ch)

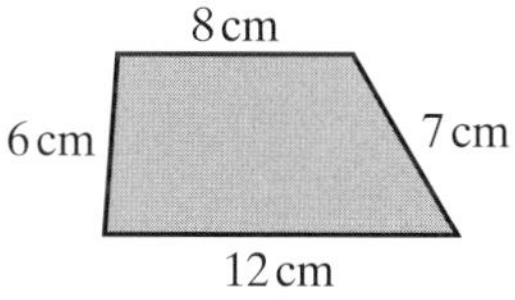

(d)

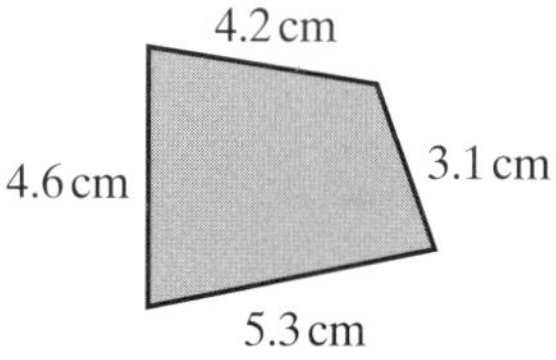

(dd)

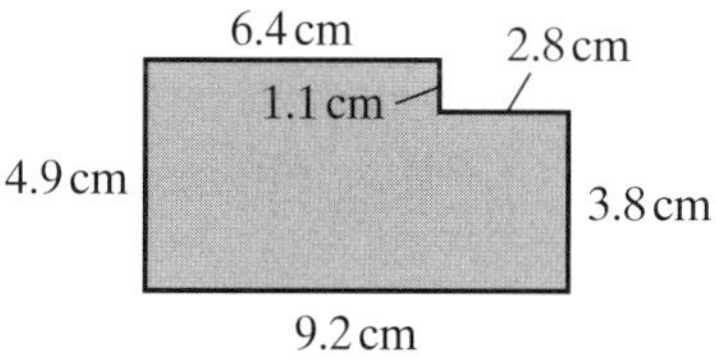

2 Hyd ochrau sgwâr yw 3.7 m.
Beth yw ei berimedr?

3 Hyd dwy ochr petryal yw 4.3 cm a 5.7 cm.
Beth yw ei berimedr?

4 Mae wyneb blaen cyfrifiannell yn betryal â hyd ei ochrau'n 13.5 cm a 6.5 cm.
Beth yw ei berimedr?

5 Mae wyneb uchaf cwpwrdd ffeiliau yn betryal â hyd ei ochrau'n 60 cm a 45 cm.
Beth yw ei berimedr?

YMARFER 24.2GC

1 Darganfyddwch arwynebedd pob un o'r siapiau hyn.
Rhowch eich atebion mewn cm^2.

(a)

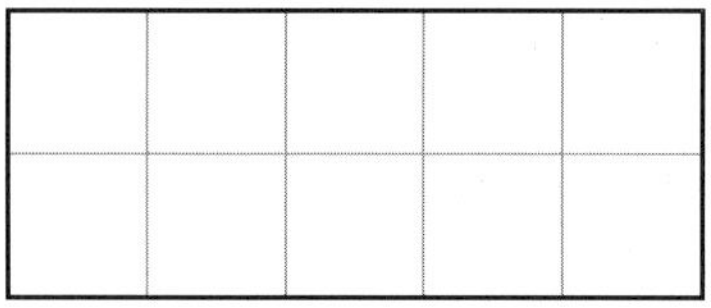

(b)

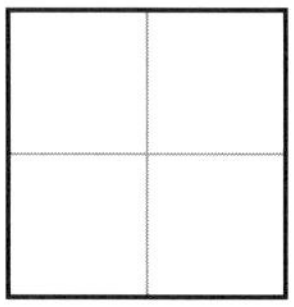

(c)

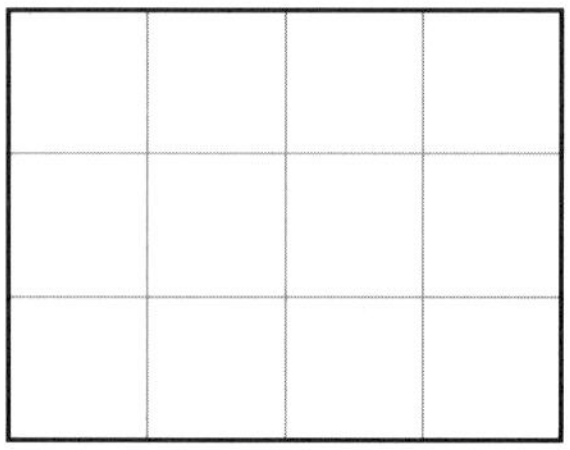

(ch)

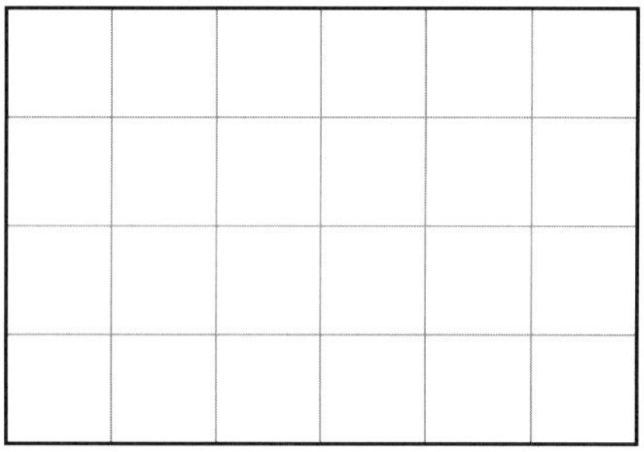

(d)

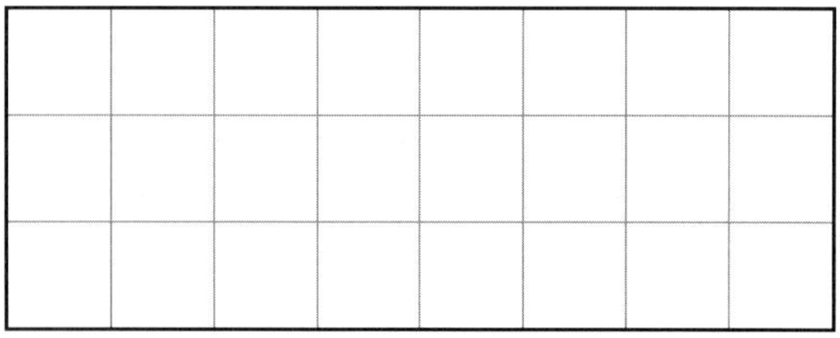

YMARFER 24.3GC

1 Cyfrifwch arwynebedd pob un o'r petryalau hyn.
Cofiwch roi'r unedau cywir ym mhob ateb.

(a)

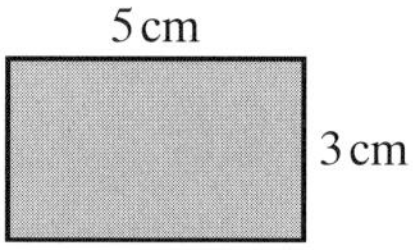

(b)

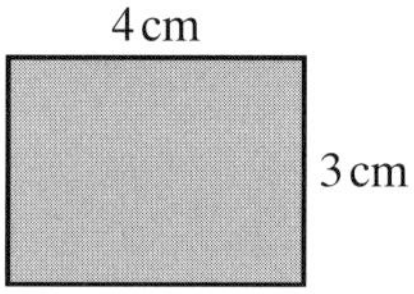

(c)

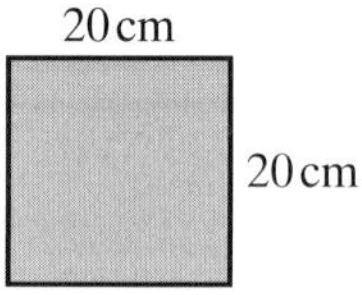

(ch)

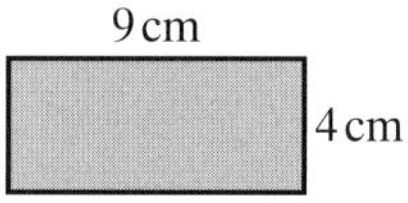

(d)

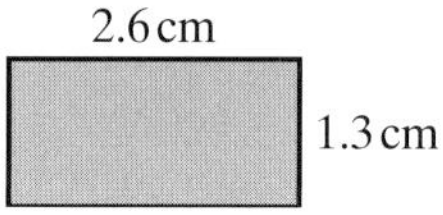

(dd)

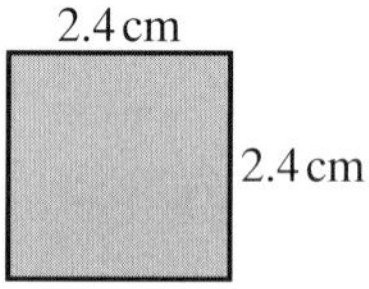

(e)

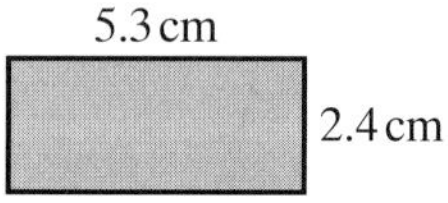

(f)

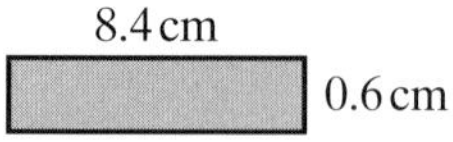

2 Mesuriadau petryal yw 5.3 cm wrth 2.6 cm. Cyfrifwch ei arwynebedd.

3 Hyd ochrau sgwâr yw 3.6 cm. Cyfrifwch ei arwynebedd.

4 Hyd dwy ochr petryal yw 3.25 cm a 0.95 cm. Cyfrifwch ei arwynebedd.

5 Mesuriadau cae petryal yw 35 m wrth 16 m. Cyfrifwch ei arwynebedd.

6 Mae wyneb desg yn betryal â'i fesuriadau'n 1.2 m wrth 0.8 m. Cyfrifwch ei arwynebedd.

7 Mae dreif tŷ yn betryal â'i fesuriadau'n 6.5 m wrth 2.8 m.
(a) Cyfrifwch arwynebedd y dreif.

Pris palmantu'r dreif yw £32.50 y metr sgwâr.
(b) Faint yw cost palmantu'r dreif?

8 Mesuriadau ffenestr betryal yw 1.5 m wrth 3.5 m.
(a) Cyfrifwch arwynebedd y ffenestr.

Pris gwydr yw £25 y metr sgwâr.
(b) Faint yw pris y gwydr ar gyfer y ffenestr?

YMARFER 24.4GC

1 Cyfrifwch gyfaint y ddau giwboid hyn.

(a)

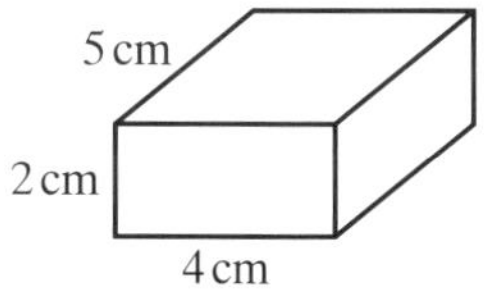

(b)

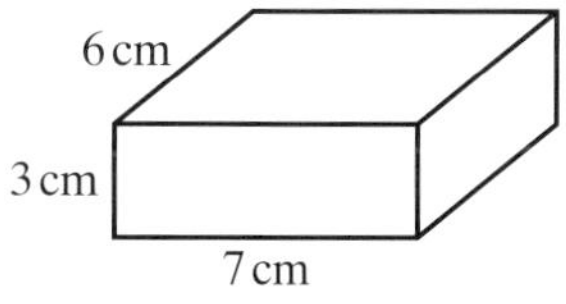

2 Mae gan giwboid uchder 6 m, hyd 4 cm a lled 5 cm.
Cyfrifwch ei gyfaint.

3 Hyd ymylon ciwb yw 4 cm. Cyfrifwch ei gyfaint.

4 Mae gwaelod ciwboid yn sgwâr, ochrau 4.5 cm, ac mae ei uchder yn 6 cm.
Cyfrifwch ei gyfaint.

5 Cyfrifwch gyfaint ciwb sydd â hyd ei ymylon yn 12 m.

6 Mae gwaelod blwch camera yn mesur 16 cm wrth 14 cm ac mae ei uchder yn 12 cm.
Cyfrifwch ei gyfaint.

7 Mae gwaelod tanc pysgod yn mesur 15 cm wrth 60 cm ac mae ei ddyfnder yn 25 cm.
Cyfrifwch gyfaint y tanc.

8 Mae blwch siocledi yn giwboid sydd â'i hyd yn 12.5 cm, ei led yn 6 cm a'i ddyfnder yn 4.6 cm.
Cyfrifwch ei gyfaint.

9 Mae tun bisgedi yn giwboid sydd â'i hyd yn 12 cm, ei led yn 4.5 cm a'i ddyfnder yn 6.5 cm.
Cyfrifwch ei gyfaint.

10 Mae lled darn petryalog o bren yn 3 m, ei hyd yn 60 cm a'i drwch yn 2.5 cm.
Cyfrifwch gyfaint y pren.
Awgrym: byddwch yn ofalus â'r unedau.

DEFNYDDIO CYFRIFIANNELL

YMARFER 25.1GC

1 Sgwariwch bob un o'r rhain.

(a) 4.3^2 **(b)** 7.2^2
(c) 56^2 **(ch)** 419^2
(d) 0.74^2 **(dd)** 0.82^2
(e) 0.09^2 **(f)** 3.2^2
(ff) 4.71^2 **(g)** 63.8^2

2 Cyfrifwch yr ail israddau hyn.

(a) $\sqrt{14.44}$ **(b)** $\sqrt{68.89}$
(c) $\sqrt{3.61}$ **(ch)** $\sqrt{219.04}$
(d) $\sqrt{3844}$ **(dd)** $\sqrt{0.1156}$
(e) $\sqrt{0.5776}$ **(f)** $\sqrt{0.0324}$
(ff) $\sqrt{10.3041}$ **(g)** $\sqrt{0.007\,225}$

3 Cyfrifwch yr ail israddau hyn.
Rhowch eich atebion yn gywir i 2 le degol.

(a) $\sqrt{45.3}$ **(b)** $\sqrt{74.8}$
(c) $\sqrt{44}$ **(ch)** $\sqrt{827}$
(d) $\sqrt{5632}$ **(dd)** $\sqrt{0.468}$
(e) $\sqrt{0.4}$ **(f)** $\sqrt{56\,846}$
(ff) $\sqrt{0.408}$ **(g)** $\sqrt{0.063}$

4 Arwynebedd sgwâr yw 720 cm^2.
Cyfrifwch hyd ei ochr.
Rhowch eich ateb yn gywir i 1 lle degol.

YMARFER 25.2GC

Cyfrifwch y rhain ar gyfrifiannell heb ysgrifennu atebion y camau canol.
Os nad yw'r atebion yn union, rhowch nhw'n gywir i 3 lle degol.

1 $(7.3 + 3.2) \div 4.8$

2 $(134 - 43) \div 35$

3 $(8.2 - 3.6) \times 5.4$

4 $\sqrt{(17.3 + 16.8)}$

5 $\sqrt{(68.7 - 2.3^2)}$

6 $(7.3 - 2.6)^2$

7 $7.3^2 - 2.6^2$

8 $16.8 \div (5.2 - 1.9)$

9 $5.8 \times (1.9 + 7.3)$

10 $\sqrt{(28.6 - 9.7)}$

11 $\sqrt{(26.2 \div 3.8)}$

12 $34.9 \div (2.8 + 5.3)$

26 → LLUNIADAU 1

YMARFER 26.1GC

1 Mesurwch hyd pob un o'r llinellau hyn mewn centimetrau.

(a)

(b)

(c)

(ch)

(d)

2 Mesurwch hyd y ddau wrthrych hyn.

(a)

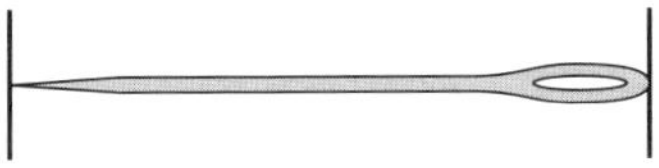

(b)

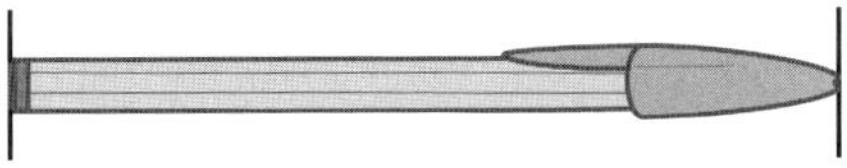

3 Mesurwch hyd pob un o ochrau'r ddau siâp hyn.

(a)

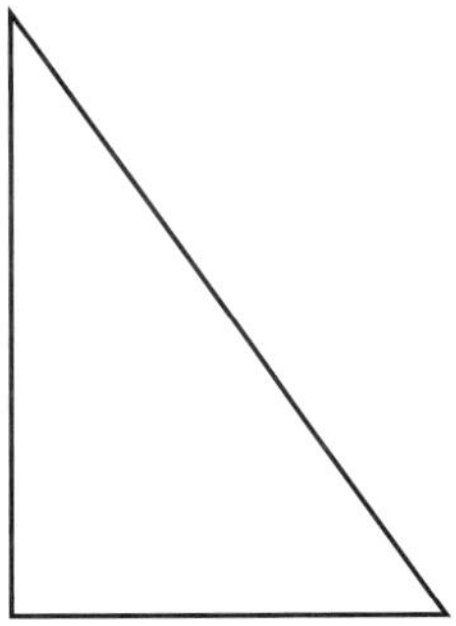

(b)

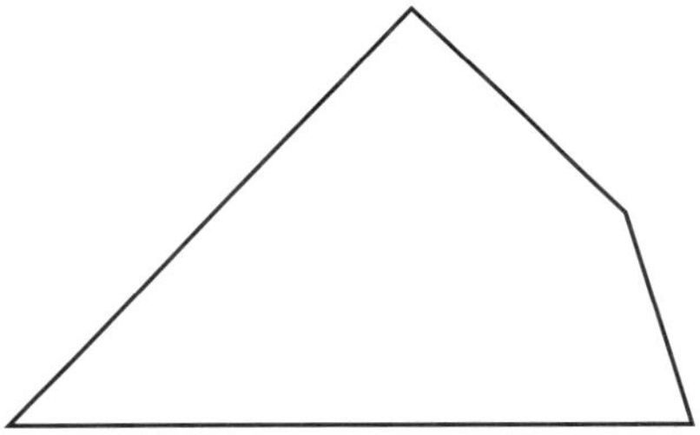

YMARFER 26.2GC

Copïwch a chwblhewch y tabl hwn. Amcangyfrifwch bob ongl yn gyntaf ac wedyn ei mesur ag onglydd.

Ongl	Amcangyfrif o'i maint	Mesuriad o'i maint
a		
b		
c		
d		
e		
f		
g		
h		
i		
j		

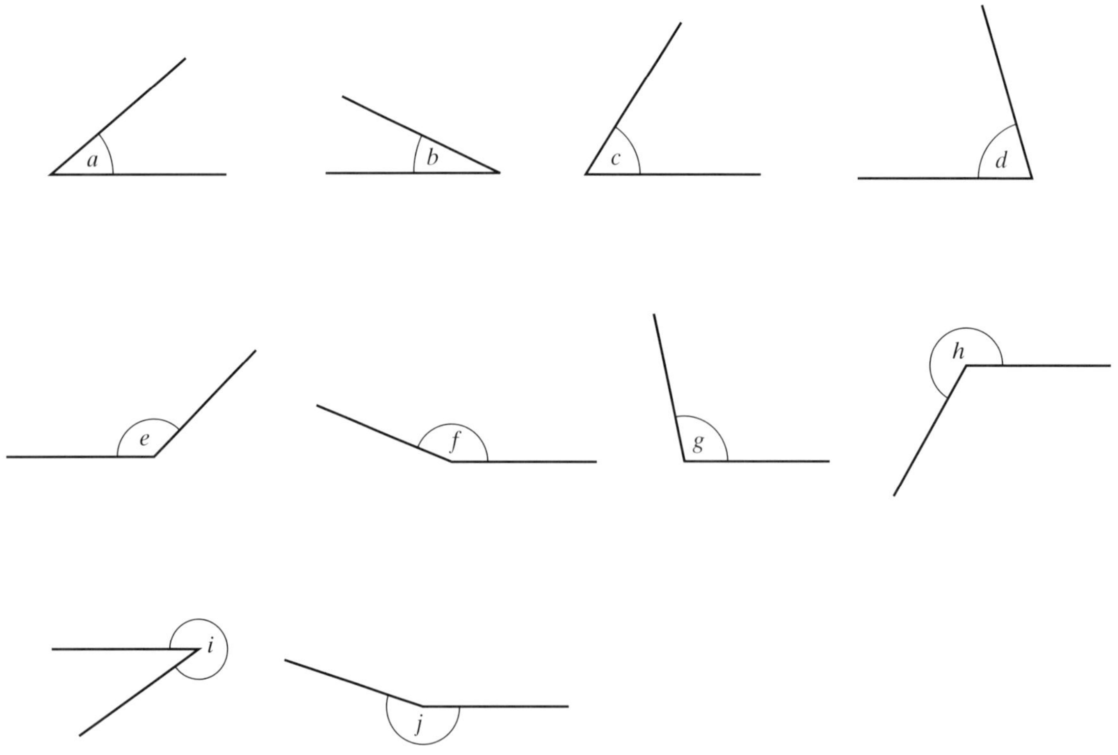

YMARFER 26.3GC

1 Lluniadwch bob un o'r onglau hyn yn fanwl gywir.

(a)

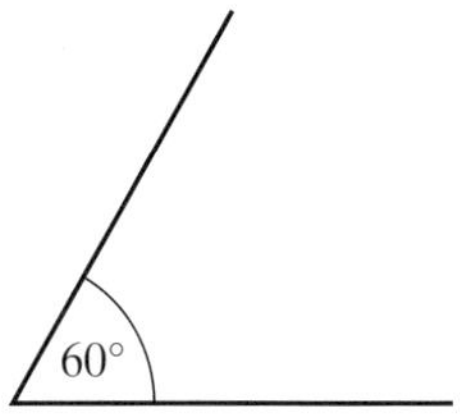

(b)

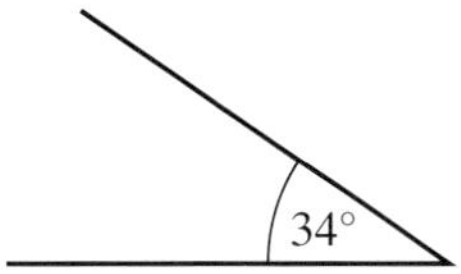

(c)

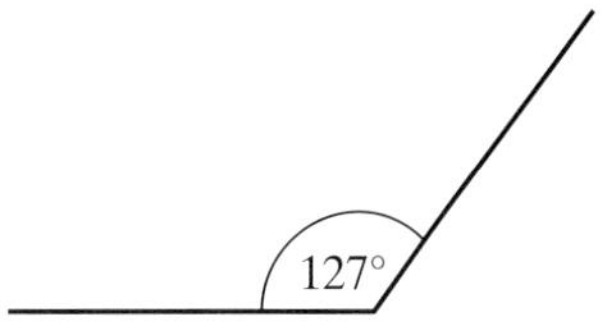

2 Lluniadwch bob un o'r onglau hyn yn fanwl gywir.

(a) 70° **(b)** 45° **(c)** 151° **(ch)** 67°

(d) 139° **(dd)** 28° **(e)** 80° **(f)** 113°

3 Lluniadwch bob un o'r onglau atblyg hyn yn fanwl gywir.

(a) 210° **(b)** 300° **(c)** 188° **(ch)** 275°

YMARFER 26.4GC

1 Lluniadwch bob un o'r trionglau hyn yn fanwl gywir i'w faint llawn.
Ym mhob triongl, mesurwch o'ch lluniad yr hyd anhysbys a'r ddwy ongl anhysbys.

(a)

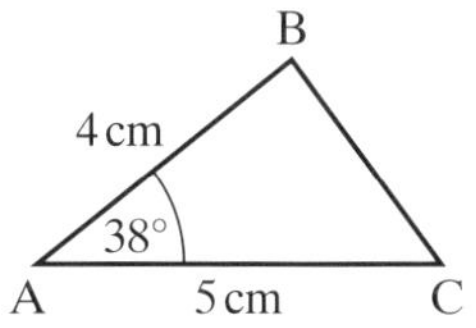

(b)

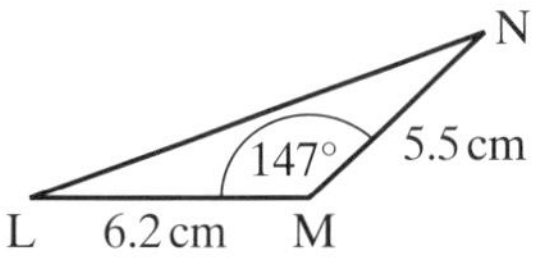

(c) Triongl ABC lle mae AB = 8 cm, ongl BAC = 58° ac AC = 5 cm.

2 Lluniadwch bob un o'r trionglau hyn yn fanwl gywir i'w faint llawn.
Ym mhob triongl, mesurwch o'ch lluniad y ddau hyd anhysbys a'r ongl anhysbys.

(a)

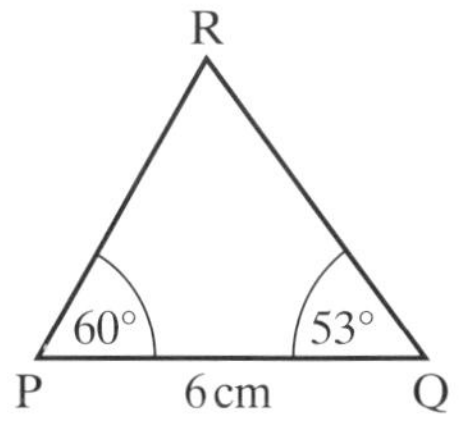

(b)

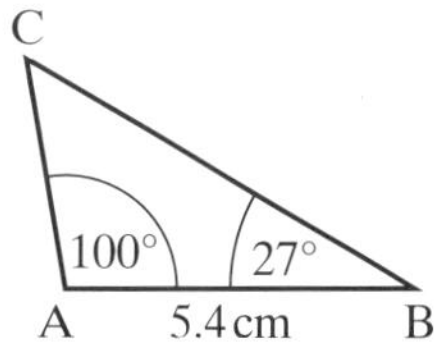

(c) Triongl XYZ lle mae YZ = 6.5 cm, ongl XZY = 67° ac ongl ZYX = 43°.

YMARFER 26.5GC

1 Lluniadwch bob un o'r trionglau hyn yn fanwl gywir i'w faint llawn.
Ym mhob triongl, mesurwch o'ch lluniad y tair ongl.

(a)

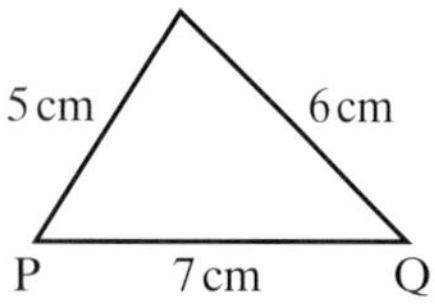

(b)

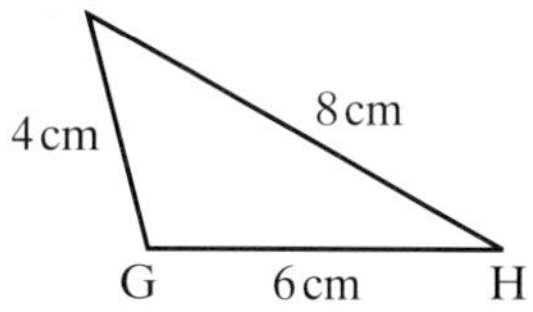

(c) Triongl ABC lle mae AB = 6 cm, BC = 6.5 cm ac AC = 7 cm.

2 Lluniadwch bob un o'r trionglau hyn yn fanwl gywir i'w faint llawn.
Ym mhob triongl, mesurwch o'ch lluniad yr hyd a'r ddwy ongl anhysbys.

(a)

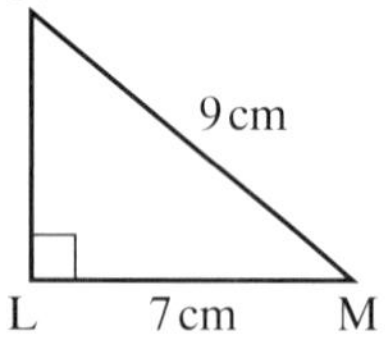

(b)

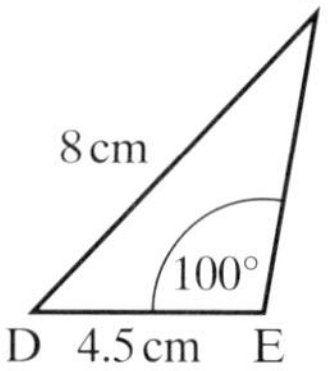

(c) Triongl XYZ lle mae YZ = 6.8 cm, ongl XZY = 42° ac XY = 8 cm.

YMARFER 26.6GC

1 Mesurwch bob un o'r llinellau hyn mor fanwl gywir ag y gallwch.
Gan ddefnyddio'r graddfeydd sydd wedi eu nodi, cyfrifwch yr hyd sy'n cael ei gynrychioli gan bob llinell.

(a) 1 cm i 6 m

(b) 1 cm i 20 km

(c) 2 cm i 5 milltir

(ch) 1 cm i 4 m

2 Yn fanwl gywir, lluniadwch y llinellau sy'n cynrychioli'r hydoedd hyn.
Defnyddiwch y raddfa sydd wedi ei nodi.

(a) 6 m Graddfa: 1 cm i 1 m

(b) 8 km Graddfa: 1 cm i 2 km

(c) 15 milltir Graddfa: 3 cm i 5 milltir

(ch) 450 m Graddfa: 1 cm i 100 m

3 Dyma gynllun ystafell wely.
Graddfa'r lluniad yw 1 cm i 50 cm.

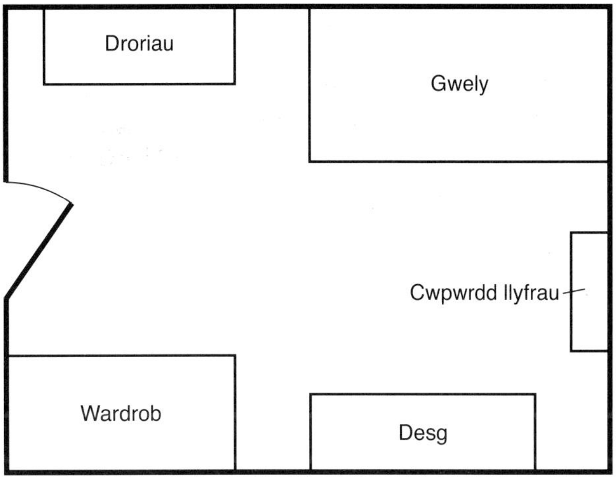

(a) Cyfrifwch wir hyd a lled yr ystafell wely.
(b) Cyfrifwch wir hyd a lled pob un o'r pum eitem yn yr ystafell wely.
(c) Mesuriadau ffenestr yr ystafell wely yw 1 m wrth 1 m 75 cm.
Beth fydd mesuriadau'r ffenestr ar y lluniad wrth raddfa hwn?

4 Mae'r map yn dangos rhai o drefi a dinasoedd yr Alban.
Graddfa'r map yw 1 cm i 10 km.

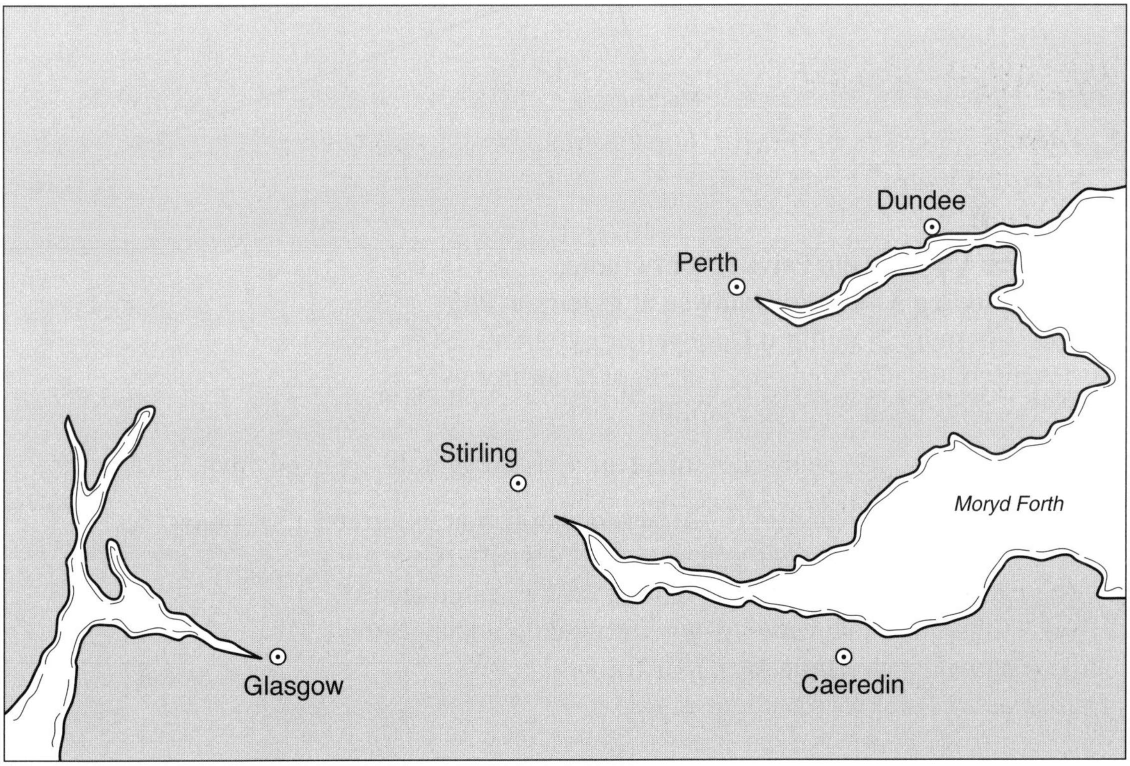

(a) Beth yw'r gwir bellter, mewn cilometrau, rhwng y lleoedd hyn?

(i) Glasgow a Stirling
(ii) Caeredin a Glasgow
(iii) Caeredin a Perth
(iv) Glasgow a Dundee
(v) Perth a Dundee
(vi) Caeredin a Stirling

(b) Mae Caeredin 660 km o Lundain.
Sawl centimetr fyddai hyn ar y map?

YMARFER 26.7GC

1 Mae'r diagram yn dangos rhan o gynllun ysgol. O bwynt P ar iard yr ysgol mae'r cynllun yn dangos safle'r mynedfeydd i wahanol ystafelloedd dosbarth.
Darganfyddwch gyfeiriant pob un o'r mynedfeydd o'r pwynt P.
Graddfa'r map yw 1 cm i 10 m.
Darganfyddwch wir bellter pob mynedfa o P.

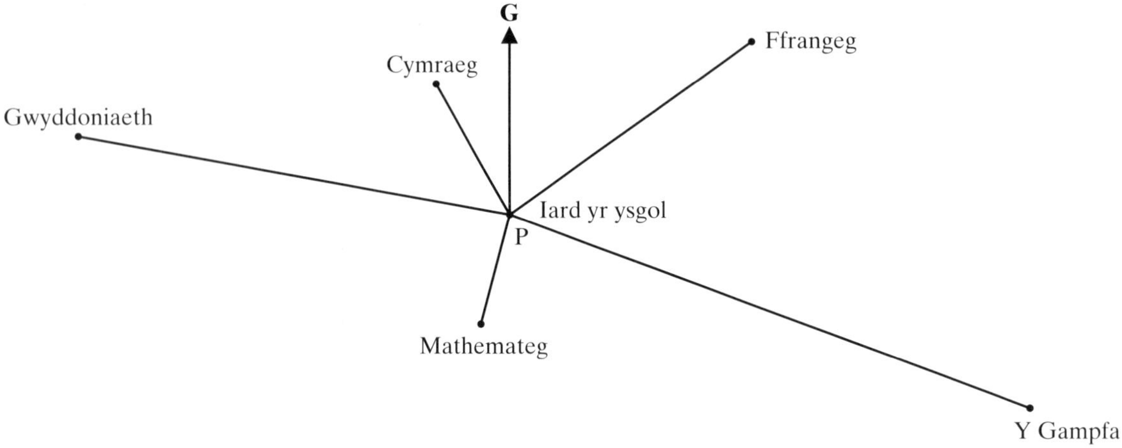

2 Tair tref yw Dolwen, Estylleg a Ffwrndre.
Mae Estylleg 3 milltir o Ddolwen ar gyfeiriant 065°.
Mae Ffwrndre $2\frac{1}{2}$ milltir o Ddolwen ar gyfeiriant 290°.
Tynnwch luniad wrth raddfa i ddangos y tair tref hyn.
Defnyddiwch raddfa 2 cm i 1 filltir.

3 Aeth Jeni am dro.
Cychwynnodd o'i chartref (C) a cherdded 500 m ar gyfeiriant 150° i'r sw (S).
O'r sw cerddodd 900 m ar gyfeiriant 088° i'r caffi (C).
O'r caffi cerddodd 600 m ar gyfeiriant 350° i'r farchnad (M).

(a) Tynnwch luniad manwl gywir wrth raddfa i ddangos taith Jên.
Defnyddiwch raddfa 1 cm i 100 m.

(b) Pa mor bell yw Jeni o'i chartref?

(c) Ar ba gyfeiriant y dylai Jeni gerdded i gyrraedd adref?

YMARFER 27.1GC

1 Faint o oriau a munudau sydd rhwng yr amserau hyn?

- **(a)** 08:10 a 08:43
- **(b)** 15:00 ac 19:00
- **(c)** 10:42 ac 11:23
- **(ch)** 13:48 ac 15:22
- **(d)** 06:41 ac 14:25
- **(dd)** 22:10 dydd Iau a 04:20 dydd Gwener
- **(e)** $\frac{1}{4}$ i 4 a $\frac{1}{2}$ wedi 5
- **(f)** 20 munud i 5 a 25 munud wedi 8

2 Cyrhaeddodd Ffion le'r deintydd am 12:40.
Buodd hi gyda'r deintydd am 35 munud.
Faint o'r gloch gadawodd hi?

3 Aeth Gari ar y bws i'r dref.
Cyrhaeddodd yr arhosfan am 09:55 a disgwyl am 8 munud cyn i'r bws gyrraedd. Cymerodd y bws 23 munud i deithio i'r dref.
Faint o'r gloch cyrhaeddodd Gari y dref?

4 **(a)** Ar ddiwrnod gwaith mae trên yn gadael Sheffield am 13:27 ac yn cyrraedd Llundain am 15:50.
Faint o amser mae'r daith yn ei gymryd?

(b) Ar ddydd Sul mae trên yn gadael Sheffield am 12:51 i fynd i Lundain.
Mae'r daith yn cymryd 3 awr 13 munud.
Faint o'r gloch mae'r trên hwn yn cyrraedd Llundain?

5 Mae James wedi trefnu cyfarfod ar gyfer 10:15.
Mae'n cyrraedd 16 munud yn gynnar.
Faint o'r gloch mae'n cyrraedd?

6 Am faint o'r gloch mae'r rhaglenni teledu hyn yn dod i ben?

- **(a)** Mae'n dechrau am 08:15 a'i hyd yw 30 munud.
- **(b)** Mae'n dechrau am 12:20 a'i hyd yw 50 munud.
- **(c)** Mae'n dechrau am 18:25 a'i hyd yw 40 munud.
- **(ch)** Mae'n dechrau am 20:33 a'i hyd yw 1 awr 35 munud.
- **(d)** Mae'n dechrau am 22:35 ar ddydd Mawrth a'i hyd yw 2 awr 20 munud.

7 Mae Rhiannon yn gadael i gael ei chinio am 12:35 ac yn dychwelyd am 13:47.
Am faint o amser mae hi allan?

8 Mae Aled yn cyrraedd 8 munud yn gynnar ar gyfer cyfarfod sydd i ddechrau am 19:30.
Mae'r cyfarfod yn dechrau 3 munud yn hwyr ac yn dod i ben am 21:18.

- **(a)** Am faint o'r gloch cyrhaeddodd Aled?
- **(b)** Beth oedd hyd y cyfarfod?

9 Mae Rachel yn rhedeg ras 10 000 m mewn 38 munud 14 eiliad. Mae Carol yn rhedeg yr un ras mewn 39 munud 2 eiliad.
Faint yn fwy o amser gymerodd Carol?

10 Mae Emily yn rhedeg marathon. Mae hi'n cofnodi'r union amser wrth iddi groesi'r llinell gychwyn. Mae'n 10:41:05.
Mae Emily yn cwblhau'r ras mewn 4 awr 13 munud 6 eiliad. Am faint o'r gloch mae hi'n gorffen y ras?

YMARFER 27.2GC

1 Gyrrodd Kieran 180 cilometr yn ei gar ar fuanedd cyfartalog 40 km/awr.
Faint o amser gymerodd y daith?

2 Cerddodd Iola ar fuanedd cyfartalog 5 km/awr am 3 awr 30 munud.
Pa mor bell y cerddodd hi?

3 Gyrrodd Padrig o'i gartref i Abertawe, pellter o 189 milltir.
Cymerodd ei daith bedair awr a hanner.
Beth oedd ei fuanedd cyfartalog mewn milltiroedd yr awr?

4 Mae car yn teithio ar fuanedd cyfartalog 84 km/awr. Pa mor bell mae'n teithio mewn 2.6 awr?

5 Cymerodd Pedr 4 munud 10 eiliad i redeg 1000 metr. Beth oedd ei fuanedd mewn metrau yr eiliad?

6 Aeth Menna am dro ar ei beic modur. Ei buanedd cyfartalog oedd 96 km/awr a chymerodd 1 awr 40 munud.
Pa mor bell y teithiodd hi?

7 Mae awyren yn cymryd 3 awr 30 munud i hedfan 2611 km.
Beth yw ei buanedd cyfartalog?

8 Y pellter o Lyn Louise i ffynhonnau poeth Radium yw 240 milltir.
Teithiodd Taj ar fuanedd cyfartalog 54 m.y.a.
Faint o amser gymerodd ei daith?
Rhowch eich ateb yn gywir i'r munud agosaf.

9 Pellter ras feiciau hir yw 275 km.
Cymerodd yr enillydd 14 awr 15 munud.
Beth oedd ei fuanedd cyfartalog?
Rhowch eich ateb yn gywir i 1 lle degol.

10 **(a)** Faint o amser y mae'n ei gymryd i deithio 100 milltir ar fuanedd cyfartalog 70 m.y.a.?
(b) Faint o amser y byddech chi'n ei arbed wrth deithio 10 m.y.a. yn gyflymach?
Rhowch eich atebion yn gywir i'r munud agosaf.

YMARFER 27.3GC

Defnyddiwch y bras drawsnewidiadau hyn i newid rhwng unedau imperial ac unedau metrig.

Hyd	Pwysau
8 km ≈ 5 milltir	1 kg ≈ 2 pwys (lb)
1 m ≈ 40 modfedd	25 g ≈ 1 owns (oz)
1 fodfedd ≈ 2.5 cm	**Cynhwysedd**
1 droedfedd (tr) ≈ 30 cm	4 litr ≈ 7 peint (pt)

1 Aeth Petra ar daith gerdded 12 km. Pa mor bell oedd hyn mewn milltiroedd?

2 Ar gyfer parti, prynodd Iona garton 2 litr o laeth hufen cyflawn a phedair potel 2 litr o laeth lled-sgim. Sawl peint o laeth yw hynny i gyd?

3 Màs sach cefn Simon yw 32 pwys. Faint yw hyn mewn cilogramau?

4 Prynodd Fitz bedwar darn o bren, ac mae hyd pob un yn 8 troedfedd. Faint oedd cyfanswm yr hyd mewn metrau a chentimetrau?

5 Uchder y bwrdd deifio ar lan pwll nofio yw 5 metr. Faint yw ei uchder mewn troedfeddi a modfeddi?

6 Gan ddefnyddio'r draffordd M1, y pellter rhwng Sheffield a Chaergrawnt yw 185 milltir, ond wrth groesi i'r A1 nid yw'r pellter ond 148 milltir. Faint yn bellach, mewn cilometrau, yw'r daith ar hyd yr M1?

7 Mae fy nghar yn dal 10 galwyn o betrol (1 galwyn = 8 peint). Sawl litr y mae'n ei ddal? Rhowch eich ateb i'r litr agosaf.

8 Y pwysau sy'n cael ei ganiatáu i fagiau teithwyr awyren yw hyd at 20 kg. Defnyddiwch y trawsnewidiad mwy manwl, 1 kg = 2.2 pwys, i ddarganfod faint sy'n cael ei ganiatáu mewn pwysi.

YMARFER 27.4GC

1 Ar ei wyliau yn Ffrainc, ysgrifennodd Jason y tabl hwn o fras drawsnewidiadau rhwng cilometrau yr awr (km/awr) a milltiroedd yr awr (m.y.a.).

km/awr	40	50	60	70	80	90	100	110	120
m.y.a.	25	30	40	45	50	55	60	65	75

Trawsnewidiad mwy manwl gywir yw m.y.a. = km/awr × 0.625.

(a) Gwelodd Jason arwydd yn nodi cyfyngiad buanedd o 90 km/awr. Beth yw'r cyfyngiad buanedd mewn m.y.a.

(i) yn ôl tabl Jason?

(ii) wrth ddefnyddio trawsnewidiad mwy manwl gywir?

(b) Mae rhai o'r trawsnewidiadau yn y tabl yn union yr un fath â'r trawsnewidiadau manwl gywir. Rhestrwch y rhain.

2 Dyma ran o amserlen y trenau ar ddydd Sul o Sheffield a Chesterfield i orsaf St Pancras, Llundain.

Sheffield	Chesterfield	St Pancras, Llundain
08 53	0906	1219
09 51	1007	1318
11 02	1113	1418
12 51	1303	1604
13 53	1407	1706
14 43	1456	1755
16 01	1616	1914
18 30	1843	2141

(a) Pa bryd mae'r 1102 o Sheffield yn cyrraedd St Pancras?

(b) Pa bryd mae'r trên sy'n cyrraedd Llundain am 1755 yn gadael Chesterfield?

(c) Pa rai o'r trenau ar y rhestr sy'n cwblhau'r daith o Sheffield i Lundain yn yr amser byrraf?

3

Mae'r pellteroedd mewn milltiroedd	**Birmingham**	**Bryste**	**Caeredin**	**Glasgow**	**Lerpwl**	**Llundain**	**Efrog**
Birmingham		87	286	287	90	110	127
Bryste	87		364	365	159	116	214
Caeredin	286	364		44	210	373	184
Glasgow	287	365	44		212	392	207
Lerpwl	90	159	210	212		197	97
Llundain	110	116	373	392	197		196
Efrog		127	214	184	207	97	196

Defnyddiwch y siart milltiroedd uchod i ddarganfod
(a) y pellter o **Fryste** i **Lundain**,
(b) **hyd cyfan** taith o **Glasgow** i **Gaeredin** i **Efrog**.

CBAC Haf 2004

4 Mae'r amserlen ganlynol yn dangos amserau'r bysiau o Barc Cefn i Heol yr Eglwys. Yna, mae'r bysiau'n dychwelyd o Heol yr Eglwys i Barc Cefn.

Parc Cefn – Heol yr Eglwys – Parc Cefn		**Amserlen Bws**		
	Rhif y Gwasanaeth			
	2901	**2902**	**2903**	**2904**
Parc Cefn	09 32	10 45	12 12	14 35
Heol y Brenin		10 51	12 18	14 41
Stryd y Santes Fair		10 58	12 25	14 48
Rhiw'r Castell		11 04	12 31	14 54
Heol yr Eglwys	09 52	11 11	12 38	15 01
Rhiw'r Castell	09 59	11 18		15 08
Stryd y Santes Fair	10 07	11 26		15 16
Heol y Brenin	10 15	11 34		15 24
Parc Cefn	10 24	11 43	12 58	15 33

(a) Am faint o'r gloch mae gwasanaeth 2902 yn gadael Parc Cefn?
Nodwch yr **amserau** pan fydd gwasanaeth 2904 yn cyrraedd Heol y Brenin.
(b) Faint o amser y mae'n ei gymryd i wasanaeth 2903 deithio o Barc Cefn i Heol yr Eglwys a dychwelyd i Barc Cefn?

CBAC Haf 2005

5 (a)

Mae'r pellterau mewn milltiroedd	**Llundain**	**Caerdydd**	**Abergwaun**	**Lerpwl**	**Amwythig**
Llundain		152	263	203	156
Caerdydd	152		127	198	110
Abergwaun	263	127		167	132
Lerpwl	203	198	167		68
Amwythig	156	110	132	68	

Defnyddiwch y siart milltiroedd uchod i ddarganfod

(i) y pellter o **Lerpwl** i **Gaerdydd**,

(ii) **hyd cyfan** y daith o **Lundain** i **Gaerdydd** i **Abergwaun**.

(b) Mae'r tabl canlynol yn rhan o amserlen y rheilffordd o Abertawe i Lundain.

Abertawe	07 00	10 30	13 30
Castell-nedd	07 10	10 40	13 40
Port Talbot	07 19	10 49	13 49
Pen-y-bont ar Ogwr	07 30	11 00	14 00
Caerdydd	07 55	11 25	14 25
Casnewydd	08 15	11 45	14 45
Bristol Parkway	08 40	12 10	15 10
Reading	09 26	13 01	16 01
Llundain	09 56	13 30	16 30

(i) Faint o amser y dylai'r trên 07.00 o **Abertawe** ei gymryd i fynd i **Bort Talbot**?

(ii) Faint o amser y dylai'r trên 13.30 o **Abertawe** ei gymryd i deithio o **Gaerdydd** i **Bristol Parkway**?

CBAC Haf 2005

28 → CYFANRIFAU, PWERAU AC ISRADDAU 2

YMARFER 28.1GC

Ysgrifennwch bob un o'r rhifau hyn fel lluoswm ei ffactorau cysefin.

1 14	**2** 16
3 28	**4** 35
5 42	**6** 49
7 108	**8** 156
9 225	**10** 424

YMARFER 28.2GC

Ar gyfer pob un o'r parau hyn o rifau

- ysgrifennwch y rhifau fel lluosymiau eu ffactorau cysefin.
- nodwch y ffactor cyffredin mwyaf.
- nodwch y lluosrif cyffredin lleiaf.

1 6 ac 8	**2** 8 ac 18
3 15 a 25	**4** 36 a 48
5 25 a 55	**6** 33 a 55
7 54 a 72	**8** 30 a 40
9 45 a 63	**10** 24 a 50

YMARFER 28.3GC

Cyfrifwch y rhain.

1 2×3	**2** -5×8
3 -6×-2	**4** -4×6
5 5×-7	**6** -3×7
7 -4×-5	**8** $28 \div -7$
9 $-25 \div 5$	**10** $-20 \div 4$
11 $24 \div 6$	**12** $-15 \div -3$
13 $-35 \div 7$	**14** $64 \div -8$
15 $27 \div -9$	**16** $3 \times 6 \div -9$

17 $-42 \div -7 \times -3$

18 $5 \times 6 \div -10$

19 $-9 \times 4 \div -6$

20 $-5 \times 6 \times -4 \div -8$

YMARFER 28.4GC

Peidiwch â defnyddio cyfrifiannell i ateb cwestiynau **1** a **2**.

1 Ysgrifennwch werth pob un o'r rhain.

(a) 1^2 **(b)** 13^2 **(c)** $\sqrt{64}$

(ch) $\sqrt{196}$ **(d)** 3^3 **(dd)** 5^3

(e) $\sqrt[3]{8}$ **(f)** $\sqrt[3]{64}$

2 Hyd ochrau ciwb yw 4 cm.
Beth yw ei gyfaint?

Cewch ddefnyddio cyfrifiannell i ateb cwestiynau **3** i **7**.

3 Sgwariwch bob un o'r rhifau hyn.

(a) 20 **(b)** 42 **(c)** 5.1

(ch) 60 **(d)** 0.9

4 Ciwbiwch bob un o'r rhifau hyn.

(a) 7 **(b)** 3.5 **(c)** 9.4

(ch) 20 **(d)** 100

5 Darganfyddwch ail isradd pob un o'r rhifau hyn.
Lle bo angen, rhowch eich ateb yn gywir i 2 le degol.

(a) 900 **(b)** 75 **(c)** 284

(ch) 31 684 **(d)** 40 401

6 Darganfyddwch drydydd isradd pob un o'r rhifau hyn.
Lle bo angen, rhowch eich ateb yn gywir i 2 le degol.
(a) 729 **(b)** 144 **(c)** 9.261
(ch) 4848 **(d)** 100 000

7 Arwynebedd sgwâr yw 80 cm^2.
Beth yw hyd un o'i ochrau? Rhowch eich ateb yn gywir i 2 le degol.

YMARFER 28.5GC

1 Ysgrifennwch y rhain ar ffurf symlach gan ddefnyddio indecsau.
(a) $2 \times 2 \times 2 \times 2 \times 2 \times 2$
(b) $7 \times 7 \times 7 \times 7$
(c) $2 \times 2 \times 3 \times 3 \times 3 \times 3 \times 5 \times 5 \times 5$

2 Cyfrifwch y rhain, gan roi eich atebion ar ffurf indecs.
(a) $2^2 \times 2^4$ **(b)** $3^6 \times 3^2$
(c) $4^2 \times 4^3$ **(ch)** $5^6 \times 5$

3 Cyfrifwch y rhain, gan roi eich atebion ar ffurf indecs.
(a) $5^5 \div 5^2$ **(b)** $7^8 \div 7^2$
(c) $2^6 \div 2^4$ **(ch)** $3^7 \div 3^3$

4 Cyfrifwch y rhain, gan roi eich atebion ar ffurf indecs.
(a) $\dfrac{2^5 \times 2^4}{2^3}$ **(b)** $\dfrac{3^7}{3^5 \times 3^2}$
(c) $\dfrac{5^5 \times 5^4}{5^2 \times 5^3}$ **(ch)** $\dfrac{7^5 \times 7^2}{7^2 \times 7^4}$

5 **(a)** Ysgrifennwch bob un o'r rhifau hyn fel lluoswm ei ffactorau cysefin.
(i) 36 **(ii)** 49 **(iii)** 64
(iv) 100 **(v)** 324
(b) Mae pob rhif sydd yn rhan **(a)** yn rhif sgwâr. Ysgrifennwch yr hyn sy'n tynnu eich sylw ynglŷn â phob un o'r pwerau (indecsau) yn **(a)**.

6 Ysgrifennwch 50 fel lluoswm ei ffactorau cysefin. Beth yw'r rhif lleiaf y mae angen lluosi 50 ag ef er mwyn cael ateb sy'n rhif sgwâr?

7 **(a)** Ysgrifennwch bob un o'r rhifau hyn fel lluoswm ei ffactorau cysefin.
(i) 12 **(ii)** 27 **(iii)** 60
(iv) 75 **(v)** 112
(b) I bob rhif yn rhannau **(i)** i **(v)**, darganfyddwch y rhif lleiaf y mae angen lluosi ag ef er mwyn cael ateb sy'n rhif sgwâr.

YMARFER 28.6GC

Peidiwch â defnyddio cyfrifiannell i ateb cwestiynau **1** i **3**.

1 Ysgrifennwch y cilydd i bob un o'r rhifau hyn.
(a) 4 **(b)** 9 **(c)** 65

2 Ysgrifennwch y rhifau y mae pob un o'r rhain yn gilyddion iddynt.
(a) $\frac{1}{6}$ **(b)** $\frac{1}{10}$ **(c)** $\frac{1}{25}$

3 Darganfyddwch y cilydd i bob un o'r rhifau hyn.
Rhowch eich atebion fel ffracsiynau neu rifau cymysg.
(a) $\frac{3}{5}$ **(b)** $\frac{4}{9}$ **(c)** $2\frac{2}{5}$

Cewch ddefnyddio cyfrifiannell i ateb cwestiwn **4**.

4 Darganfyddwch y cilydd i bob un o'r rhifau hyn.
Rhowch eich atebion fel degolion.
(a) 25 **(b)** 0.2 **(c)** 6.4

YMARFER 29.1GC

Ehangwch y rhain.

1 $7(3a + 6b)$ **2** $5(2c + 3d)$

3 $4(3e - 5f)$ **4** $3(7g - 2h)$

5 $3(4i + 2j - 3k)$ **6** $3(5m - 2n + 3p)$

7 $6(4r - 3s - 2t)$ **8** $8(4r + 2s + t)$

9 $4(3u + 5v)$ **10** $6(4w + 3x)$

11 $2(5y + z)$ **12** $4(3y + 2z)$

13 $5(3v + 2)$ **14** $3(7 + 4w)$

15 $5(1 - 3a)$ **16** $3(8g - 5)$

YMARFER 29.2GC

Ehangwch y cromfachau a symleiddiwch y rhain.

1 **(a)** $3(4a + 5) + 2(3a + 4)$
(b) $5(4b + 3) + 3(2b + 1)$
(c) $2(3 + 6c) + 4(5 + 7c)$

2 **(a)** $2(4x + 5) + 3(5x - 2)$
(b) $4(3y + 2) + 5(3y - 2)$
(c) $3(4 + 7z) + 2(3 - 5z)$

3 **(a)** $4(4s + 3t) + 5(2s + 3t)$
(b) $3(4v + 5w) + 2(3v + 2w)$
(c) $6(2x + 5y) + 3(4x + 2y)$
(ch) $2(5v + 4w) + 3(2v + w)$

4 **(a)** $5(2n + 5p) + 4(2n - 5p)$
(b) $3(4q + 6r) + 5(2q - 3r)$
(c) $7(3d + 2e) + 5(3d - 2e)$
(ch) $5(3f + 8g) + 4(3f - 9g)$
(d) $4(5h - 6j) - 6(2h - 5j)$
(dd) $4(5k - 6m) - 3(2k - 5m)$

YMARFER 29.3GC

Ffactoriwch y rhain.

1 **(a)** $8x + 20$ **(b)** $3x + 6$
(c) $9x - 12$ **(ch)** $5x - 30$

2 **(a)** $16 + 8x$ **(b)** $9 + 15x$
(c) $12 - 16x$ **(ch)** $8 - 12x$

3 **(a)** $4x^2 + 16x$ **(b)** $6x^2 + 30x$
(c) $8x^2 - 20x$ **(ch)** $9x^2 - 15x$

YMARFER 29.4GC

Ehangwch y cromfachau a symleiddiwch y rhain.

1 **(a)** $(a + 5)(a + 3)$
(b) $(b + 2)(b + 4)$
(c) $(4 + c)(3 + c)$

2 **(a)** $(2d + 3)(4d - 3)$
(b) $(5e + 4)(3e - 2)$
(c) $(3 + 8f)(2 - 5f)$

3 **(a)** $(3g - 2)(5g - 6)$
(b) $(4h - 5)(3h - 7)$
(c) $(5j - 6)(3j - 8)$

4 **(a)** $(3k + 7)(4k - 5)$
(b) $(2 + 7m)(3 - 8m)$
(c) $(4 + 3n)(2- 5n)$

5 **(a)** $(2 + 5p)(3 - 7p)$
(b) $(5r - 6)(2r - 5)$
(c) $(3s - 2)(4s - 9)$

YMARFER 29.5GC

Symleiddiwch bob un o'r canlynol, gan ddefnyddio nodiant indecs i ysgrifennu eich ateb.

1 **(a)** $7 \times 7 \times 7 \times 7 \times 7$
(b) $3 \times 3 \times 3 \times 3 \times 3$
(c) $2 \times 2 \times 2 \times 2 \times 2 \times 2$

2 **(a)** $d \times d \times d \times d \times d \times d \times d$
(b) $m \times m \times m \times m \times m \times m$
(c) $t \times t \times t \times t \times t \times t \times t$

3 **(a)** $a \times a \times a \times a \times b \times b$
(b) $c \times c \times c \times c \times d \times d \times d \times d \times d$
(c) $r \times r \times r \times s \times s \times t \times t \times t \times t$

4 **(a)** $2x \times 3y \times 6z$
(b) $2a \times 3b \times 4c$
(c) $r \times 2s \times 3t \times 4s \times 5r$

YMARFER 30.1GC

Darganfyddwch arwynebedd pob un o'r trionglau hyn.

1
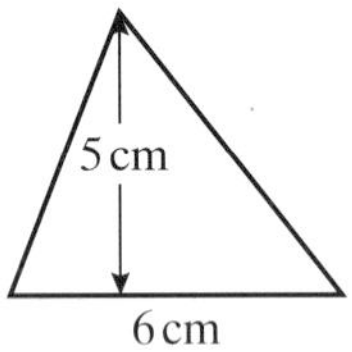

2
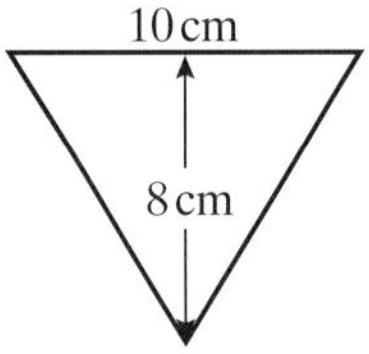

3
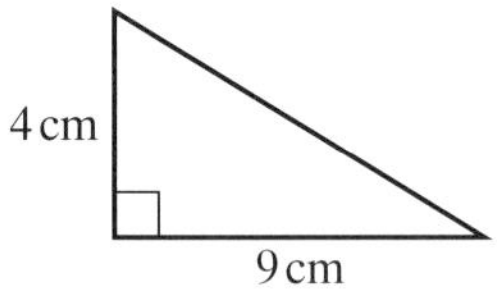

4
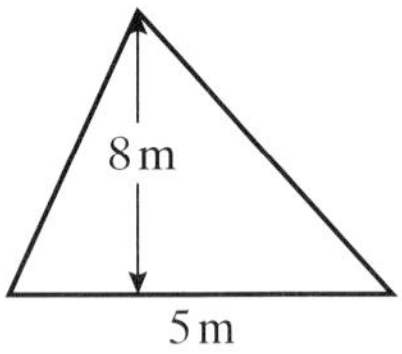

5
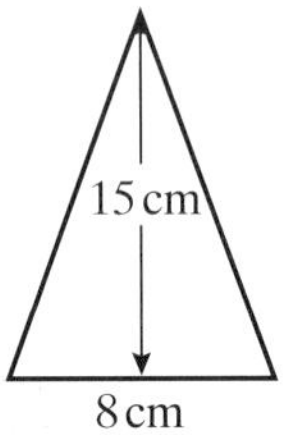

6
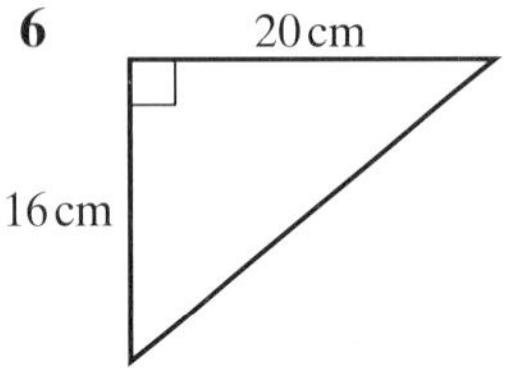

7
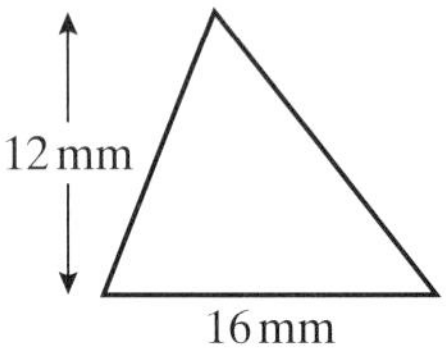

8
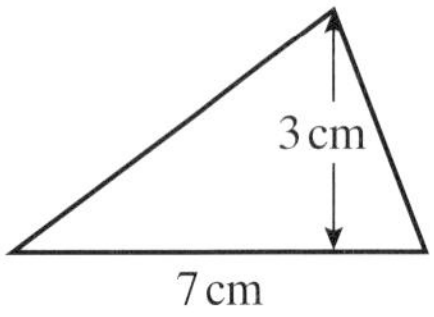

9
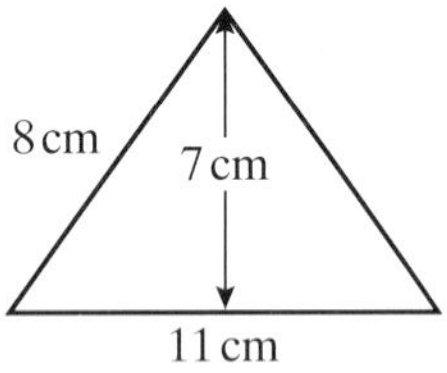

10
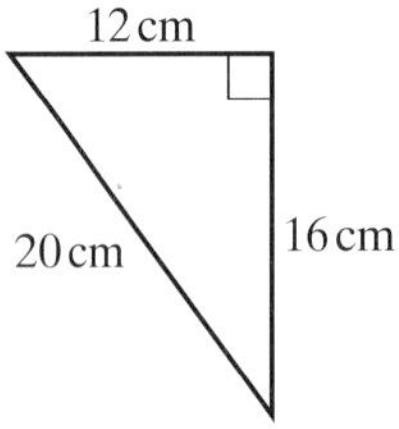

YMARFER 30.2GC

Darganfyddwch arwynebedd pob un o'r paralelogramau hyn.

1
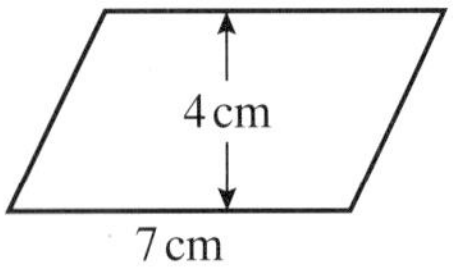

2
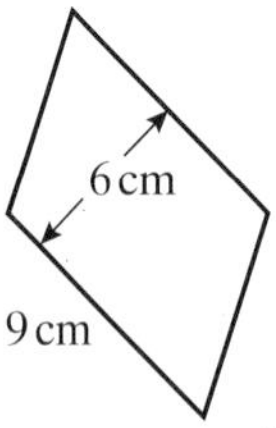

3
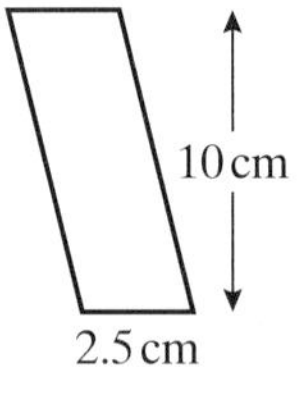

4
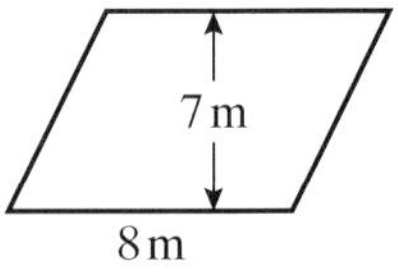

5
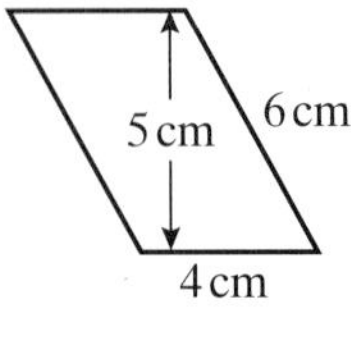

6
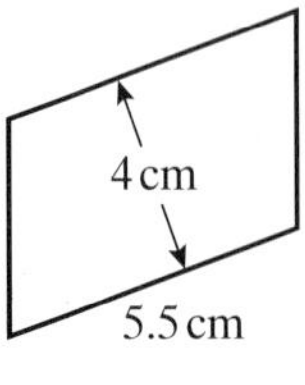

7
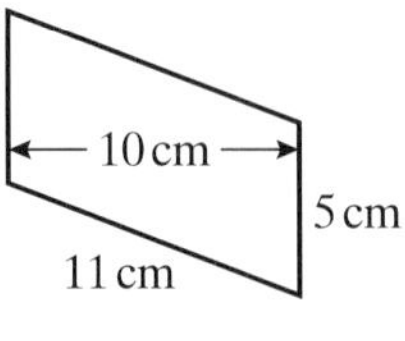

8
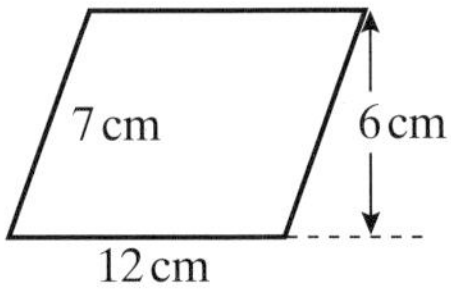

Darganfyddwch yr hyd coll yn y ddau ddiagram hyn.

9

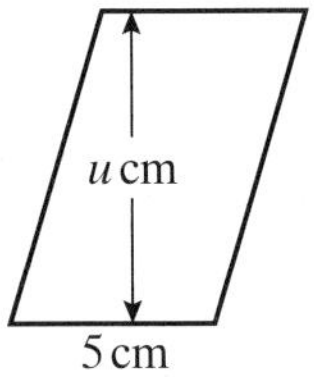

Arwynebedd = $40\,\text{cm}^2$

10

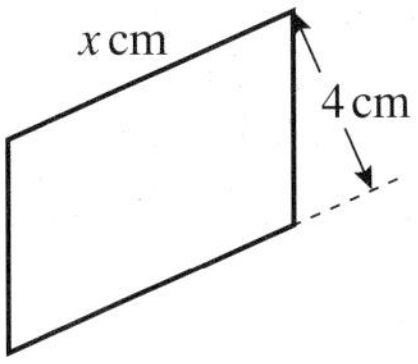

Arwynebedd = $45\,\text{cm}^2$

YMARFER 30.3GC

Darganfyddwch faint pob ongl sydd wedi ei nodi â llythyren. Rhowch reswm dros bob ateb.

1

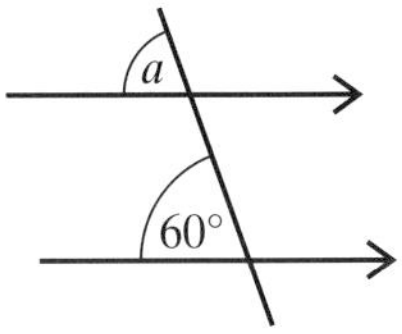

2

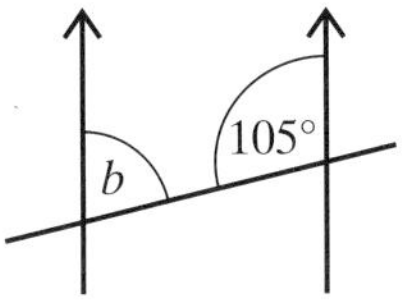

3

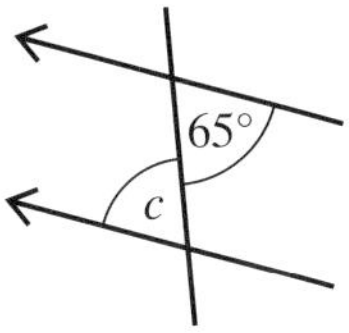

4

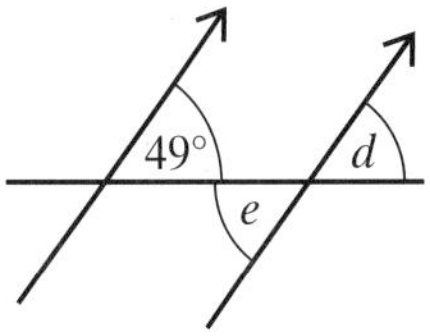

5

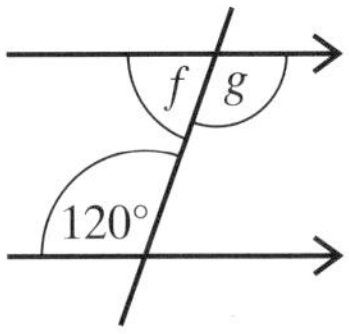

6

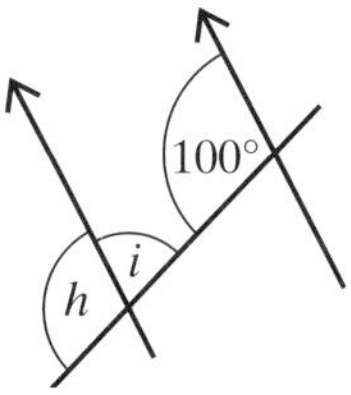

7

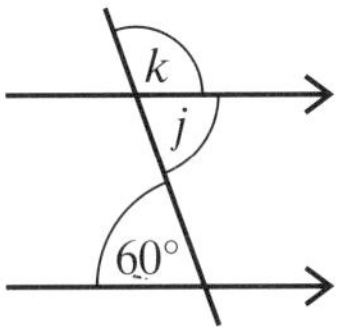

8

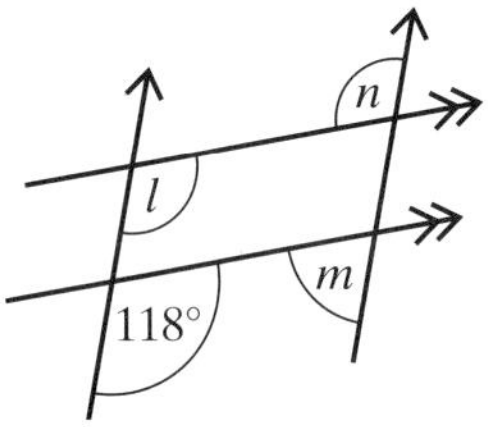

9

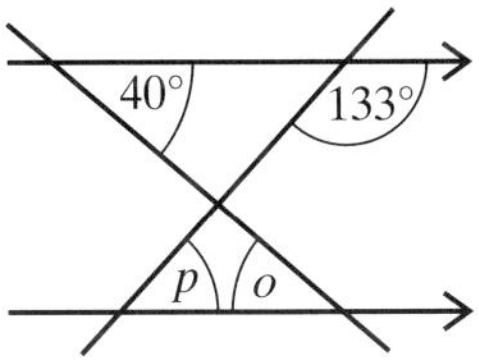

10

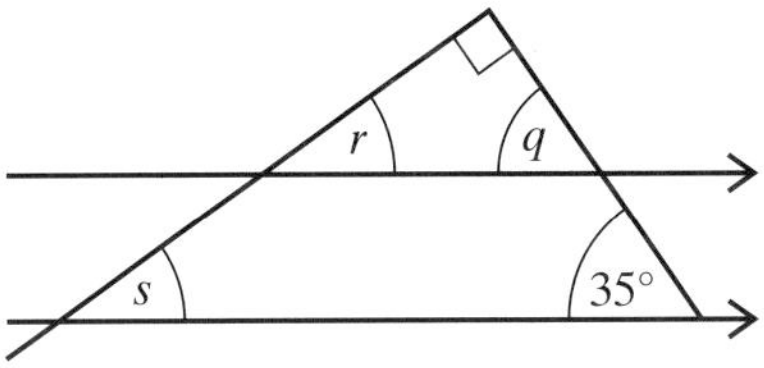

YMARFER 30.4GC

Darganfyddwch faint pob ongl sydd wedi ei nodi â llythyren. Rhowch reswm dros bob ateb.

1

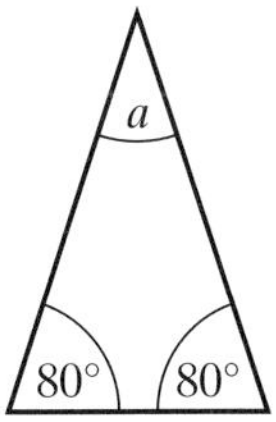

2

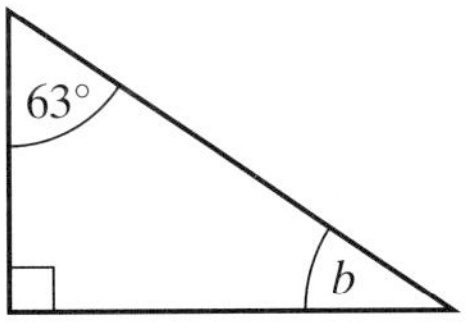

3

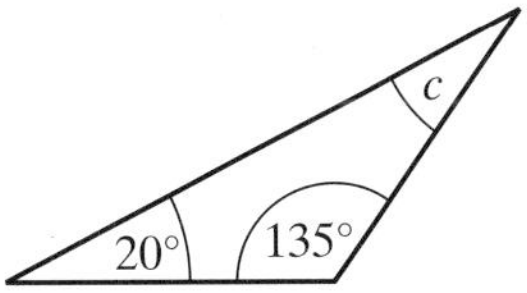

4

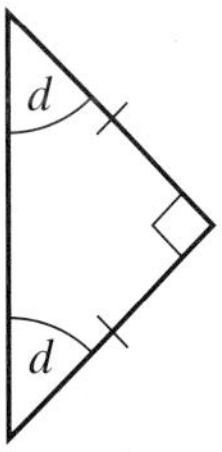

5

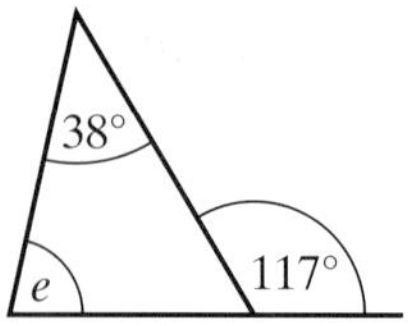

6

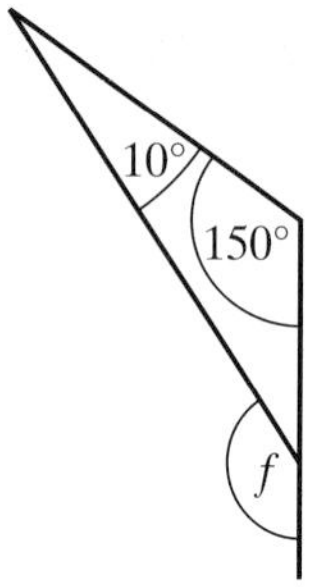

7

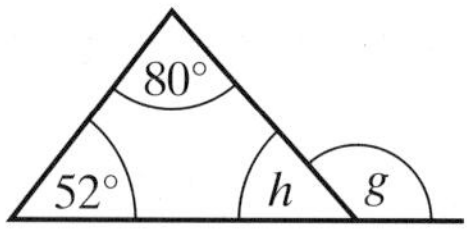

8

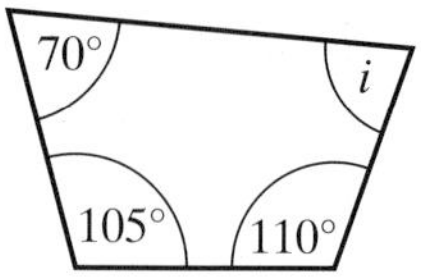

9

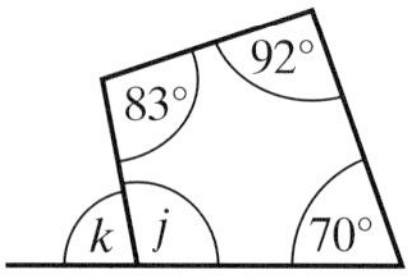

10

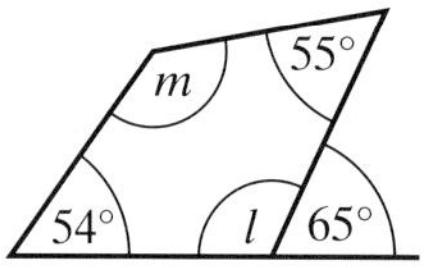

YMARFER 30.5GC

1 Enwch bob un o'r pedrochrau hyn.

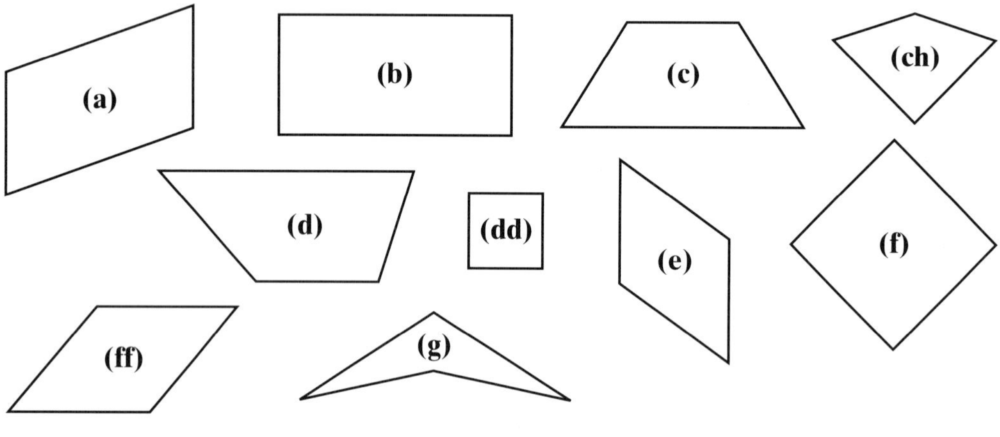

2 Enwch y pedrochr neu'r pedrochrau sydd â'r priodweddau canlynol.

(a) Pedair ongl sgwâr

(b) Y ddau bâr o ochrau cyferbyn yn baralel

(c) Croesliniau hafal

(ch) O leiaf un pâr o ochrau cyferbyn yn baralel

(d) Croesliniau sy'n haneru ei gilydd

3 Plotiwch bob set o bwyntiau ar bapur sgwariau ac unwch nhw yn eu trefn er mwyn gwneud pedrochr.
Defnyddiwch grid gwahanol ar gyfer pob rhan.
Ysgrifennwch enw arbennig pob pedrochr.

(a) (3, 0), (5, 2), (3, 4), (1, 2)
(b) (2, 1), (4, 1), (4, 5), (2, 5)
(c) (1, 2), (3, 1), (3, 6), (1, 7)
(ch) (2, 1), (2, 5), (8, 2), (8, 4)

4 Mae rhombws yn fath arbennig o baralelogram.
Pa briodweddau ychwanegol sydd gan rombws?

5 Mae gan bedrochr onglau 80°, 100°, 80°, 100° yn eu trefn wrth i chi fynd o un i'r nesaf o gwmpas y pedrochr. Nid yw hyd pob ochr yr un faint.
Pa bedrochr arbennig allai fod â'r onglau hyn?
Lluniadwch y pedrochr a nodwch yr onglau arno.

YMARFER 30.6GC

1 Mae gan bolygon 9 ochr.
Cyfrifwch swm onglau mewnol y polygon hwn

2 Mae gan bolygon 13 ochr.
Cyfrifwch swm onglau mewnol y polygon hwn

3 Mae pedair o onglau allanol hecsagon yn 93°, 50°, 37° ac 85°.
Mae'r ddwy ongl arall yn hafal.
(a) Cyfrifwch faint y ddwy ongl allanol hafal hyn.
(b) Cyfrifwch faint onglau mewnol yr hecsagon.

4 Mae pedair o onglau mewnol pentagon yn 170°, 80°, 157° a 75°.
(a) Cyfrifwch faint yr ongl fewnol arall.
(b) Cyfrifwch faint onglau allanol y pentagon.

5 Mae gan bolygon rheolaidd 18 ochr.
Cyfrifwch faint onglau allanol a mewnol y polygon hwn.

6 Mae gan bolygon rheolaidd 24 ochr.
Cyfrifwch faint onglau allanol a mewnol y polygon hwn.

7 Maint ongl allanol polygon rheolaidd yw 12°.
Cyfrifwch nifer yr ochrau sydd gan y polygon.

8 Maint ongl fewnol polygon rheolaidd yw 172°.
Cyfrifwch nifer yr ochrau sydd gan y polygon.

31 FFRACSIYNAU, DEGOLION A CHANRANNAU

YMARFER 31.1GC

1 I bob pâr o ffracsiynau
- darganfyddwch y cyfenwadur.
- nodwch pa un yw'r ffracsiwn mwyaf.

(a) $\frac{7}{8}$ neu $\frac{3}{4}$ **(b)** $\frac{5}{9}$ neu $\frac{7}{11}$ **(c)** $\frac{1}{6}$ neu $\frac{3}{20}$

2 Cyfrifwch y rhain.

(a) $\frac{3}{7} + \frac{2}{7}$ **(b)** $\frac{7}{15} + \frac{4}{15}$
(c) $\frac{8}{11} - \frac{3}{11}$ **(ch)** $\frac{11}{17} - \frac{8}{17}$
(d) $\frac{7}{16} + \frac{3}{16}$ **(dd)** $\frac{7}{9} + \frac{4}{9}$
(e) $\frac{7}{12} - \frac{5}{12}$ **(f)** $\frac{8}{11} + \frac{5}{11}$
(ff) $2\frac{4}{7} + 3\frac{1}{7}$ **(g)** $4\frac{5}{6} - 1\frac{1}{6}$
(ng) $5\frac{9}{13} - \frac{4}{13}$ **(h)** $4\frac{3}{8} - 1\frac{5}{8}$

3 Cyfrifwch y rhain.

(a) $\frac{2}{9} + \frac{1}{3}$ **(b)** $\frac{7}{12} + \frac{1}{4}$
(c) $\frac{3}{4} - \frac{1}{10}$ **(ch)** $\frac{13}{16} - \frac{3}{8}$
(d) $\frac{7}{8} + \frac{1}{3}$ **(dd)** $\frac{4}{5} + \frac{5}{6}$
(e) $\frac{7}{12} - \frac{1}{8}$ **(f)** $\frac{9}{20} + \frac{3}{4}$
(ff) $\frac{7}{11} + \frac{3}{5}$ **(g)** $\frac{7}{12} + \frac{7}{10}$
(ng) $\frac{7}{8} - \frac{1}{6}$ **(h)** $\frac{7}{15} - \frac{3}{20}$

4 Cyfrifwch y rhain.

(a) $4\frac{1}{4} + 3\frac{1}{3}$ **(b)** $6\frac{8}{9} - 1\frac{2}{3}$
(c) $5\frac{3}{8} + \frac{1}{4}$ **(ch)** $5\frac{11}{16} - 2\frac{1}{8}$
(d) $2\frac{5}{6} + 3\frac{1}{4}$ **(dd)** $6\frac{8}{9} - 2\frac{1}{6}$
(e) $3\frac{5}{8} + 4\frac{7}{10}$ **(f)** $5\frac{7}{11} - 5\frac{1}{3}$
(ff) $4\frac{3}{4} + 3\frac{2}{7}$ **(g)** $6\frac{1}{4} - 2\frac{2}{3}$
(ng) $7\frac{1}{9} - 2\frac{1}{2}$ **(h)** $5\frac{3}{10} - 4\frac{4}{5}$

YMARFER 31.2GC

1 Newidiwch y rhifau cymysg hyn yn ffracsiynau pendrwm.

(a) $4\frac{3}{5}$ **(b)** $6\frac{1}{4}$ **(c)** $3\frac{4}{7}$ **(ch)** $1\frac{5}{9}$
(d) $4\frac{5}{6}$ **(dd)** $7\frac{3}{10}$ **(e)** $4\frac{7}{8}$

2 Cyfrifwch y rhain.
Ysgrifennwch eich atebion fel ffracsiynau bondrwm neu rifau cymysg yn eu ffurf symlaf.

(a) $\frac{3}{7} \times 5$ **(b)** $\frac{5}{9} \times 6$ **(c)** $\frac{3}{5} \div 4$
(ch) $6 \times \frac{5}{11}$ **(d)** $\frac{2}{9} \div 4$ **(dd)** $9 \div \frac{3}{8}$

3 Cyfrifwch y rhain.
Ysgrifennwch eich atebion fel ffracsiynau bondrwm neu rifau cymysg yn eu ffurf symlaf.

(a) $\frac{2}{3} \times \frac{5}{7}$ **(b)** $\frac{1}{8} \times \frac{5}{6}$ **(c)** $\frac{7}{9} \times \frac{2}{5}$
(ch) $\frac{5}{8} \div \frac{3}{4}$ **(d)** $\frac{3}{8} \div \frac{1}{3}$ **(dd)** $\frac{4}{9} \times \frac{5}{11}$
(e) $\frac{6}{7} \times \frac{1}{8}$ **(f)** $\frac{7}{15} \div \frac{2}{3}$ **(ff)** $\frac{7}{12} \times \frac{3}{8}$
(g) $\frac{9}{16} \div \frac{7}{12}$ **(ng)** $\frac{7}{10} \div \frac{5}{12}$ **(h)** $\frac{7}{30} \times \frac{10}{21}$

4 Cyfrifwch y rhain.
Ysgrifennwch eich atebion fel ffracsiynau bondrwm neu rifau cymysg yn eu ffurf symlaf.

(a) $4\frac{3}{4} \times 1\frac{7}{9}$ **(b)** $3\frac{2}{3} \times \frac{1}{5}$
(c) $4\frac{2}{5} \div 2\frac{4}{5}$ **(ch)** $1\frac{3}{11} \div 3\frac{1}{2}$
(d) $4\frac{1}{2} \times 3\frac{2}{3}$ **(dd)** $3\frac{5}{9} \div 2\frac{2}{3}$
(e) $3\frac{2}{7} \times 1\frac{5}{9}$ **(f)** $2\frac{5}{8} \div 1\frac{5}{6}$
(ff) $1\frac{7}{15} \times 12\frac{1}{2}$ **(g)** $5\frac{3}{5} \div 1\frac{3}{4}$
(ng) $6\frac{2}{9} \times 2\frac{1}{8}$ **(h)** $7\frac{1}{2} \div 2\frac{3}{5}$

YMARFER 31.3GC

1 Cyfrifwch y rhain.

(a) $\frac{3}{4} + \frac{1}{6}$ **(b)** $\frac{5}{8} - \frac{2}{7}$
(c) $\frac{5}{9} \times \frac{3}{8}$ **(ch)** $\frac{7}{16} \div \frac{5}{12}$
(d) $1\frac{4}{5} + 2\frac{3}{4}$ **(dd)** $6\frac{3}{7} - 2\frac{1}{3}$
(e) $5\frac{3}{5} \times 4$ **(f)** $4\frac{5}{9} \div 1\frac{1}{6}$

2 Ysgrifennwch y ffracsiynau hyn yn eu ffurf symlaf.

(a) $\frac{40}{125}$ **(b)** $\frac{28}{49}$ **(c)** $\frac{72}{192}$
(ch) $\frac{225}{350}$ **(d)** $\frac{17}{153}$

3 Ysgrifennwch y ffracsiynau pendrwm hyn fel rhifau cymysg.

(a) $\frac{120}{72}$ **(b)** $\frac{150}{13}$ **(c)** $\frac{86}{19}$
(ch) $\frac{192}{54}$ **(d)** $\frac{302}{17}$

4 Cyfrifwch
(a) perimedr y petryal hwn.
(b) arwynebedd y petryal hwn.

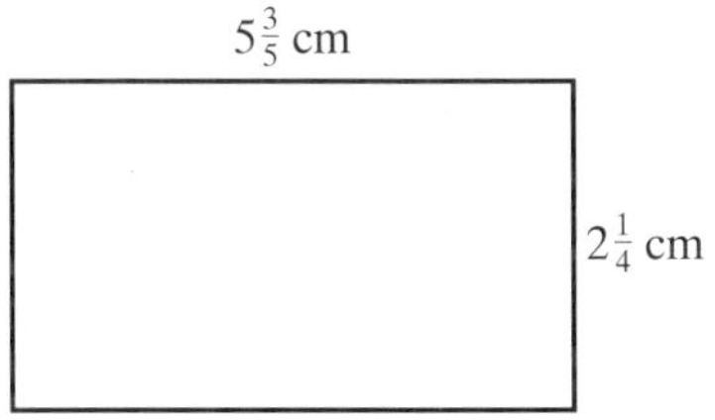

YMARFER 31.4GC

1 Newidiwch bob un o'r ffracsiynau hyn yn ddegolyn.
Os oes angen, rhowch eich ateb yn gywir i 3 lle degol.

(a) $\frac{7}{8}$ **(b)** $\frac{7}{100}$
(c) $\frac{5}{9}$ **(ch)** $\frac{2}{11}$

2 Nodwch a yw pob un o'r ffracsiynau hyn yn rhoi degolyn cylchol neu ddegolyn terfynus. Rhowch eich rhesymau.

(a) $\frac{3}{4}$ **(b)** $\frac{5}{6}$ **(c)** $\frac{5}{11}$
(ch) $\frac{2}{25}$ **(d)** $\frac{7}{32}$

3 **(a)** Darganfyddwch y degolyn cylchol sy'n gywerth â $\frac{3}{101}$.
(b) Faint o ddigidau sydd yn y patrwm sy'n cael ei ailadrodd?

YMARFER 31.5GC

Cyfrifwch y rhain. Hyd y gallwch, ysgrifennwch eich ateb terfynol yn unig.

1 3.4 + 6.1 **2** 4.3 + 3.6
3 5.8 − 2.3 **4** 7.9 − 4.4
5 3.7 + 2.6 **6** 5.8 + 3.4
7 7.2 − 0.9 **8** 5.4 − 3.5
9 8.6 + 2.7 **10** 6.9 + 4.6
11 6.7 − 5.8 **12** 6.3 − 2.9

YMARFER 31.6GC

1 Cyfrifwch y rhain.

(a) 5×0.4 **(b)** 0.6×8
(c) 4×0.7 **(ch)** 0.9×6
(d) 0.7×0.3 **(dd)** 0.9×0.4
(e) 50×0.7 **(f)** 0.4×80
(ff) 0.7×0.1 **(g)** 0.4×0.2
(ng) $(0.8)^2$ **(h)** $(0.2)^2$

2 Cyfrifwch y rhain.

(a) $6 \div 0.3$ **(b)** $4.8 \div 0.2$
(c) $2.4 \div 0.6$ **(ch)** $7.2 \div 0.4$
(d) $33 \div 1.1$ **(dd)** $60 \div 1.5$
(e) $12 \div 0.4$ **(f)** $35 \div 0.7$
(ff) $64 \div 0.8$ **(g)** $32 \div 0.2$
(ng) $2.17 \div 0.7$ **(h)** $47.5 \div 0.5$

3 Cyfrifwch y rhain.

(a)	3.6×1.4	**(b)**	5.8×2.6
(c)	8.1×4.3	**(ch)**	6.5×3.2
(d)	74×1.7	**(dd)**	64×3.8
(e)	2.9×7.6	**(f)**	11.4×3.2
(ff)	25.2×0.8	**(g)**	2.67×0.9
(ng)	8.45×1.2	**(h)**	7.26×2.4

4 Cyfrifwch y rhain.

(a)	$23.6 \div 0.4$	**(b)**	$23.4 \div 0.8$
(c)	$18.2 \div 0.7$	**(ch)**	$31.2 \div 0.6$
(d)	$42.3 \div 0.9$	**(dd)**	$75.6 \div 1.2$
(e)	$5.28 \div 0.3$	**(f)**	$7.56 \div 0.7$
(ff)	$63.2 \div 0.2$	**(g)**	$6.27 \div 1.1$
(ng)	$3.51 \div 1.3$	**(h)**	$8.19 \div 1.3$

YMARFER 31.7GC

1 Ysgrifennwch y lluosydd a fydd yn cynyddu swm

(a) 17%. **(b)** 30%. **(c)** 73%.
(ch) 6%. **(d)** 1%. **(dd)** 12.5%.
(e) 160%.

2 Ysgrifennwch y lluosydd a fydd yn gostwng swm

(a) 13%. **(b)** 40%. **(c)** 35%.
(ch) 8%. **(d)** 4%. **(dd)** 27%.
(e) 15.5%.

3 Prynodd Mrs Green hen ddodrefnyn am £200.
Yn ddiweddarach fe'i gwerthodd, gan wneud elw o 250%.
Beth oedd y pris gwerthu?

4 Cyflog Jên yw £14 500 y flwyddyn.
Mae hi'n cael codiad cyflog o 2%.
Darganfyddwch ei chyflog newydd.

5 Mewn sêl gostyngwyd pob eitem 20%.
Prynodd Shamir gyfrifiadur yn y sêl.
Y pris gwreiddiol oedd £490.
Beth oedd y pris yn y sêl?

6 Buddsoddodd Gareth £3500 ar adlog o 4%.
Beth oedd gwerth y buddsoddiad ar ddiwedd 5 mlynedd?
Rhowch eich ateb yn gywir i'r bunt agosaf.

7 Gostyngodd gwerth car 11% y flwyddyn.
Os £16 500 oedd ei bris yn newydd, faint oedd ei werth ar ôl 4 blynedd?
Rhowch eich ateb i fanwl gywirdeb priodol.

8 Mewn gwlad arbennig, cynyddodd y boblogaeth 5% bob blwyddyn o 1999 i 2004.
Os poblogaeth y wlad ym 1999 oedd 26.5 miliwn, faint oedd ei phoblogaeth yn 2004?
Rhowch eich ateb mewn miliynau i'r 0.1 miliwn agosaf.

9 Buddsoddodd Jên £4500 ar adlog am 3 blynedd.
Gallai naill ai derbyn llog o 3% bob 6 mis neu log o 6% bob blwyddyn.
Pa un y dylai Jên ei ddewis?
Faint yn fwy y bydd hi'n ei dderbyn?

10 Cynyddodd prisiau 2% yn 2003, 3% yn 2004 a 2.5% yn 2005.
Os oedd pris eitem yn £32 ar ddechrau 2003, beth fyddai ei phris ar ddiwedd 2005?

YMARFER 32.1GC

1 Fel rhan o broject, cofnododd Rebecca oedrannau 100 o geir wrth iddyn nhw fynd heibio i gât yr ysgol un bore. Dyma ei chanlyniadau.

Oedran (*b* blwyddyn)	$0 \leqslant b < 2$	$2 \leqslant b < 4$	$4 \leqslant b < 6$	$6 \leqslant b < 8$	$8 \leqslant b < 10$	$10 \leqslant b < 12$	$12 \leqslant b < 14$
Amlder	16	23	24	17	12	7	1

(a) Lluniwch ddiagram amlder i ddangos y data hyn.
(b) Pa un o'r cyfyngau yw'r dosbarth modd?

2 Mae rheolwr canolfan hamdden wedi cofnodi pwysau 120 o ddynion. Dyma'r canlyniadau.

Pwysau (*p* kg)	$60 \leqslant p < 65$	$65 \leqslant p < 70$	$70 \leqslant p < 75$	$75 \leqslant p < 80$	$80 \leqslant p < 85$	$85 \leqslant p < 90$
Amlder	4	18	36	50	10	2

(a) Lluniwch ddiagram amlder i gynrychioli'r data hyn.
(b) Pa un o'r cyfyngau yw'r dosbarth modd?
(c) Pa un o'r cyfyngau sy'n cynnwys y gwerth canolrifol?

3 Mae'r diagram amlder hwn yn dangos yr amserau a gymerodd grŵp o ferched i redeg ras.

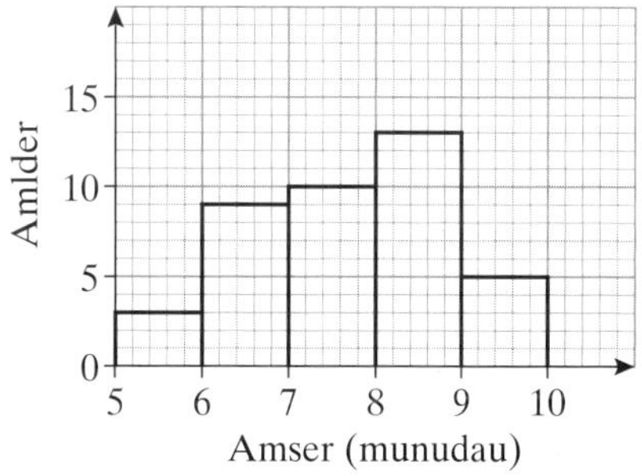

(a) Sawl merch gymerodd fwy o amser na 9 munud?
(b) Sawl merch gymerodd ran yn y ras?
(c) Pa ganran o'r merched gymerodd lai na 7 munud?
(ch) Beth yw modd yr amserau?
(d) Defnyddiwch y diagram i baratoi tabl amlder grŵp fel y rhai yng nghwestiynau **1** a **2**.

YMARFER 32.2GC

1 Mae'r tabl yn dangos uchder 40 o blanhigion.

Uchder (u cm)	$3 \leqslant u < 4$	$4 \leqslant u < 5$	$5 \leqslant u < 6$	$6 \leqslant u < 7$	$7 \leqslant u < 8$	$8 \leqslant u < 9$
Amlder	1	7	10	12	8	2

Lluniwch bolygon amlder i ddangos y data hyn.

2 Mae'r tabl yn dangos yr amserau mae grŵp o blant yn eu cymryd i gyrraedd adref o'r ysgol.

Amser (t munud)	$0 \leqslant t < 5$	$5 \leqslant t < 10$	$10 \leqslant t < 15$	$15 \leqslant t < 20$	$20 \leqslant t < 25$	$25 \leqslant t < 30$
Amlder	3	15	27	34	19	2

Lluniwch bolygon amlder i ddangos y data hyn.

3 Mewn pentref bach, cafodd oedrannau pawb oedd o dan 70 oed eu cofnodi ym 1985 ac yn 2005.
Mae'r tabl yn dangos y canlyniadau.

Oedran (b blwyddyn)	$0 \leqslant b < 10$	$10 \leqslant b < 20$	$20 \leqslant b < 30$	$30 \leqslant b < 40$	$40 \leqslant b < 50$	$50 \leqslant b < 60$	$60 \leqslant b < 70$
Amlder ym 1985	85	78	70	53	40	28	18
Amlder yn 2005	50	51	78	76	62	64	56

(a) Ar yr un grid, lluniwch bolygon amlder ar gyfer y naill flwyddyn a'r llall.
(b) Defnyddiwch y diagram i gymharu gwasgariad yr oedrannau yn y ddwy flynedd.

YMARFER 32.3GC

1 Mae Wil yn tyfu tomatos. I gynnal arbrawf, mae'n rhannu ei dir yn 8 llecyn. Defnyddiodd wahanol faint o wrtaith ar bob llecyn.

Mae'r tabl yn dangos pwysau'r tomatos a gafodd Wil o bob llecyn.

Faint o wrtaith (g/m²)	10	20	30	40	50	60	70	80
Pwysau'r tomatos (kg)	36	41	58	60	70	76	75	92

(a) Lluniwch ddiagram gwasgariad i ddangos yr wybodaeth hon.
(b) Disgrifiwch y cydberthyniad y mae'r diagram gwasgariad yn ei ddangos.
(c) Cymedr y maint o wrtaith a ddefnyddiodd Wil yw 45 g/m^2.
Cyfrifwch gymedr pwysau'r tomatos.
(ch) Plotiwch y pwynt sydd â'r ddau gymedr hyn yn gyfesurynnau.
(d) Tynnwch linell ffit orau ar eich diagram gwasgariad.
(dd) Faint o bwysau o domatos ddylai Wil ddisgwyl ei gael pe bai'n defnyddio 75 g/m^2 o wrtaith?

2 Mae'r tabl yn dangos prisiau 7 car ail law o'r un gwneuthuriad, a nifer y milltiroedd ar eu clociau.

Pris (£)	6000	3500	1000	8500	5500	3500	7000
Milltiroedd	29 000	69 000	92 000	17 000	53 000	82 000	43 000

(a) Lluniwch ddiagram gwasgariad i ddangos yr wybodaeth hon.
(b) Disgrifiwch y cydberthyniad y mae'r diagram gwasgariad yn ei ddangos.
(c) Cymedr prisiau'r ceir, mewn punnoedd, yw £5000 a chymedr eu milltiroedd yw 55 000.
(ch) Plotiwch y pwynt sydd â'r ddau gymedr hyn yn gyfesurynnau.
(d) Tynnwch linell ffit orau ar eich diagram gwasgariad.
(dd) Defnyddiwch eich llinell ffit orau i amcangyfrif
(i) pris car o'r gwneuthuriad hwn sydd wedi teithio 18 000 o filltiroedd.
(ii) y milltiroedd ar gloc car o'r gwneuthuriad hwn sy'n costio £4000.

3 Mae'r tabl yn dangos taldra 10 merch, pob un yn 20 oed, a thaldra eu tadau.

Taldra'r tad (cm)	167	168	169	171	172	172	174	175	176	182
Taldra'r ferch (cm)	164	166	166	168	169	170	170	171	173	177

(a) Lluniwch ddiagram gwasgariad i ddangos yr wybodaeth hon.
(b) Disgrifiwch y cydberthyniad y mae'r diagram gwasgariad yn ei ddangos.
(c) Cymedr taldra'r tadau yw 172.6 cm. Cyfrifwch gymedr taldra eu merched.
(ch) Plotiwch y pwynt sydd â'r ddau gymedr hyn yn gyfesurynnau.
(d) Tynnwch linell ffit orau ar eich diagram gwasgariad.
(dd) Defnyddiwch eich llinell ffit orau i amcangyfrif taldra'r ferch 20 oed sydd â thad yn 180 cm o daldra.

YMARFER 33.1GC

Darganfyddwch gylchedd cylchoedd sydd â'r diamedrau hyn.

1 8 cm **2** 17 cm **3** 39.2 cm
4 116 mm **5** 5.1 m **6** 6.32 m
7 14 cm **8** 23 cm **9** 78 mm
10 39 mm **11** 4.4 m **12** 2.75 m

YMARFER 33.2GC

1 Darganfyddwch arwynebedd cylchoedd sydd â'r radiysau hyn.

(a) 17 cm **(b)** 23 cm
(c) 67 cm **(ch)** 43 mm
(d) 74 mm **(dd)** 32 cm
(e) 58 cm **(f)** 4.3 cm
(ff) 8.7 cm **(g)** 47 m
(ng) 1.9 m **(h)** 2.58 m

2 Darganfyddwch arwynebedd cylchoedd sydd â'r diamedrau hyn.

(a) 18 cm **(b)** 28 cm
(c) 68 cm **(ch)** 38 mm
(d) 78 mm **(dd)** 58 cm
(e) 46 cm **(f)** 6.4 cm
(ff) 7.6 cm **(g)** 32 m
(ng) 3.4 m **(h)** 4.32 m

YMARFER 33.3GC

Darganfyddwch arwynebedd pob un o'r siapiau hyn.
Gwahanwch nhw'n betryalau a thrionglau ongl sgwâr yn gyntaf.

1

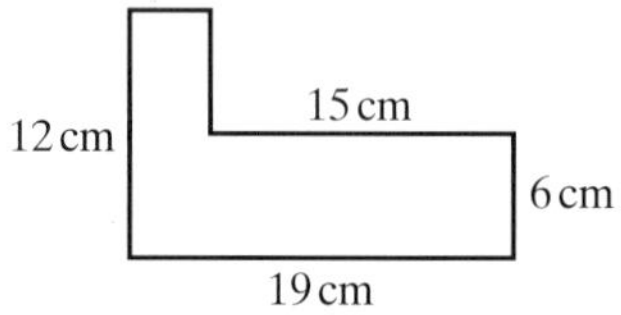

2

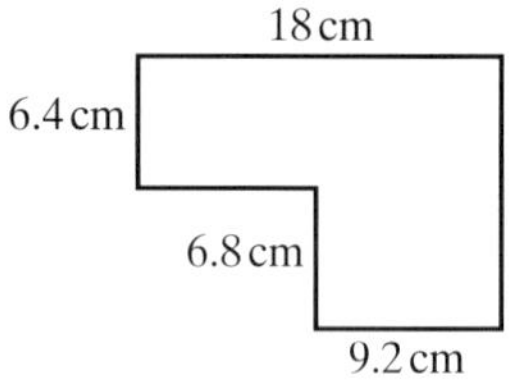

3

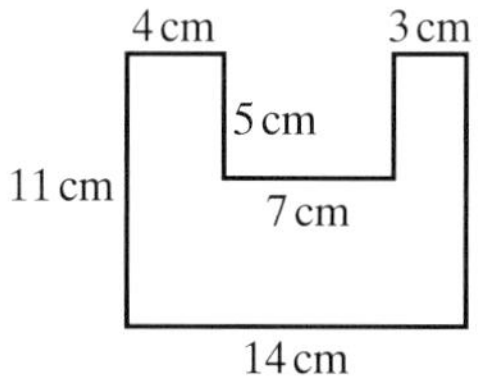

4

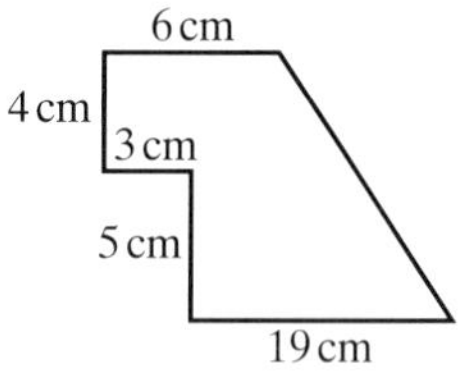

5

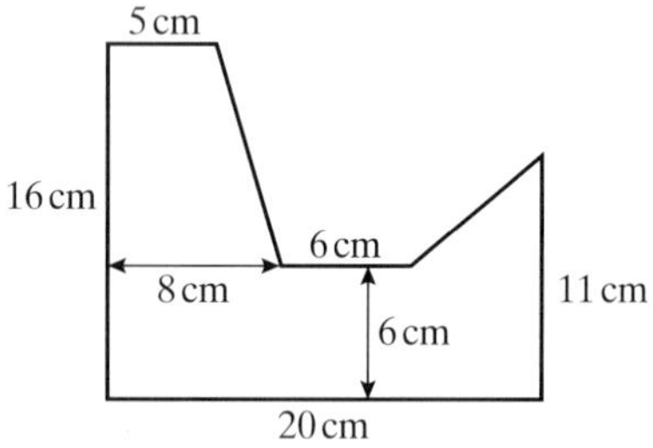

6

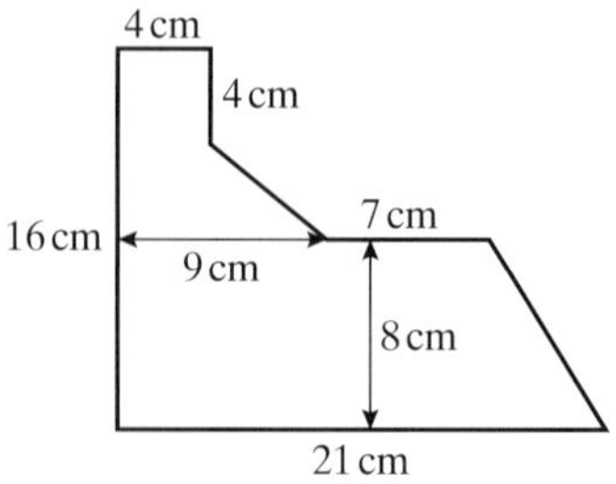

YMARFER 33.4GC

Darganfyddwch gyfaint pob un o'r siapiau hyn.

1

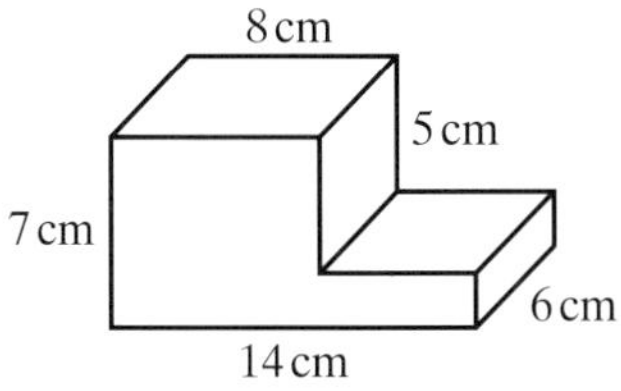

2

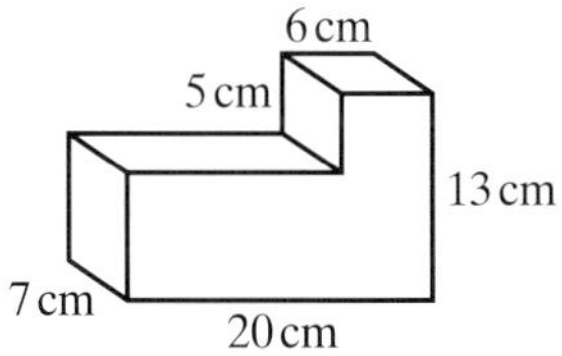

3

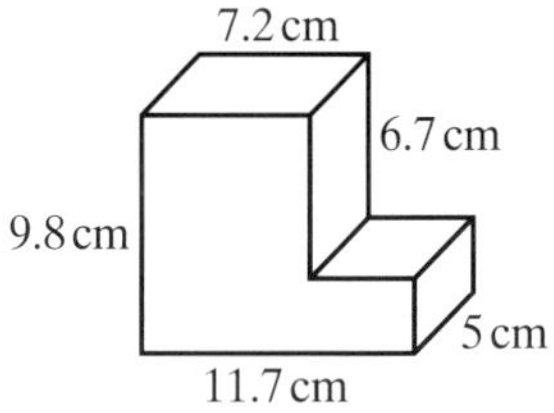

4

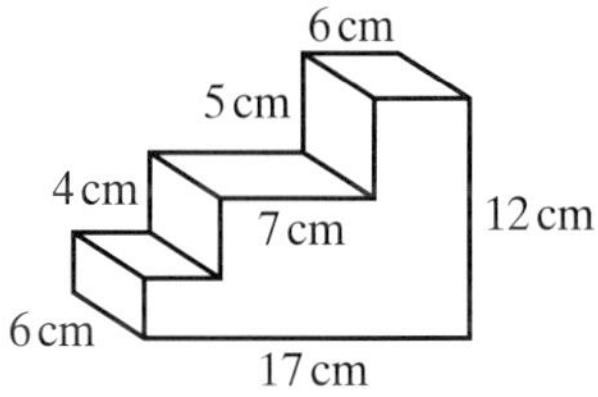

5

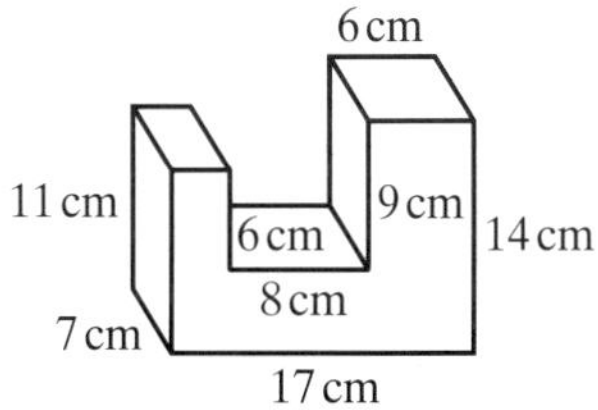

6

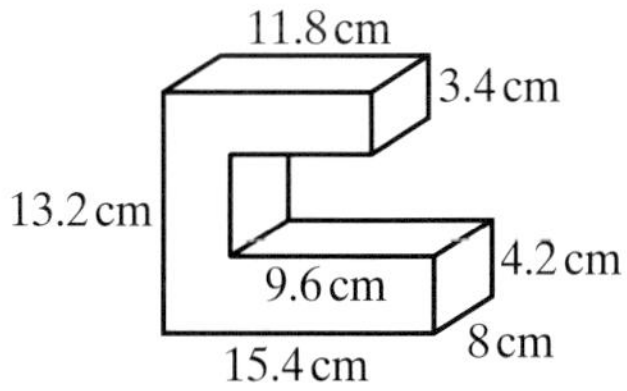

YMARFER 33.5GC

Darganfyddwch gyfaint pob un o'r prismau hyn.

1

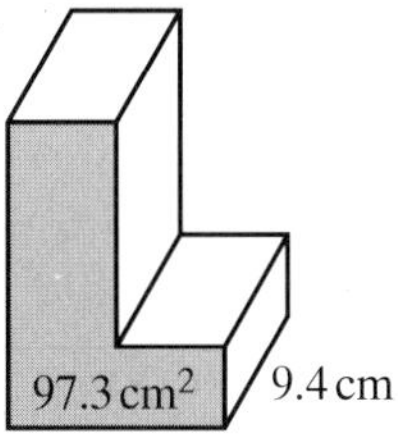

2

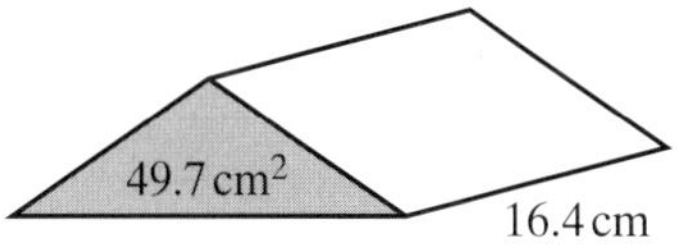

3

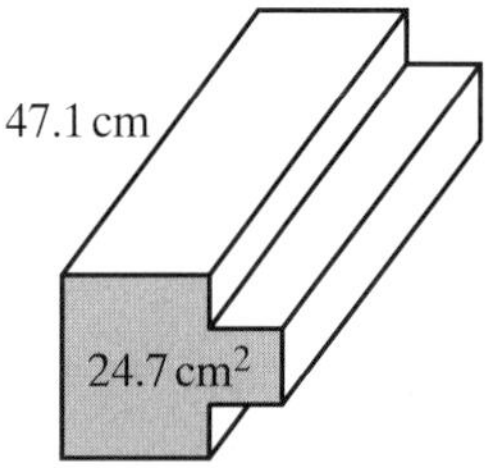

4

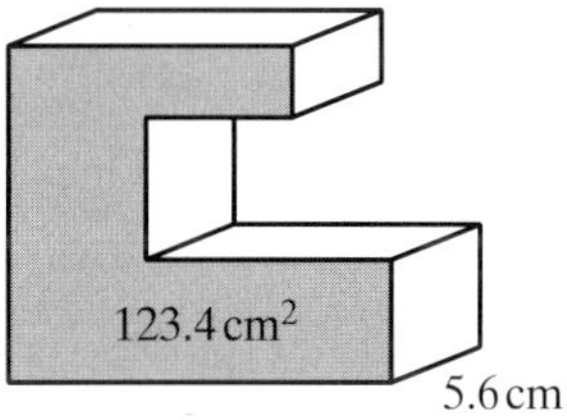

5

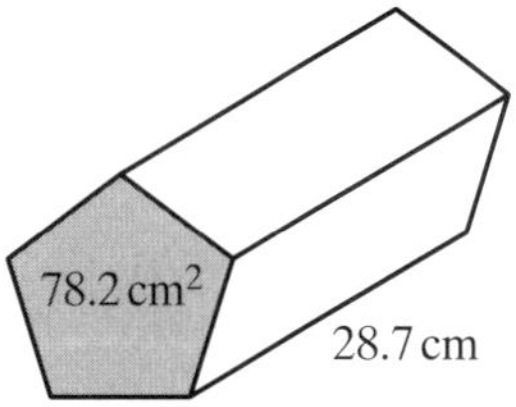

6

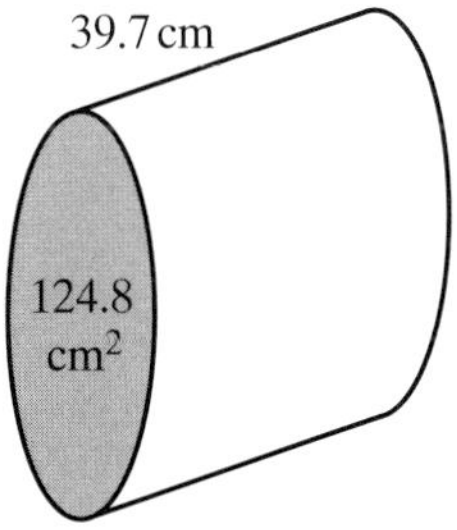

YMARFER 33.6GC

Darganfyddwch gyfaint silindrau sydd â'r mesuriadau hyn.

1 Radiws 7 cm ac uchder 29 cm
2 Radiws 13 cm ac uchder 27 cm
3 Radiws 25 cm ac uchder 80 cm
4 Radiws 14 mm ac uchder 35 mm
5 Radiws 28 mm ac uchder 8 mm
6 Radiws 0.6 mm ac uchder 5.1 mm
7 Radiws 1.7 m ac uchder 5 m
8 Radiws 2.6 m ac uchder 3.4 m

YMARFER 33.7GC

Darganfyddwch arwynebedd arwyneb crwm silindrau sydd â'r mesuriadau hyn.

1 Radiws 9 cm ac uchder 16 cm
2 Radiws 13 cm ac uchder 21 cm
3 Radiws 27 cm ac uchder 12 cm
4 Radiws 17 mm ac uchder 35 mm
5 Radiws 12 mm ac uchder 6 mm
6 Radiws 3.7 mm ac uchder 63 mm
7 Radiws 1.9 m ac uchder 19 m
8 Radiws 2.7 m ac uchder 4.3 m

Darganfyddwch gyfanswm arwynebedd arwyneb silindrau sydd â'r mesuriadau hyn.

9 Radiws 8 cm ac uchder 11 cm
10 Radiws 17 cm ac uchder 28 cm
11 Radiws 29 cm ac uchder 15 cm
12 Radiws 32 mm ac uchder 8 mm
13 Radiws 35 mm ac uchder 12 mm
14 Radiws 3.9 mm ac uchder 45 mm
15 Radiws 0.8 m ac uchder 7 m
16 Radiws 2.9 m ac uchder 1.7 m

YMARFER 33.8GC

Lluniadwch yr uwcholwg, y blaenolwg a'r ochrolwg ar bob un o'r gwrthrychau hyn.

1

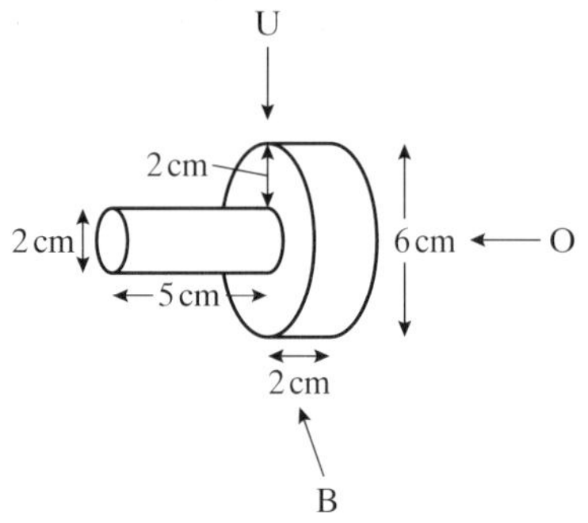

2

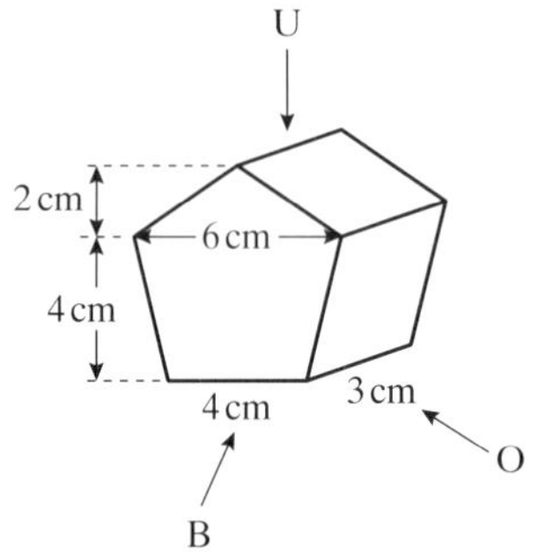

3

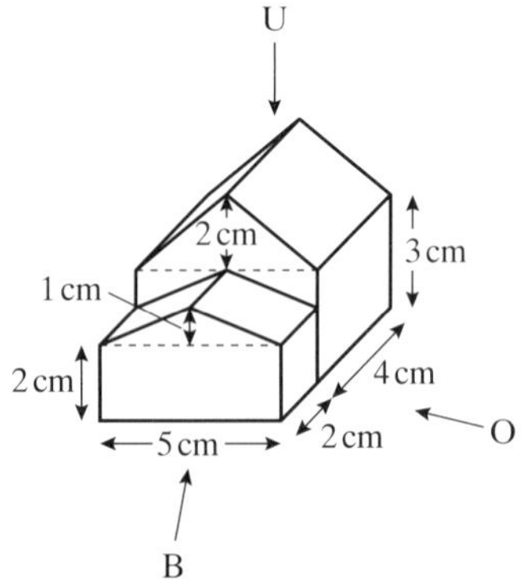

4

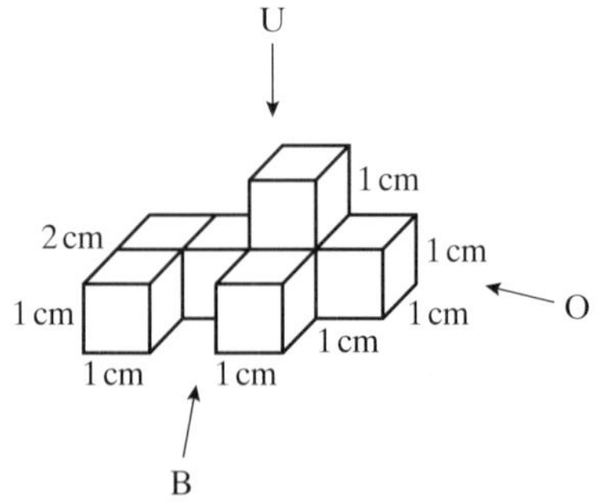

34 → HAFALIADAU AC ANHAFALEDDAU

YMARFER 34.1GC

Datryswch yr hafaliadau hyn.

1 $2x - 3 = 7$

2 $2x + 2 = 8$

3 $2x - 9 = 3$

4 $3x - 2 = 7$

5 $6x + 2 = 26$

6 $3x + 2 = 17$

7 $4x - 5 = 3$

8 $4x + 2 = 8$

9 $2x - 7 = 10$

10 $5x + 12 = 7$

11 $x^2 + 3 = 19$

12 $x^2 - 2 = 7$

13 $y^2 - 1 = 80$

14 $11 - 3x = 2$

15 $4x - 12 = -18$

YMARFER 34.2GC

Datryswch yr hafaliadau hyn.

1 $3(x - 2) = 18$

2 $2(1 + x) = 8$

3 $3(x - 5) = 6$

4 $2(x + 3) = 10$

5 $5(x - 2) = 15$

6 $2(x + 3) = 10$

7 $5(x - 4) = 20$

8 $4(x + 1) = 16$

9 $2(x - 7) = 8$

10 $3(2x + 3) = 18$

11 $5(2x - 3) = 15$

12 $2(3x - 2) = 14$

13 $5(2x - 3) = 40$

14 $4(x - 3) = 6$

15 $2(2x - 3) = 8$

YMARFER 34.3GC

Datryswch yr hafaliadau hyn.

1 $5x - 1 = 3x + 5$

2 $5x + 1 = 2x + 13$

3 $7x - 2 = 2x + 8$

4 $6x + 1 = 4x + 21$

5 $9x - 10 = 4x + 5$

6 $5x - 8 = 3x - 6$

7 $6x + 2 = 10 - 2x$

8 $2x - 10 = 5 - 3x$

9 $15 + 3x = 2x + 18$

10 $2x - 5 = 4 - x$

11 $3x - 2 = x + 7$

12 $x - 1 = 2x - 6$

13 $2x - 4 = 2 - x$

14 $9 - x = x + 5$

15 $3x - 2 = x - 8$

YMARFER 34.4GC

Datryswch yr hafaliadau hyn.

1 $\frac{x}{2} = 7$

2 $\frac{x}{5} - 2 = 1$

3 $\frac{x}{4} + 5 = 8$

4 $\frac{x}{3} - 5 = 5$

5 $\frac{x}{6} + 3 = 4$

6 $\frac{x}{5} + 1 = 4$

7 $\frac{x}{8} - 3 = 9$

8 $\frac{x}{4} + 1 = 3$

9 $\frac{x}{7} + 5 = 6$

10 $\frac{x}{4} + 5 = 4$

YMARFER 34.5GC

Ym mhob un o'r cwestiynau **1** i **5**, datryswch yr anhafaledd a dangoswch y datrysiad ar linell rif.

1 $x - 2 > 1$

2 $x + 1 < 3$

3 $3x - 2 \geqslant 7$

4 $2x + 1 \leqslant 6$

5 $3x - 6 \geqslant 0$

Ym mhob un o'r cwestiynau **6** i **15**, datryswch yr anhafaledd.

6 $7 \leqslant 2x - 1$

7 $5x < x + 12$

8 $4x \geqslant x + 9$

9 $4 + x < 0$

10 $3x + 1 \leqslant 2x + 6$

11 $2(x - 3) > x$

12 $5(x + 1) > 3x + 10$

13 $7x + 5 \leqslant 2x + 30$

14 $5x + 2 < 7x - 4$

15 $3(3x + 2) \geqslant 2(x + 10)$

35 → CYMAREBAU A CHYFRANEDDAU

YMARFER 35.1GC

1 Ysgrifennwch bob un o'r cymarebau hyn yn ei ffurf symlaf.

(a) 8 : 6
(b) 20 : 50
(c) 35 : 55
(ch) 8 : 24 : 32
(d) 15 : 25 : 20

2 Ysgrifennwch bob un o'r cymarebau hyn yn ei ffurf symlaf.

(a) 200 g : 500 g
(b) 60c : £3
(c) 1 munud : 25 eiliad
(ch) 2 m : 80 cm
(d) 500 g : 3 kg

3 Mae bar o fetel pres yn cynnwys 400 g o gopr a 200 g o sinc.
Ysgrifennwch gymhareb y copr i'r sinc yn ei ffurf symlaf.

4 Mae Teri, Jannae ac Abi wedi buddsoddi arian ar y cyd ac yn derbyn buddran o £200, £350 a £450 yn ôl eu trefn.
Ysgrifennwch gymhareb eu buddrannau yn ei ffurf symlaf.

5 Mae tair sosban yn dal 500 ml, 1 litr a 2.5 litr yn ôl eu trefn.
Ysgrifennwch gymhareb eu cynwyseddau yn ei ffurf symlaf.

YMARFER 35.2GC

1 Ysgrifennwch bob un o'r cymarebau hyn yn y ffurf 1 : n.

(a) 2 : 10
(b) 5 : 30
(c) 2 : 9
(ch) 4 : 9
(d) 50 g : 30 g
(dd) 15c : £3
(e) 25 cm : 6 m
(f) 20 : 7
(ff) 4 mm : 1 km

2 Ar fap mae pellter o 12 mm yn cynrychioli pellter o 3 km.
Beth yw graddfa'r map yn y ffurf 1 : n?

3 Mae llun wedi cael ei helaethu gan lungopïwr fel bod ei led o 25 mm wedi newid yn 15 cm.
Beth yw cymhareb y llun i'w helaethiad yn y ffurf 1 : n?

YMARFER 35.3GC

1 Mae llun yn cael ei helaethu yn ôl y gymhareb 1 : 5.

(a) Hyd y llun bach yw 15 cm.
Beth yw hyd y llun mawr?
(b) Lled y llun mawr yw 45 cm.
Beth yw lled y llun bach?

2 I wneud dresin ar gyfer ei lawnt, mae Rupinder yn cymysgu lom a thywod yn ôl y gymhareb 1 : 3.

(a) Faint o dywod y dylai ei gymysgu â 2 bwcedaid o lom?

(b) Faint o lom y dylai ei gymysgu ag 15 bwcedaid o dywod?

3 I wneud morter, mae Ffred yn cymysgu 1 rhan o sment â 5 rhan o dywod.

(a) Faint o dywod y mae'n ei gymysgu â 500 g o sment?

(b) Faint o sment y mae'n ei gymysgu â 4.5 kg o dywod?

4 Lled llun petryalog yw 6 cm.
Mae'n cael ei helaethu yn ôl y gymhareb 1 : 4.
Beth yw lled yr helaethiad?

5 Graddfa atlas moduro Michelin ar gyfer Ffrainc yw 1 cm i 2 km.

(a) Ar y map, y pellter rhwng Metz a Nancy yw 25 cm.
Beth yw'r gwir bellter rhwng y ddwy dref?

(b) Y gwir bellter rhwng Caen a Falaise yw 33 km.
Faint yw'r pellter hwn ar y map?

6 Mae Geraint yn paratoi crwst.
I wneud digon ar gyfer 5 o bobl mae'n defnyddio 300 g o flawd.
Faint o flawd y dylai ei ddefnyddio ar gyfer 8 o bobl?

7 I wneud hydoddiant cemegyn mae gwyddonydd yn cymysgu 2 ran o'r cemegyn â 25 rhan o ddŵr.

(a) Faint o ddŵr y dylai ei gymysgu â 10 ml o'r cemegyn?

(b) Faint o'r cemegyn y dylai ei gymysgu ag 1 litr o ddŵr?

8 Cymhareb ochrau dau betryal yw 2 : 5.

(a) Hyd y petryal bach yw 4 cm.
Beth yw hyd y petryal mawr?

(b) Lled y petryal mawr yw 7.5 cm.
Beth yw lled y petryal bach?

9 Mae Iwan yn cymysgu 3 rhan o baent du a 4 rhan o baent gwyn i wneud paent llwyd tywyll.

(a) Faint o baent gwyn y mae'n ei gymysgu â 150 ml o baent du?

(b) Faint o baent du y mae'n ei gymysgu ag 1 litr o baent gwyn?

10 Mewn etholiad, cafodd nifer y pleidleisiau eu rhannu rhwng Llafur, Plaid Cymru a'r pleidiau eraill yn ôl y gymhareb 5 : 4 : 2.
Cafodd Llafur 7500 pleidlais.

(a) Sawl pleidlais gafodd Plaid Cymru?

(b) Sawl pleidlais gafodd y pleidiau eraill?

YMARFER 35.4GC

Peidiwch â defnyddio cyfrifiannell i ateb cwestiynau **1** i **5**.

1 Rhannwch £40 rhwng Paula a Tariq yn ôl y gymhareb 3 : 5.

2 Mae paent yn cael ei gymysgu yn ôl y gymhareb 2 ran o ddu i 3 rhan o wyn i wneud 10 litr o baent llwyd.

(a) Faint o baent du sy'n cael ei ddefnyddio?

(b) Faint o baent gwyn sy'n cael ei ddefnyddio?

3 Mae aloi metel yn cynnwys copr, haearn a nicel yn ôl y gymhareb 3 : 4 : 2.
Faint o bob metel sydd mewn 450 g o'r aloi?

4 Gweithiodd Iestyn am 6 awr un diwrnod.
Treuliodd yr amser yn trefnu ffeiliau, yn ysgrifennu ac ar y cyfrifiadur yn ôl y gymhareb 2 : 3 : 7.
Am faint o amser roedd Iestyn ar y cyfrifiadur?

5 Roedd Dwynwen ac Eirian wedi buddsoddi £5000 ac £8000 yn ôl eu trefn mewn menter fusnes.
Cytunodd y ddwy i rannu'r elw yn ôl cymhareb eu buddsoddiad.
Derbyniodd Eirian £320.
Faint oedd cyfanswm yr elw?

Cewch ddefnyddio cyfrifiannell i ateb cwestiynau **6** i **8**.

6 Mae Siwan yn gwario ei harian poced ar felysion, cylchgronau a dillad yn ôl y gymhareb 2 : 3 : 7.
Mae hi'n cael £15 yr wythnos.
Faint y mae hi'n ei wario ar felysion?

7 Mewn holiadur, y tri ateb sy'n bosibl yw 'Ydw', 'Nac ydw' a 'Dim yn gwybod'.
Mae atebion grŵp o 456 o bobl yn ôl y gymhareb 10 : 6 : 3. Sawl 'Dim yn gwybod' sydd yna?

8 Gyda'i gilydd, prynodd Iolo a Steffan dŷ yn Sbaen.
Talodd Iolo 60% o'r gost a thalodd Steffan 40%.
(a) Ysgrifennwch, yn ei ffurf symlaf, gymhareb y symiau a dalodd y ddau.
(b) Pris y tŷ oedd 210 000 ewro. Faint dalodd y naill a'r llall?

YMARFER 35.5GC

1 Pris bag 80 g o Munchos yw 99c a phris bag 200 g o Munchos yw £2.19.
Dangoswch pa un yw'r gwerth gorau.

2 Mae lemonêd Brychan yn cael ei werthu mewn poteli 2 litr am £1.29 a photeli 3 litr am £1.99.
Dangoswch pa un yw'r gwerth gorau.

3 Mae menyn yn cael ei werthu mewn carton 200 g am 95c ac mewn pecyn 450 g am £2.10.
Dangoswch pa un yw'r gwerth gorau.

4 Mae iogwrt ffrwythau'n cael ei werthu mewn pecyn o 4 carton am 79c ac mewn pecyn o 12 carton am £2.19.
Dangoswch pa un yw'r gwerth gorau.

5 Ar silff mewn uwchfarchnad mae dau becyn o friwgig ar bris gostyngol, y naill yn becyn 1.8 kg am £2.50 a'r llall yn becyn 1.5 kg am £2.
Dangoswch pa un yw'r gwerth gorau.

6 Pris hufen eillio Llyfnyn yw £1.19 am y botel 75 ml a £2.89 am y botel 200 ml.
Dangoswch pa un yw'r gwerth gorau.

7 Mae uwchfarchnad yn gwerthu caniau o cola mewn dau becyn o faint gwahanol: pecyn o 12 can am £4.30 a phecyn o 20 can am £7.25.
Pa becyn yw'r gwerth gorau?

8 Mae powdr golchi Trochion yn cael ei werthu mewn 3 maint gwahanol:
750 g am £3.15, 1.5 kg am £5.99 a 2.5 kg am £6.99.
Pa becyn yw'r gwerth gorau?

YMARFER 36.1GC

1 Ar gyfer pob un o'r setiau hyn o ddata

(i) darganfyddwch y modd.

(ii) darganfyddwch y canolrif.

(iii) darganfyddwch yr amrediad.

(iv) cyfrifwch y cymedr.

(a)

Sgôr ar ddis tueddol	Nifer y tafliadau
1	52
2	46
3	70
4	54
5	36
6	42
Cyfanswm	300

(b)

Nifer y pinnau bawd mewn blwch	Nifer y blychau
98	5
99	14
100	36
101	28
102	17
103	13
104	7
Cyfanswm	120

(c)

Nifer y byrbrydau mewn diwrnod	Amlder
0	23
1	68
2	39
3	21
4	10
5	3
6	1

(ch)

Nifer y llythyrau a dderbyniwyd ar ddydd Llun	Amlder
0	19
1	37
2	18
3	24
4	12
5	5
6	2
7	3

2 Pris tocyn llyfr yw £1, £5, £10, £20 neu £50 yr un.
Mae'r tabl amlder yn dangos nifer y tocynnau llyfrau o'r gwahanol werthoedd a werthwyd mewn un siop ar ddydd Sadwrn.
Cyfrifwch werth cymedrig y tocynnau llyfrau a brynwyd yn y siop ar y dydd Sadwrn hwnnw.

Pris tocyn llyfr (£)	1	5	10	20	50
Nifer y tocynnau a werthwyd	12	34	26	9	1

3 Cafodd sampl o bobl eu holi pa mor aml roedden nhw'n ymweld â'r sinema mewn mis. Nid oedd yr un o'r bobl a gafodd eu holi wedi ymweld â'r sinema fwy nag 8 gwaith.
Mae'r tabl isod yn dangos y data.
Cyfrifwch nifer cymedrig yr ymweliadau â'r sinema.

Nifer yr ymweliadau	0	1	2	3	4	5	6	7	8
Amlder	136	123	72	41	18	0	5	1	4

YMARFER 36.2GC

1 Ar gyfer pob un o'r setiau hyn o ddata cyfrifwch amcangyfrif o'r canlynol
(i) yr amrediad.
(ii) y cymedr.

(a)

Nifer y trenau'n cyrraedd yn hwyr mewn diwrnod (x)	**Nifer y diwrnodau (f)**
0–4	19
5–9	9
10–14	3
15–19	0
20–24	1
Cyfanswm	32

(b)

Nifer y chwyn i bob metr sgwâr (x)	**Nifer y metrau sgwâr (f)**
0–14	204
15–29	101
30–44	39
45–59	13
60–74	6
75–89	2

(c)

Nifer y llyfrau a werthwyd (x)	Amlder (f)
60–64	3
65–69	12
70–74	23
75–79	9
80–84	4
85–89	1

(ch)

Nifer y diwrnodau'n absennol (x)	Amlder (f)
0–3	13
4–7	18
8–11	9
12–15	4
16–19	0
20–23	1
24–27	3

2 Mae'r tabl isod yn dangos nifer y brawddegau sydd i bob pennod mewn llyfr.

Nifer y brawddegau (x)	$100 \leqslant x < 125$	$125 \leqslant x < 150$	$150 \leqslant x < 175$	$175 \leqslant x < 200$	$200 \leqslant x < 225$
Amlder	1	9	8	5	2

(a) Pa un yw'r dosbarth modd?
(b) Ym mha ddosbarth y mae canolrif nifer y brawddegau?
(c) Cyfrifwch amcangyfrif o nifer cymedrig y brawddegau.

3 Gofynnwyd i grŵp o ddisgyblion amcangyfrif nifer y ffa mewn jar. Mae'r tabl yn crynhoi canlyniadau eu hamcangyfrifon. Cyfrifwch amcangyfrif o gymedr y nifer o ffa a amcangyfrifwyd gan y disgyblion hyn.

Amcangyfrif o nifer y ffa (x)	Amlder (f)
300–324	9
325–349	26
350–374	52
375–399	64
400–424	83
425–449	57
450–474	18
475–499	5

YMARFER 36.3GC

1 Ar gyfer pob un o'r setiau hyn o ddata, cyfrifwch amcangyfrif o'r canlynol:

(i) yr amrediad. **(ii)** y cymedr.

(a)

Uchder blodyn haul mewn centimetrau (x)	Nifer y planhigion (f)
$100 \leqslant x < 110$	6
$110 \leqslant x < 120$	13
$120 \leqslant x < 130$	35
$130 \leqslant x < 140$	29
$140 \leqslant x < 150$	16
$150 \leqslant x < 160$	11
Cyfanswm	110

(b)

Pwysau wy mewn gramau (x)	Nifer yr wyau (f)
$20 \leqslant x < 25$	9
$25 \leqslant x < 30$	16
$30 \leqslant x < 35$	33
$35 \leqslant x < 40$	48
$40 \leqslant x < 45$	29
$45 \leqslant x < 50$	15
Cyfanswm	150

(c)

Hyd ffeuen werdd mewn milimetrau (x)	Amlder (f)
$60 \leqslant x < 80$	12
$80 \leqslant x < 100$	21
$100 \leqslant x < 120$	46
$120 \leqslant x < 140$	27
$140 \leqslant x < 160$	14
Cyfanswm	120

(ch)

Amser i gwblhau ras mewn munudau (x)	Amlder (f)
$54 \leqslant x < 56$	1
$56 \leqslant x < 58$	4
$58 \leqslant x < 60$	11
$60 \leqslant x < 62$	6
$62 \leqslant x < 64$	2
$64 \leqslant x < 66$	1
Cyfanswm	25

2 Ar gyfer pob un o'r setiau hyn o ddata:

(i) ysgrifennwch y dosbarth modd. **(ii)** cyfrifwch amcangyfrif o'r cymedr.

(a)

Uchder llwyn mewn metrau (x)	Nifer y llwyni (f)
$0.3 \leqslant x < 0.6$	57
$0.6 \leqslant x < 0.9$	41
$0.9 \leqslant x < 1.2$	36
$1.2 \leqslant x < 1.5$	24
$1.5 \leqslant x < 1.8$	15

(b)

Pwysau eirinen mewn gramau (x)	Nifer yr eirin (f)
$20 \leqslant x < 30$	6
$30 \leqslant x < 40$	19
$40 \leqslant x < 50$	58
$50 \leqslant x < 60$	15
$60 \leqslant x < 70$	4

(c)

Hyd taith mewn munudau (x)	Amlder (f)
$20 \leqslant x < 22$	6
$22 \leqslant x < 24$	20
$24 \leqslant x < 26$	38
$26 \leqslant x < 28$	47
$28 \leqslant x < 30$	16
$30 \leqslant x < 32$	3

(ch)

Buanedd car mewn milltiroedd yr awr (x)	Amlder (f)
$25 \leqslant x < 30$	4
$30 \leqslant x < 35$	29
$35 \leqslant x < 40$	33
$40 \leqslant x < 45$	6
$45 \leqslant x < 50$	2
$50 \leqslant x < 55$	1

3 Mae'r tabl yn dangos cyflogau wythnosol y gweithwyr mewn swyddfa.

Cyflog mewn £ (x)	$500 \leqslant x < 1000$	$1000 \leqslant x < 1500$	$1500 \leqslant x < 2000$	$2000 \leqslant x < 2500$
Amlder (f)	3	14	18	5

(a) Beth yw'r dosbarth modd?
(b) Ym mha ddosbarth y mae'r cyflog canolrifol?
(c) Cyfrifwch amcangyfrif o'r cyflog cymedrig.

4 Mae'r tabl yn dangos hyd, mewn eiliadau, 100 o alwadau o ffôn symudol.

Hyd yr alwad mewn eiliadau (x)	$0 \leqslant x < 30$	$30 \leqslant x < 60$	$60 \leqslant x < 90$	$90 \leqslant x < 120$	$120 \leqslant x < 150$
Amlder (f)	51	25	13	7	4

Cyfrifwch amcangyfrif o hyd cymedrig galwad.

5 Mae'r tabl yn dangos prisiau'r cardiau a gafodd eu gwerthu un diwrnod gan siop gardiau cyfarch.

Cyfrifwch amcangyfrif o'r pris cymedrig, mewn ceiniogau, a gafodd ei dalu am gerdyn cyfarch y diwrnod hwnnw.

Pris cerdyn cyfarch mewn ceiniogau (x)	Amlder (f)
$75 \leqslant x < 100$	23
$100 \leqslant x < 125$	31
$125 \leqslant x < 150$	72
$150 \leqslant x < 175$	59
$175 \leqslant x < 200$	34
$200 \leqslant x < 225$	11
$225 \leqslant x < 250$	5

YMARFER 37.1GC

I bob un o'r diagramau hyn, darganfyddwch arwynebedd y trydydd sgwâr.

1

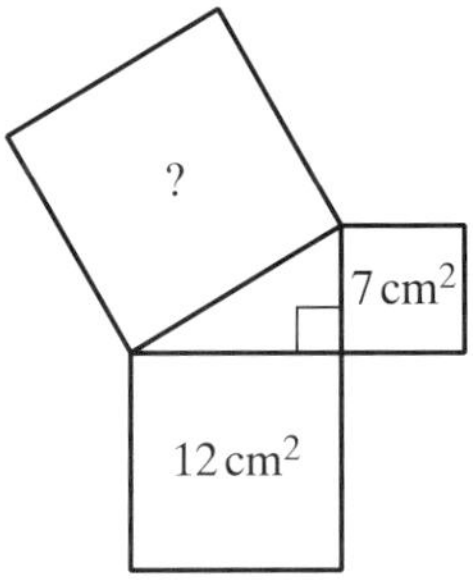

2

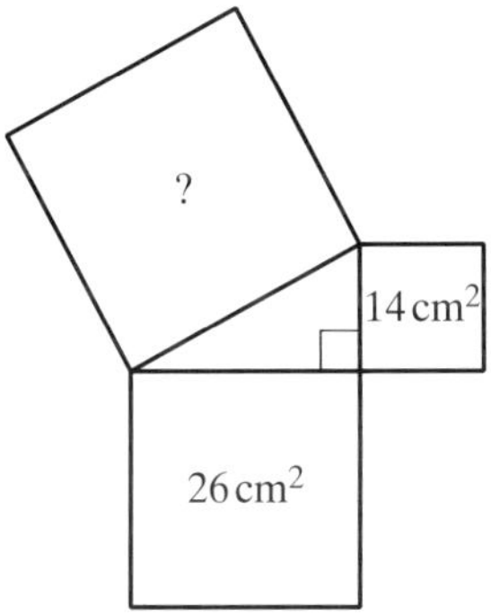

3

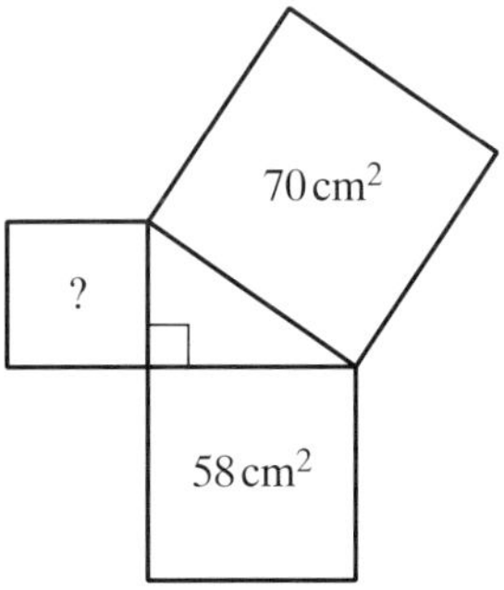

4

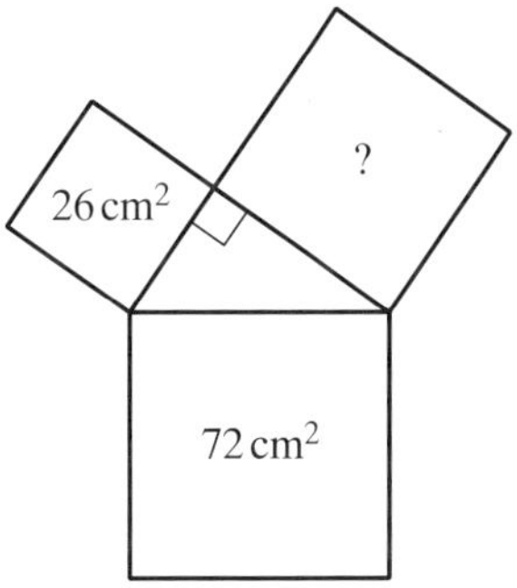

YMARFER 37.2GC

1 Darganfyddwch yr hyd x ym mhob un o'r trionglau hyn.
Lle nad yw'r ateb yn union gywir, rhowch eich ateb yn gywir i 2 le degol.

(a)

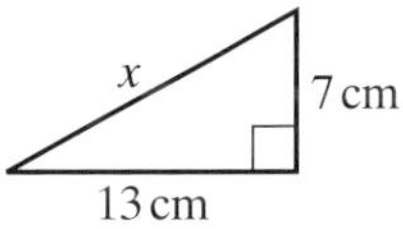

(b)

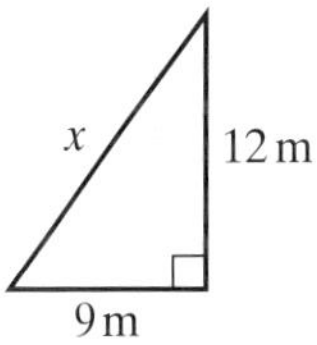

(c)

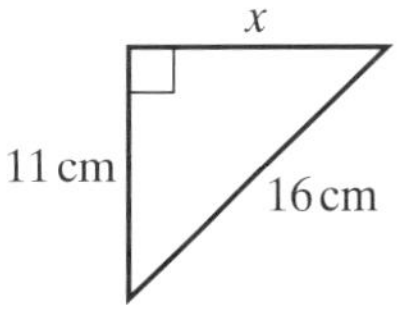

(ch)

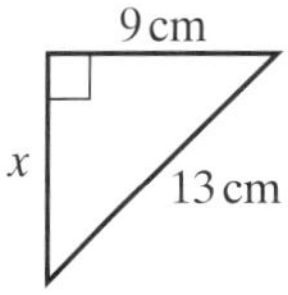

(d)

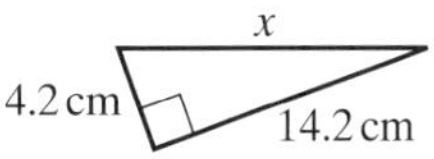

(dd)

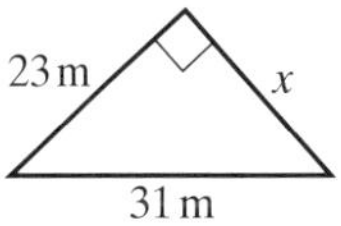

(e)

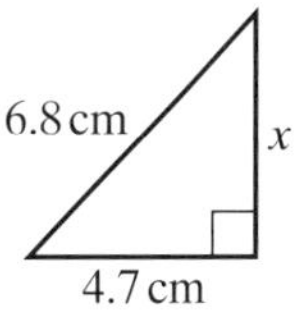

(f)

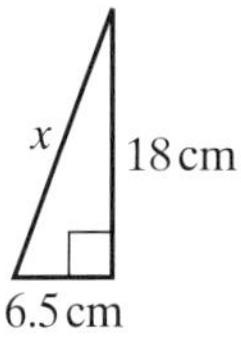

2

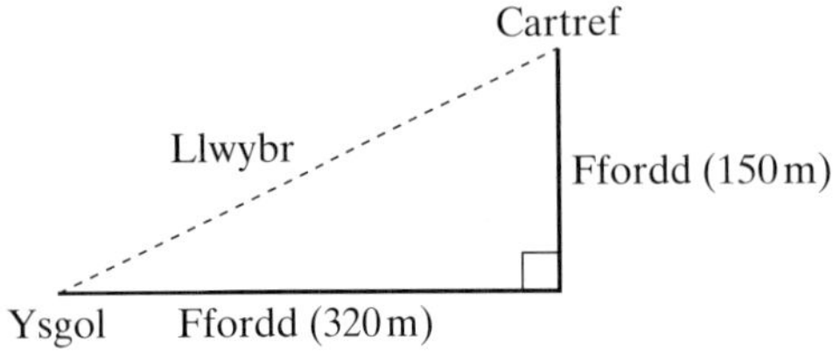

Mae Ann yn gallu cerdded adref o'r ysgol ar hyd dwy ffordd neu ar hyd llwybr trwy gae.
Faint yn fyrrach yw ei thaith os yw hi'n dewis y llwybr trwy'r cae?

3

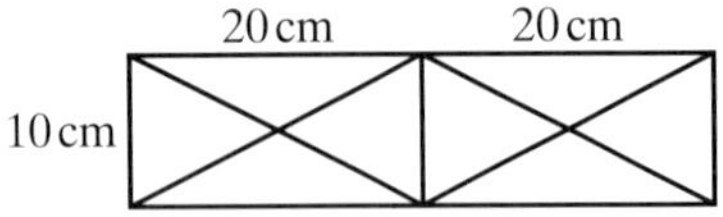

Mae'r rhwydwaith hwn wedi ei wneud o wifren.
Beth yw cyfanswm hyd y wifren?

4 Mae tangiad yn cael ei luniadu o bwynt P i gyffwrdd â chylch, canol O, yn y pwynt T fel bod TP = 12.8 cm ac $\hat{PTO}$ yn ongl sgwâr. O wybod bod y pellter OP = 16.5 cm, cyfrifwch radiws y cylch.

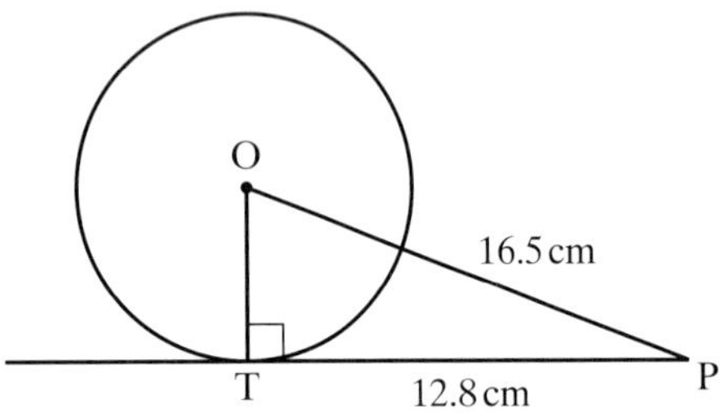

CBAC Haf 2005

5 Mae trawstoriad prism yn unffurf ac yn siâp triongl ABC sydd ag ongl B yn ongl sgwâr, AC = 5.6 cm ac AB = 3.4 cm. Hyd y prism yw 14.5 cm. Cyfrifwch gyfaint y prism.

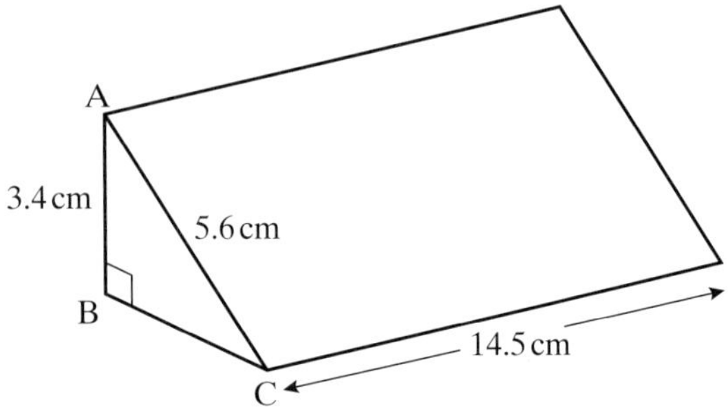

CBAC Hydref 2004

YMARFER 37.3GC

Darganfyddwch a yw'r trionglau hyn yn drionglau ongl sgwâr ai peidio.
Dangoswch eich gwaith cyfrifo.

1

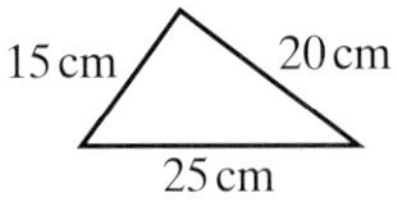

2

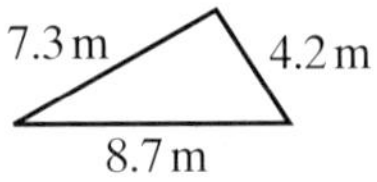

3

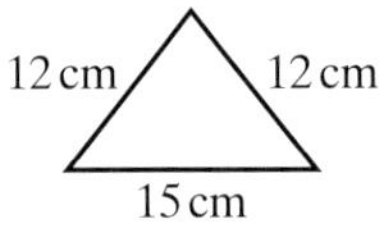

4

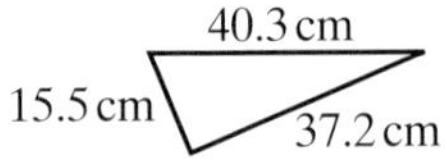

5

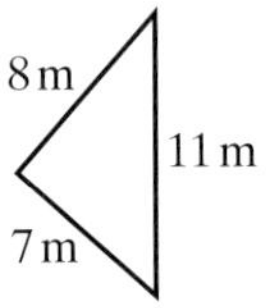

6

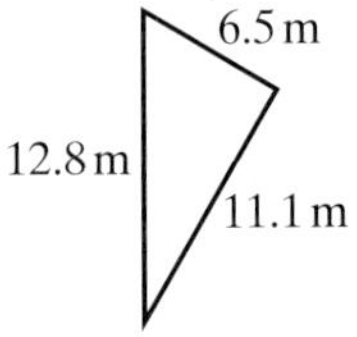

7

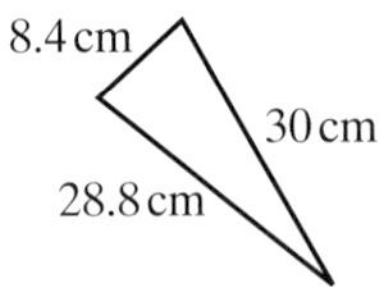

8

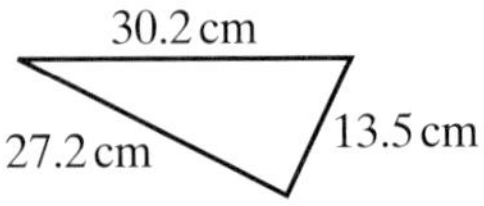

YMARFER 37.4GC

1 Darganfyddwch gyfesurynnau canolbwynt pob un o'r llinellau yn y diagram.

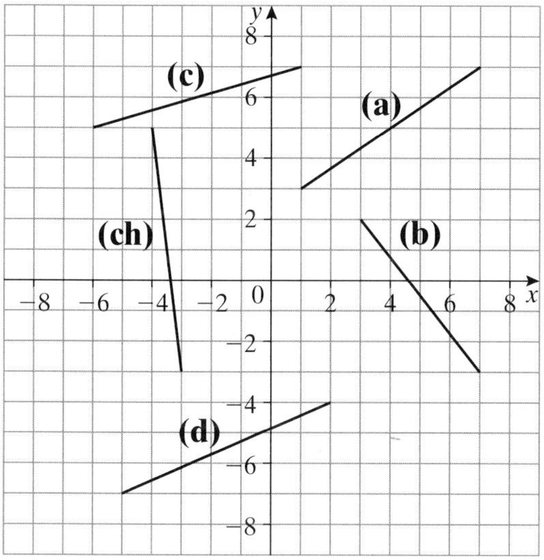

2 Darganfyddwch gyfesurynnau canolbwynt y llinell sy'n uno pob un o'r parau hyn o bwyntiau. Ceisiwch eu gwneud heb blotio'r pwyntiau.

(a) A(3, 7) a B(−5, 7)
(b) C(2, 1) a D(8, 5)
(c) E(3, 7) ac F(8, 2)
(ch) G(1, 6) ac H(9, 3)
(d) I(−7, 1) a J(3, 6)
(dd) K(−5, −6) ac L(−7, −3)

38 → DULLIAU GWAITH PEN 2

YMARFER 38.1GC

Cyfrifwch y rhain yn eich pen. Hyd y gallwch, ysgrifennwch yr ateb terfynol yn unig.

1 **(a)** $8 + 25$ **(b)** $13 + 49$
(c) $0.6 + 5.2$ **(ch)** $142 + 59$
(d) $187 + 25$ **(dd)** $5.8 + 12.6$
(e) $326 + 9.3$ **(f)** $456 + 83$
(ff) $1290 + 41$ **(g)** $8600 + 570$

2 **(a)** $12 - 5$ **(b)** $36 - 9$
(c) $10 - 0.4$ **(ch)** $56 - 45$
(d) $82 - 39$ **(dd)** $141 - 27$
(e) $1.2 - 0.7$ **(f)** $186 - 19$
(ff) $307 - 81$ **(g)** $1200 - 153$

3 **(a)** 7×9 **(b)** 12×8
(c) 22×7 **(ch)** 11×12
(d) 0.4×100 **(dd)** 19×7
(e) 48×5 **(f)** 25×8
(ff) 63×4 **(g)** 42×21

4 **(a)** $42 \div 7$ **(b)** $72 \div 12$
(c) $1500 \div 3$ **(ch)** $184 \div 8$
(d) $240 \div 20$ **(dd)** $108 \div 18$
(e) $96 \div 16$ **(f)** $16 \div 100$
(ff) $24 \div 0.3$ **(g)** $3.6 \div 0.9$

5 **(a)** $7 + (-3)$ **(b)** $-2 + 6$
(c) $-5 + 7$ **(ch)** $-4 + (-8)$
(d) $4 + (-9)$ **(dd)** $-5 - 1$
(e) $6 - (-2)$ **(f)** $12 - (-8)$
(ff) $-5 - (-10)$ **(g)** $-7 - (-3)$

6 **(a)** 12×-2 **(b)** -4×5
(c) -6×-3 **(ch)** -10×-4
(d) 4×-100 **(dd)** $10 \div -5$
(e) $-6 \div 2$ **(f)** $-20 \div -4$
(ff) $-35 \div -5$ **(g)** $32 \div -4$

7 Sgwariwch bob un o'r rhifau hyn.
(a) 7 **(b)** 9
(c) 12 **(ch)** 14
(d) 1 **(dd)** 30
(e) 200 **(f)** 0.5
(ff) 0.8 **(g)** 0.2

8 Ysgrifennwch ail isradd pob un o'r rhifau hyn.
(a) 36 **(b)** 4
(c) 64 **(ch)** 121
(d) 144

9 Ciwbiwch bob un o'r rhifau hyn.
(a) 3 **(b)** 4
(c) 10 **(ch)** 50
(d) 0.2

10 Hyd ochrau petryal yw 4.6 cm a 5.0 cm. Cyfrifwch
(a) perimedr y petryal.
(b) arwynebedd y petryal.

11 Mae Alwena yn gwario £17.81. Faint o newid y mae hi'n ei gael o £50?

12 Arwynebedd sgwâr yw 121 cm^2. Beth yw hyd ei ochr?

13 Darganfyddwch 2% o £540.

14 Darganfyddwch ddau rif sydd â'u gwahaniaeth yn 4 a'u lluoswm yn 45.

15 Mae gan Delyth ddarn 1 kg o gaws. Mae hi'n bwyta 432 g ohono. Faint sydd ganddi ar ôl?

YMARFER 38.2GC

1 Talgrynnwch bob un o'r rhifau hyn i 1 ffigur ystyrlon.

(a) 14.3 **(b)** 38
(c) 6.54 **(ch)** 308
(d) 1210 **(dd)** 0.78
(e) 0.61 **(f)** 0.053
(ff) 2413.5 **(g)** 0.0097

2 Talgrynnwch bob un o'r rhifau hyn i 1 ffigur ystyrlon.

(a) 8.4 **(b)** 18.36
(c) 725 **(ch)** 8032
(d) 98.3 **(dd)** 0.71
(e) 0.0052 **(f)** 0.019
(ff) 407.511 **(g)** 23 095

3 Talgrynnwch bob un o'r rhifau hyn i 2 ffigur ystyrlon.

(a) 28.7 **(b)** 149.3
(c) 7832 **(ch)** 46 820
(d) 21.36 **(dd)** 0.194
(e) 0.0489 **(f)** 0.003 61
(ff) 0.0508 **(g)** 0.904

4 Talgrynnwch bob un o'r rhifau hyn i 3 ffigur ystyrlon.

(a) 7.385 **(b)** 24.81
(c) 28 462 **(ch)** 308.61
(d) 16 418 **(dd)** 3.917
(e) 60.72 **(f)** 0.9135
(ff) 0.004 162 **(g)** 2.236 06

Yng nghwestiynau **5** i **12**, talgrynnwch y rhifau yn eich cyfrifiadau i 1 ffigur ystyrlon. Dangoswch eich gwaith cyfrifo.

5 Prynodd Aled 24 o farrau siocled am 32c yr un. Amcangyfrifwch y swm a wariodd.

6 Cyflog Rhys yw £382 yr wythnos. Amcangyfrifwch ei gyflog blwyddyn.

7 Gyrrodd Mari 215 o filltiroedd mewn 3 awr 48 munud. Amcangyfrifwch ei buanedd cyfartalog.

8 Hyd petryal yw 9.2 cm ac mae ei arwynebedd yn 44.16 cm^2. Amcangyfrifwch ei led.

9 Pris cyfrifiadur newydd yw £595 heb gynnwys TAW.
Rhaid ychwanegu TAW o 17.5% at y pris.
Amcangyfrifwch swm y TAW sydd i'w thalu.

10 Arwynebedd carreg balmant sgwâr yw 6000 cm^2. Amcangyfrifwch hyd ochr y garreg.

11 Radiws cylch yw 4.3 cm.
Amcangyfrifwch ei arwynebedd.

12 Amcangyfrifwch yr atebion i'r cyfrifiadau hyn.

(a) 71×58 **(b)** $\sqrt{46}$
(c) $\frac{5987}{5.1}$ **(ch)** 19.1^2
(d) 62.7×8316 **(dd)** $\frac{5.72}{19.3}$
(e) $\frac{32}{49.4}$ **(f)** 8152×37
(ff) $\frac{935 \times 41}{8.5}$ **(g)** $\frac{673 \times 0.76}{3.6 \times 2.38}$

YMARFER 38.3GC

Rhowch eich atebion i'r cwestiynau hyn mor syml ag sy'n bosibl.
Gadewch π yn eich atebion lle bo'n briodol.

1 **(a)** $2 \times 6 \times \pi$ **(b)** $\pi \times 7^2$
(c) $\pi \times 12^2$ **(ch)** $2 \times 3.8 \times \pi$
(d) $\pi \times 11^2$

2 **(a)** $14\pi + 5\pi$
(b) $\pi \times 3^2 + \pi \times 6^2$
(c) $\pi \times 8^2 - \pi \times 4^2$
(ch) $3 \times 42\pi$
(d) $\dfrac{36\pi}{4\pi}$

3 Darganfyddwch gylchedd cylch sydd â'i radiws yn 15 cm.

4 Cymhareb arwynebeddau dau gylch yw $36\pi : 16\pi$. Symleiddiwch y gymhareb hon.

5 Radiws darn crwn o gerdyn yw 12 cm. Mae darn sgwâr, â'i ochr yn 5 cm, yn cael ei dorri o'r cerdyn. Darganfyddwch yr arwynebedd sy'n weddill.

YMARFER 38.4GC

1 Cyfrifwch y rhain.
(a) 0.06×600 **(b)** 0.03×0.3
(c) 0.9×0.04 **(ch)** $(0.05)^2$
(d) $(0.3)^2$ **(dd)** 500×800
(e) 30×5000 **(f)** 5.1×300
(ff) 20.3×2000 **(g)** 1.82×5000

2 Cyfrifwch y rhain.
(a) $300 \div 20$ **(b)** $60 \div 2000$
(c) $3.6 \div 20$ **(ch)** $1.4 \div 0.2$
(d) $2.4 \div 3000$ **(dd)** $2.4 \div 0.03$
(e) $0.08 \div 0.004$ **(f)** $5 \div 0.02$
(ff) $400 \div 0.08$ **(g)** $60 \div 0.15$

3 O wybod bod $4.5 \times 16.8 = 75.6$, cyfrifwch y rhain.
(a) 45×1680 **(b)** $75.6 \div 168$
(c) $7560 \div 45$ **(ch)** 0.168×0.045
(d) $756 \div 0.168$

4 O wybod bod $702 \div 39 = 18$, cyfrifwch y rhain.
(a) $70\,200 \div 39$ **(b)** $70.2 \div 3.9$
(c) 180×39 **(ch)** $7.02 \div 18$
(d) 1.8×3.9

5 O wybod bod $348 \times 216 = 75\,168$, cyfrifwch y rhain.
(a) $751\,680 \div 216$
(b) $34\,800 \times 2160$
(c) 3.48×21.6
(ch) $751.68 \div 34.8$
(d) 0.348×2160

39 → FFORMIWLÂU 2

YMARFER 39.1GC

1 Swydd Pearl yw gofalu am blant. Mae hi'n codi £3.50 yr awr.
Mae hi'n gofalu am blentyn Mrs Huws am 6 awr. Faint y mae hi'n ei godi?

2 Pris llogi bws yw £60 ynghyd â £1 y filltir.
(a) Faint yw cost llogi bws i fynd ar daith
(i) 80 milltir?
(ii) 150 milltir?
(b) Ysgrifennwch fformiwla ar gyfer cost, £C, llogi bws i fynd ar daith n milltir.

3 Pris llogi ystafell i gynnal cyfarfod yw £80 ynghyd â £20 yr awr.
(a) Faint yw cost llogi'r ystafell am
(i) 5 awr?
(ii) 8 awr?
(b) Ysgrifennwch fformiwla ar gyfer cost, £C, llogi'r ystafell am h awr.

4 Mae perimedr petryal yn ddwywaith ei hyd adio dwywaith ei led.
(a) Beth yw perimedr petryal sydd â'i hyd yn 5 cm a'i led yn 3.5 cm?
(b) Ysgrifennwch fformiwla ar gyfer perimedr, P, petryal sydd â'i hyd yn x a'i led yn y.

5 I ddarganfod cyfaint pyramid, rydym yn lluosi arwynebedd y sylfaen â'r uchder ac yn rhannu â 3.
(a) Beth yw cyfaint pyramid sydd ag arwynebedd ei sylfaen yn 12 cm^2 a'i uchder yn 7 cm?
(b) Ysgrifennwch fformiwla ar gyfer cyfaint, C, pyramid sydd ag arwynebedd ei sylfaen yn A a'i uchder yn u.

6 I ddarganfod faint o amser y mae'n ei gymryd i deipio dogfen, rydym yn rhannu nifer y geiriau sydd yn y ddogfen â nifer y geiriau sy'n cael eu teipio mewn munud.
(a) Faint o amser y mae Lis yn ei gymryd i deipio dogfen 560 gair os yw hi'n teipio 80 gair y funud?
(b) Ysgrifennwch fformiwla ar gyfer yr amser, T, i deipio dogfen g gair os yw'r teipydd yn teipio r gair y funud.

7 Yr amser, t, ar gyfer taith yw'r pellter, s, wedi ei rannu â'r buanedd, v.
(a) Ysgrifennwch fformiwla ar gyfer hyn.
(b) Teithiodd Steffan bellter o 175 milltir ar fuanedd o 50 m.y.a. Faint o amser a gymerodd y daith?

8 Mae cylchedd cylch yn cael ei roi gan y fformiwla:

$C = \pi \times D$, lle mae D yn cynrychioli diamedr y cylch.

Darganfyddwch gylchedd cylch sydd â diamedr 8.5 cm.
Defnyddiwch $\pi = 3.14$.

9 Mae meithrinfa Cartrefle yn codi £1 am bob gofalwr a 50c am bob plentyn sydd yn ei gofal.

(a) Mae Tracey yn dod â 3 phlentyn i'r feithrinfa.
Faint y mae hi'n ei dalu?

(b) Mae Ffion yn dod ag n plentyn i'r feithrinfa.
Ysgrifennwch hafaliad ar gyfer y swm, £S, mae hi'n ei dalu.

10 **(a)** O'r fformiwla $A = b - c$, darganfyddwch A pan fo $b = 6$ ac $c = 3.5$.

(b) O'r fformiwla $B = 2a - b$, darganfyddwch B pan fo $a = 6$ a $b = 5$.

(c) O'r fformiwla $C = 2a - b + 3c$, darganfyddwch C pan fo $a = 3.5$, $b = 2.6$ ac $c = 1.2$.

(ch) O'r fformiwla $D = 3b^2$, darganfyddwch D pan fo $b = 2$.

(d) O'r fformiwla $E = ab - cd$, darganfyddwch E pan fo $a = 12.5$, $b = 6$, $c = 3.5$ a $d = 8$.

(dd) O'r fformiwla $F = \frac{a - b}{5}$, darganfyddwch F pan fo $a = 6$ a $b = 3.5$.

YMARFER 39.2GC

1 Ad-drefnwch bob un o'r fformiwlâu hyn i wneud y llythyren yn y cromfachau yn destun.

(a) $a = b + c$ (b)

(b) $a = 3x - y$ (x)

(c) $a = b + ct$ (t)

(ch) $F = 2(q + p)$ (q)

(d) $x = 2y - 3z$ (y)

(dd) $P = \frac{3 + 4n}{5}$ (n)

2 Y fformiwla ar gyfer cyfrifo cylchedd cylch yw $C = \pi d$.
Ad-drefnwch y fformiwla i wneud d yn destun.

3 Ad-drefnwch y fformiwla $A = \frac{3ab}{2n}$ i wneud

(a) a yn destun.

(b) n yn destun.

4 Y fformiwla ar gyfer cyfrifo perimedr petryal yw $P = 2(a + b)$, lle mae P yn cynrychioli perimedr y petryal, a ei hyd a b ei led.
Ad-drefnwch y fformiwla i wneud a yn destun.

5 Y fformiwla $y = mx + c$ yw hafaliad llinell syth.
Ad-drefnwch y fformiwla i ddarganfod m yn nhermau x, y ac c.

6 Mae'r fformiwla $A = 4\pi r^2$ yn rhoi arwynebedd arwyneb sffer.
Ad-drefnwch y fformiwla i wneud r yn destun.

7 Y fformiwla ar gyfer cyfrifo cyfaint prism yw $C = \frac{\pi r^2 u}{4}$.

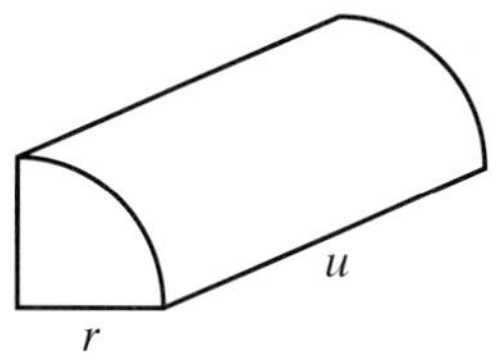

(a) Darganfyddwch C pan fo $r = 2.5$ ac $u = 7$.

(b) **(i)** Ad-drefnwch y fformiwla i wneud r yn destun.

(ii) Darganfyddwch r pan fo $C = 100$ ac $u = 10$.

8 Y fformiwla ar gyfer cyfrifo arwynebedd arwyneb silindr caeedig yw $S = 2\pi r(r + u)$.
Ad-drefnwch y fformiwla i wneud u yn destun.

YMARFER 39.3GC

1 Cyfrifwch werth $x^3 + x$ pan fo

(a) $x = 2$.

(b) $x = 3$.

(c) $x = 2.5$.

2 **(a)** Cyfrifwch werth $x^3 - x$ pan fo

(i) $x = 4$. **(ii)** $x = 5$.

(iii) $x = 4.6$. **(iv)** $x = 4.7$.

(v) $x = 4.65$.

(b) Gan ddefnyddio eich atebion i ran **(a)**, rhowch ddatrysiad $x^3 - x = 94$, yn gywir i 1 lle degol.

Defnyddiwch gynnig a gwella i ateb cwestiynau **3** i **10**. Dangoswch eich cynigion.

3 Darganfyddwch ddatrysiad, rhwng $x = 2$ ac $x = 3$, i'r hafaliad $x^3 = 11$. Rhowch eich ateb yn gywir i 1 lle degol.

4 **(a)** Dangoswch fod datrysiad i'r hafaliad $x^3 + 3x = 30$ rhwng $x = 2$ ac $x = 3$.

(b) Darganfyddwch y datrysiad yn gywir i 1 lle degol.

5 **(a)** Dangoswch fod datrysiad i'r hafaliad $x^3 - 2x = 70$ rhwng $x = 4$ ac $x = 5$.

(b) Darganfyddwch y datrysiad yn gywir i 1 lle degol.

6 Darganfyddwch ddatrysiad i'r hafaliad $x^3 + 4x = 100$. Rhowch eich ateb yn gywir i 1 lle degol.

7 Darganfyddwch ddatrysiad i'r hafaliad $x^3 + x = 60$. Rhowch eich ateb yn gywir i 2 le degol.

8 Darganfyddwch ddatrysiad i'r hafaliad $x^3 - x^2 = 40$. Rhowch eich ateb yn gywir i 2 le degol.

9 Pan fo rhif, x, yn cael ei adio at y rhif hwnnw wedi ei sgwario, yr ateb yw 1000.

(a) Ysgrifennwch hyn fel fformiwla.

(b) Darganfyddwch y rhif, yn gywir i 1 lle degol.

10 Mae rhif wedi ei giwbio, wedyn tynnu'r rhif ei hun, yn hafal i 600. Darganfyddwch y rhif, yn gywir i 2 le degol.

YMARFER 40.1GC

1 Lluniadwch bâr o echelinau x ac y a'u labelu o -2 i 4.
(a) Lluniadwch driongl â'i fertigau yn (1, 1), (1, 3) a (0, 3). Labelwch hwn yn A.
(b) Adlewyrchwch driongl A yn y llinell $x = 2$. Labelwch hwn yn B.
(c) Adlewyrchwch driongl A yn y llinell $y = x$. Labelwch hwn yn C.
(ch) Adlewyrchwch driongl A yn y llinell $y = 2$. Labelwch hwn yn Ch.

2 Lluniadwch bâr o echelinau x ac y a'u labelu o -3 i 3.
(a) Lluniadwch driongl â'i fertigau yn $(-1, 1)$, $(-1, 3)$ a $(-2, 3)$. Labelwch hwn yn A.
(b) Adlewyrchwch driongl A yn y llinell $x = \frac{1}{2}$. Labelwch hwn yn B.
(c) Adlewyrchwch driongl A yn y llinell $y = x$. Labelwch hwn yn C.
(ch) Adlewyrchwch driongl A yn y llinell $y = -x$. Labelwch hwn yn Ch.

3 I ateb pob rhan
- copïwch y diagram yn ofalus, gan ei wneud yn fwy os dymunwch.
- adlewyrchwch y siâp yn y llinell ddrych.

(a)

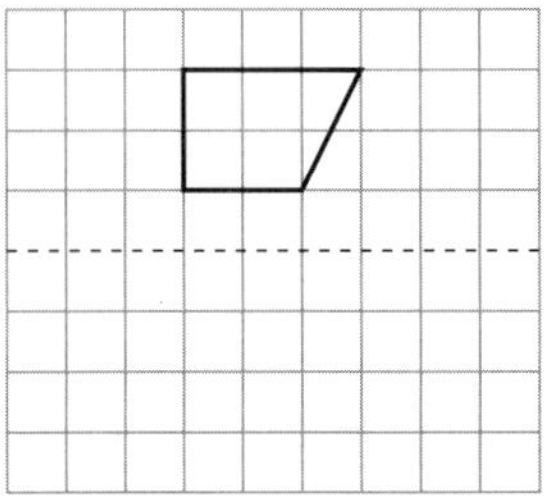

(b)

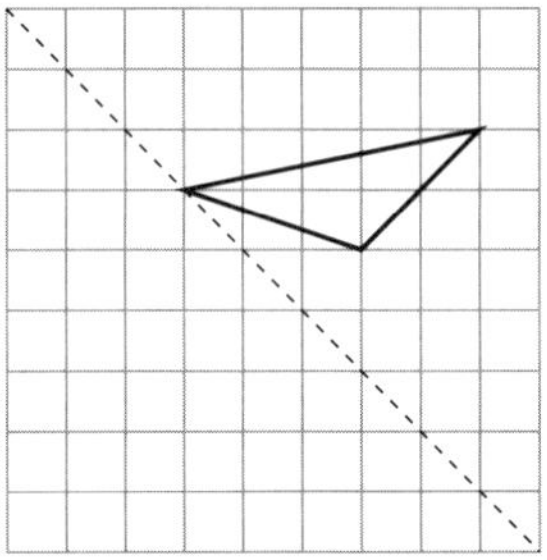

(c)

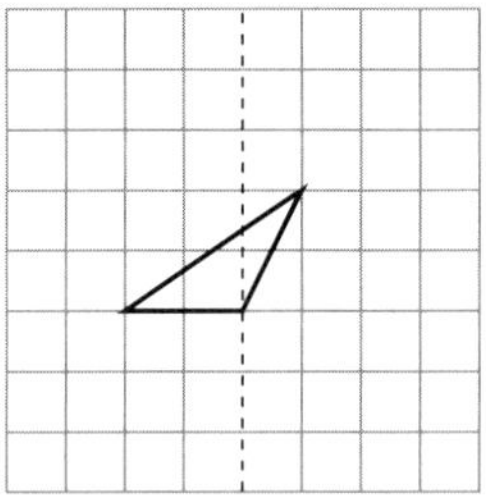

4 Disgrifiwch yn llawn y trawsffurfiad sengl sy'n mapio
(a) siâp A ar ben siâp B.
(b) siâp A ar ben siâp C.
(c) siâp B ar ben siâp Ch.

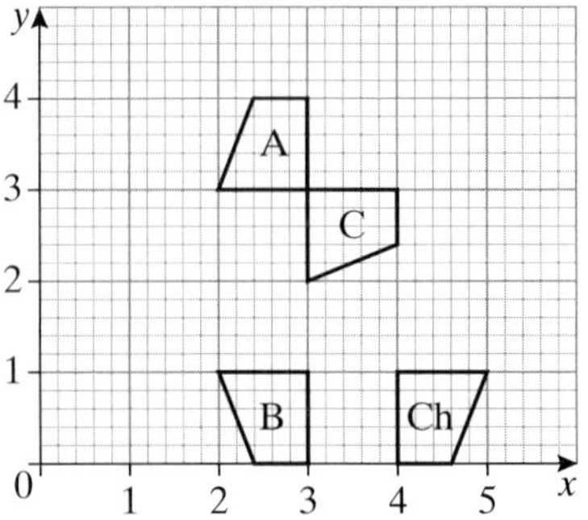

5 Disgrifiwch yn llawn y trawsffurfiad sengl sy'n mapio
(**a**) triongl A ar ben triongl B.
(**b**) triongl A ar ben triongl C.
(**c**) triongl E ar ben triongl F.

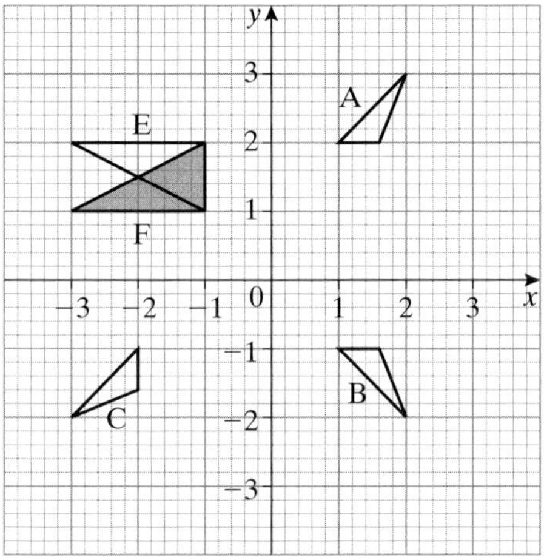

YMARFER 40.2GC

1 Copïwch y diagram.
(**a**) Cylchdrowch drapesiwm A trwy 180° o amgylch y tarddbwynt. Labelwch hwn yn B.
(**b**) Cylchdrowch drapesiwm A trwy 90° yn glocwedd o amgylch y pwynt (0, 1). Labelwch hwn yn C.
(**c**) Cylchdrowch drapesiwm A trwy 90° yn wrthglocwedd o amgylch y pwynt (−1, 1). Labelwch hwn yn Ch.

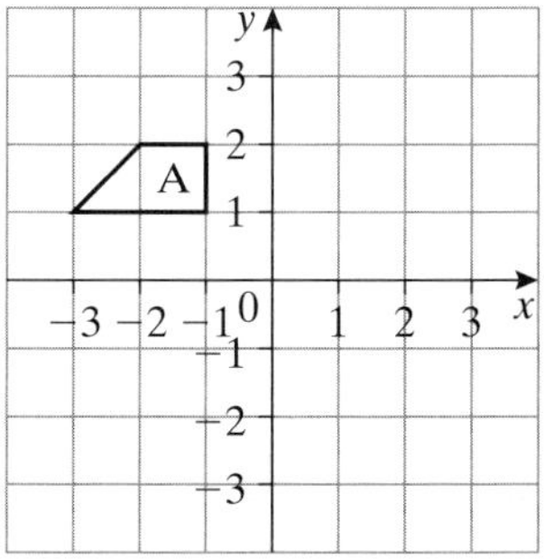

2 Copïwch y diagram.
(**a**) Cylchdrowch faner A trwy 90° yn glocwedd o amgylch y tarddbwynt. Labelwch hwn yn B.
(**b**) Cylchdrowch faner A trwy 90° yn wrthglocwedd o amgylch y pwynt (1, −1). Labelwch hwn yn C.
(**c**) Cylchdrowch faner A trwy 180° o amgylch y pwynt (0, −1). Labelwch hwn yn Ch.

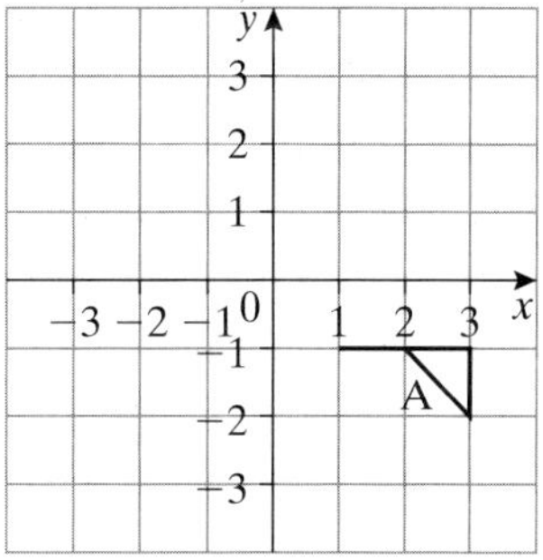

3 Lluniadwch bâr o echelinau x ac y a'u labelu o −4 i 4.
(**a**) Lluniadwch driongl â'i fertigau yn (1, 1), (2, 1) a (2, 3). Labelwch hwn yn A.
(**b**) Cylchdrowch driongl A trwy 90° yn wrthglocwedd o amgylch y tarddbwynt. Labelwch hwn yn B.
(**c**) Cylchdrowch driongl A trwy 180° o amgylch y pwynt (2, 1). Labelwch hwn yn C.
(**ch**) Cylchdrowch driongl A trwy 90° yn glocwedd o amgylch y pwynt (−2, 1). Labelwch hwn yn Ch.

4 Copïwch y diagram. Cylchdrowch y triongl trwy 180° o amgylch y pwynt C.

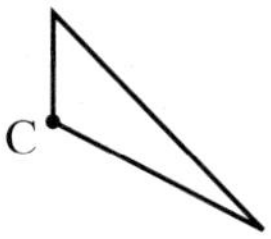

5 Copïwch y diagram. Cylchdrowch y siâp trwy 90° yn glocwedd o amgylch y pwynt O.

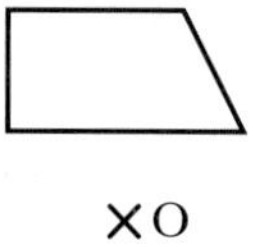

6 Copïwch y diagram. Cylchdrowch y faner trwy 150° yn glocwedd o amgylch y pwynt A.

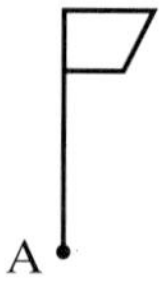

7 Disgrifiwch yn llawn y trawsffurfiad sengl sy'n mapio

(a) trapesiwm A ar ben trapesiwm B.
(b) trapesiwm A ar ben trapesiwm C.
(c) trapesiwm A ar ben trapesiwm Ch.

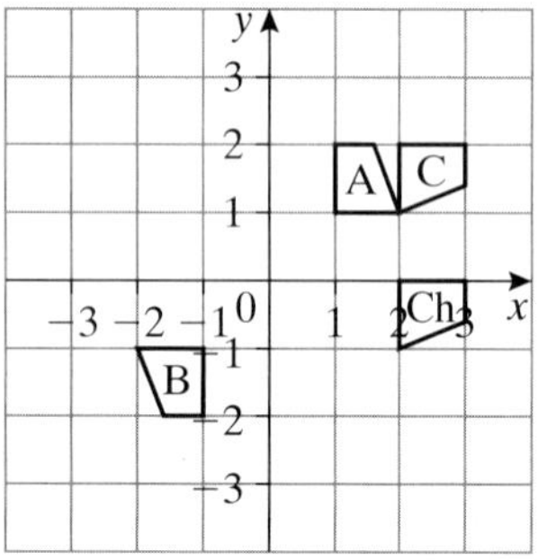

8 Disgrifiwch yn llawn y trawsffurfiad sengl sy'n mapio

(a) baner A ar ben baner B.
(b) baner A ar ben baner C.
(c) baner A ar ben baner Ch.

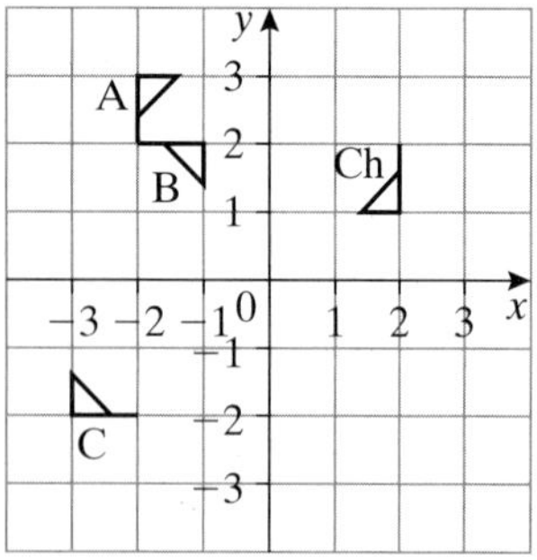

9 Disgrifiwch yn llawn y trawsffurfiad sengl sy'n mapio triongl A ar ben triongl B.

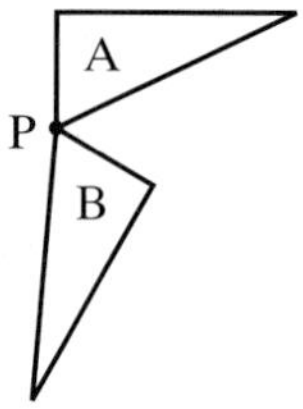

10 Disgrifiwch yn llawn y trawsffurfiad sengl sy'n mapio

(a) triongl A ar ben triongl B.
(b) triongl A ar ben triongl C.
(c) triongl A ar ben triongl Ch.
(ch) triongl A ar ben triongl D.
(d) triongl A ar ben triongl Dd.

Awgrym: Mae rhai o'r trawsffurfiadau hyn yn adlewyrchiadau.

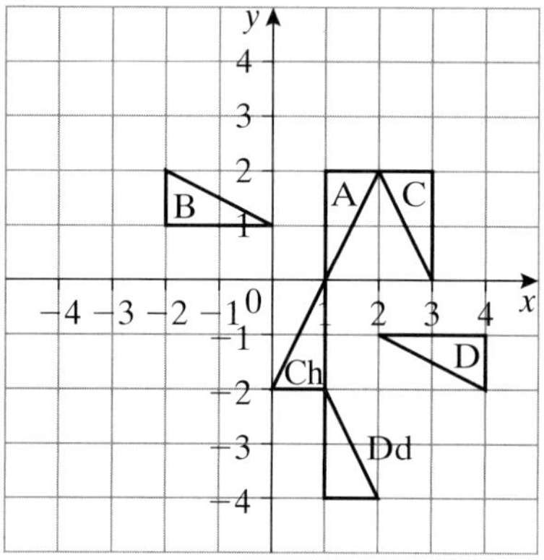

YMARFER 40.3GC

1 Lluniadwch bâr o echelinau x ac y a'u labelu o -2 i 6.

(a) Lluniadwch driongl â'i fertigau yn (1, 1), (1, 2), a (4, 1). Labelwch hwn yn A.

(b) Trawsfudwch driongl A â'r fector $\begin{pmatrix}1\\3\end{pmatrix}$.

Labelwch hwn yn B.

(c) Trawsfudwch driongl A â'r fector $\begin{pmatrix}-3\\4\end{pmatrix}$.
Labelwch hwn yn C.

(ch) Trawsfudwch driongl A â'r fector $\begin{pmatrix}-2\\-3\end{pmatrix}$.
Labelwch hwn yn Ch.

2 Lluniadwch bâr o echelinau x ac y a'u labelu o -3 i 5.

(a) Lluniadwch driongl â'i fertigau yn (2, 1), (2, 3) a (3, 1). Labelwch hwn yn A.

(b) Trawsfudwch driongl A â'r fector $\begin{pmatrix}2\\1\end{pmatrix}$.
Labelwch hwn yn B.

(c) Trawsfudwch driongl A â'r fector $\begin{pmatrix}-5\\-3\end{pmatrix}$.
Labelwch hwn yn C.

(ch) Trawsfudwch driongl A â'r fector $\begin{pmatrix}2\\-4\end{pmatrix}$.
Labelwch hwn yn Ch.

3 Disgrifiwch y trawsffurfiad sengl sy'n mapio

(a) triongl A ar ben triongl B.

(b) triongl A ar ben triongl C.

(c) triongl A ar ben triongl Ch.

(ch) triongl B ar ben triongl Ch.

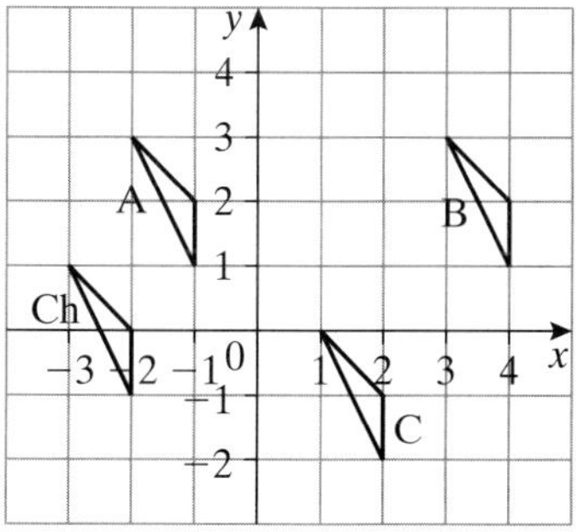

4 Disgrifiwch y trawsffurfiad sengl sy'n mapio

(a) siâp A ar ben siâp B.

(b) siâp A ar ben siâp C.

(c) siâp A ar ben siâp Ch.

(ch) siâp Ch ar ben siâp D.

(d) siâp A ar ben siâp Dd.

(dd) siâp Dd ar ben siâp E.

(e) siâp B ar ben siâp F.

(f) siâp F ar ben siâp Dd.

Awgrym: Nid yw pob trawsffurfiad yn drawsfudiad.

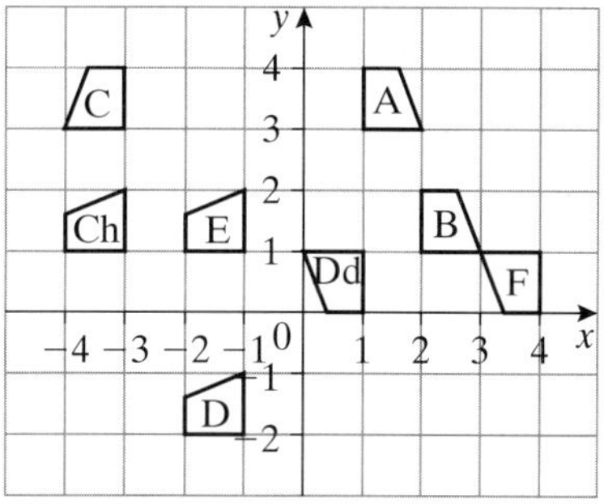

YMARFER 40.4GC

1 Lluniadwch bâr o echelinau x ac y a'u labelu o 0 i 6.

(a) Lluniadwch driongl â'i fertigau yn (0, 6), (3, 6) a (3, 3). Labelwch hwn yn A.

(b) Helaethwch driongl A â ffactor graddfa $\frac{1}{3}$, gan ddefnyddio'r tarddbwynt yn ganol yr helaethiad. Labelwch hwn yn B.

(c) Disgrifiwch yn llawn y trawsffurfiad sengl sy'n mapio triongl B ar ben triongl A.

2 Lluniadwch bâr o echelinau x ac y a'u labelu o 0 i 6.

(a) Lluniadwch driongl â'i fertigau yn (5, 2), (5, 6) a (3, 6). Labelwch hwn yn A.

(b) Helaethwch driongl A â ffactor graddfa $\frac{1}{2}$, gyda chanol yr helaethiad yn (3, 2). Labelwch hwn yn B.

(c) Disgrifiwch yn llawn y trawsffurfiad sengl sy'n mapio triongl B ar ben triongl A.

3 Lluniadwch bâr o echelinau x ac y a'u labelu o 0 i 8.

(a) Lluniadwch driongl â'i fertigau yn (2, 1), (2, 3), (3, 2). Labelwch hwn yn A.

(b) Helaethwch driongl A â ffactor graddfa $2\frac{1}{2}$, gan ddefnyddio'r tarddbwynt yn ganol yr helaethiad. Labelwch hwn yn B.

(c) Disgrifiwch yn llawn y trawsffurfiad sengl sy'n mapio triongl B ar ben triongl A.

4 Lluniadwch bâr o echelinau x ac y a'u labelu o 0 i 7.

(a) Lluniadwch drapesiwm â'i fertigau yn (1, 2), (1, 3), (2, 3) a (3, 2). Labelwch hwn yn A.

(b) Helaethwch drapesiwm A â ffactor graddfa 3, gyda chanol yr helaethiad yn (1, 2). Labelwch hwn yn B.

(c) Disgrifiwch yn llawn y trawsffurfiad sengl sy'n mapio trapesiwm B ar ben trapesiwm A.

5 Disgrifiwch yn llawn y trawsffurfiad sengl sy'n mapio

(a) triongl A ar ben triongl B.

(b) triongl B ar ben triongl A.

(c) triongl A ar ben triongl C.

(ch) triongl C ar ben triongl A.

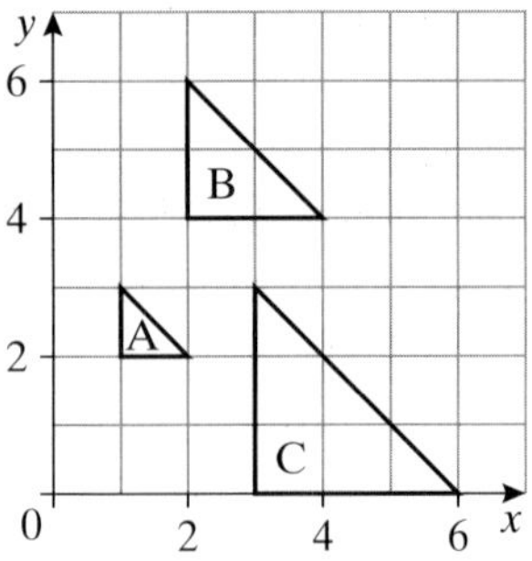

Awgrym: Yng nghwestiynau **6**, **7** ac **8**, nid yw pob trawsffurfiad yn helaethiad.

6 Disgrifiwch yn llawn y trawsffurfiad sengl sy'n mapio

(a) baner A ar ben baner B.

(b) baner B ar ben baner C.

(c) baner B ar ben baner Ch.

(ch) baner B ar ben baner D.

(d) baner Dd ar ben baner E.

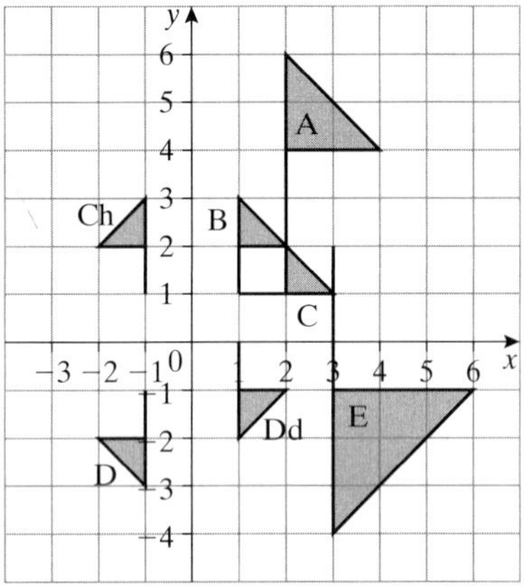

7 Lluniadwch bâr o echelinau x ac y a'u labelu o -4 i 4.

(a) Lluniadwch driongl â'i fertigau yn (2, 1), (2, 2) a (4, 2). Labelwch hwn yn A.

(b) Adlewyrchwch driongl A yn y llinell $y = 0$. Labelwch hwn yn B.

(c) Adlewyrchwch driongl A yn y llinell $x = 1$.
Labelwch hwn yn C.

(ch) Cylchdrowch driongl B trwy 90° o amgylch y tarddbwynt.
Labelwch hwn yn Ch.

(d) Helaethwch driongl A â ffactor graddfa $\frac{1}{2}$, gan ddefnyddio'r tarddbwynt yn ganol yr helaethiad.
Labelwch hwn yn D.

8 Copïwch y diagram.

(a) Cylchdrowch siâp A trwy 90° yn glocwedd o amgylch y tarddbwynt.
Labelwch hwn yn B.

(b) Cylchdrowch siâp A trwy 180° o amgylch y pwynt (2, 2).
Labelwch hwn yn C.

(c) Helaethwch siâp A â ffactor graddfa $\frac{1}{2}$, gyda chanol yr helaethiad yn $(-2, 0)$.
Labelwch hwn yn E.

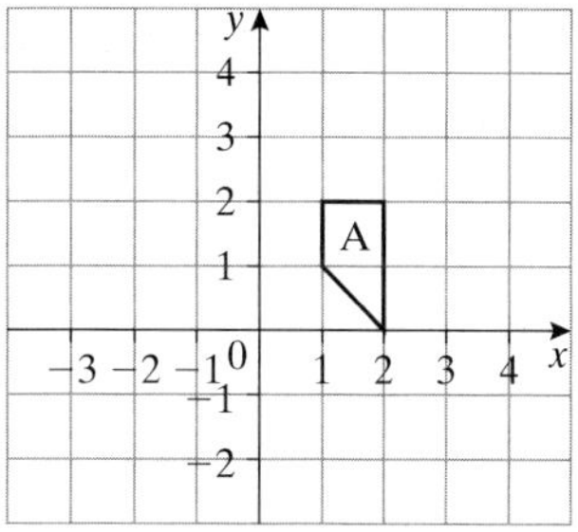

41 → TEBYGOLRWYDD 2

YMARFER 41.1GC

1 Y tebygolrwydd y bydd Sioned yn mynd i'r gwely'n hwyr heno yw 0.2. Beth yw'r tebygolrwydd na fydd Sioned yn mynd i'r gwely'n hwyr heno?

2 Y tebygolrwydd y byddaf yn cael chwech wrth daflu dis yw $\frac{1}{6}$. Beth yw'r tebygolrwydd na fyddaf yn cael chwech?

3 Y tebygolrwydd y bydd hi'n bwrw eira ar Ddydd Nadolig yw 0.15. Beth yw'r tebygolrwydd na fydd hi'n bwrw eira ar Ddydd Nadolig?

4 Y tebygolrwydd y bydd rhywun sy'n cael ei ddewis ar hap yn ysgrifennu â'r llaw chwith yw $\frac{3}{10}$. Beth yw'r tebygolrwydd y bydd y person hwnnw'n ysgrifennu â'r llaw dde?

5 Y tebygolrwydd y bydd United yn colli ei gêm nesaf yw 0.08. Beth yw'r tebygolrwydd na fydd United yn colli ei gêm nesaf?

6 Y tebygolrwydd y bydd Ian yn bwyta creision un diwrnod yw $\frac{17}{31}$. Beth yw'r tebygolrwydd na fydd Ian yn bwyta creision?

YMARFER 41.2GC

1 Mae siop yn gwerthu bara brown, bara gwyn a bara cyflawn. Y tebygolrwydd y bydd rhywun yn dewis prynu bara brown yw 0.4 a'r tebygolrwydd y bydd rhywun yn dewis bara gwyn yw 0.5. Beth yw'r tebygolrwydd y bydd rhywun yn dewis prynu bara cyflawn?

2 Mae hyfforddwr tîm pêl-droed yn dewis ymosodwr i chwarae yn y gêm nesaf. Mae ganddo dri chwaraewr i ddewis o'u plith: Wayne, Michael ac Alan. Y tebygolrwydd y bydd yn dewis Wayne yw $\frac{5}{19}$ a'r tebygolrwydd y bydd yn dewis Michael yw $\frac{7}{19}$. Beth yw'r tebygolrwydd y bydd yn dewis Alan?

3 Mae cownteri coch, gwyn a glas mewn bag. Mae Bethan yn dewis cownter ar hap. Y tebygolrwydd y bydd hi'n dewis cownter coch yw 0.4 a'r tebygolrwydd y bydd hi'n dewis cownter glas yw 0.15. Beth yw'r tebygolrwydd y bydd hi'n dewis cownter gwyn?

4 Gall Elin fynd i'r dref ar ei beic neu yn ei char, dal y bws neu gymryd tacsi. Y tebygolrwydd y bydd hi'n defnyddio ei char yw $\frac{12}{31}$, y tebygolrwydd y bydd hi'n dal y bws yw $\frac{2}{31}$ a'r tebygolrwydd y bydd hi'n cymryd tacsi yw $\frac{13}{31}$. Beth yw'r tebygolrwydd y bydd hi'n mynd i'r dref ar ei beic?

5 Mae troellwr tueddol pum ochr wedi ei rifo o 1 i 5. Mae'r tabl yn dangos tebygolrwydd cael rhai o'r sgorau wrth roi tro yn y troellwr.

Sgôr	1	2	3	4	5
Tebygolrwydd	0.37	0.1	0.14		0.22

Beth yw tebygolrwydd cael 4?

6 Mae papurau £20, £10 a £5 yn unig mewn bag arian. Mae un papur yn cael ei dynnu o'r bag ar hap. Y tebygolrwydd y bydd yn bapur £5 yw $\frac{3}{4}$ a'r tebygolrwydd y bydd yn bapur £10 yw $\frac{3}{20}$. Beth yw'r tebygolrwydd y bydd yn bapur £20?

YMARFER 41.3GC

1 Y tebygolrwydd y bydd United yn colli ei gêm nesaf yw 0.2. Sawl gêm y byddech yn disgwyl i United ei cholli yn ystod tymor o 40 gêm?

2 Y tebygolrwydd y bydd hi'n bwrw glaw ar unrhyw ddiwrnod ym mis Mehefin yw $\frac{2}{15}$. Yn ystod faint o'r 30 diwrnod ym mis Mehefin y byddech yn disgwyl iddi fwrw glaw?

3 Y tebygolrwydd y bydd gyrrwr deunaw oed yn cael damwain yw 0.15. Mae yna 80 o yrwyr deunaw oed mewn ysgol. Faint o'r rhain y gallech ddisgwyl iddynt gael damwain?

4 Pan fydd Phil yn chwarae gwyddbwyll, y tebygolrwydd y bydd yn ennill yw $\frac{17}{20}$. Mewn cystadleuaeth, mae Phil yn chwarae 10 gêm. Faint o'r gemau hyn y byddech yn disgwyl iddo eu hennill?

5 Mae dis cyffredin chwe ochr yn cael ei daflu 90 gwaith. Sawl gwaith y gallech ddisgwyl

(a) cael 4? **(b)** cael odrif?

6 Mae 12 pêl felen, 3 pêl las a 5 pêl werdd mewn blwch. Mae pêl yn cael ei dewis ar hap, gan nodi ei lliw. Mae'r bêl yn cael ei gosod yn ôl yn y blwch. Mae hyn yn cael ei wneud 400 gwaith. Faint o bob lliw y gallech ddisgwyl ei gael?

YMARFER 41.4GC

1 Mae Pedr yn taflu dis 200 gwaith ac yn cofnodi sawl tro mae pob sgôr yn ymddangos.

Sgôr	1	2	3	4	5	6
Amlder	29	34	35	32	34	36

(a) Cyfrifwch amlder cymharol pob un o'r sgorau.
Rhowch eich atebion yn gywir i 2 le degol.

(b) Yn eich barn chi, ydy dis Pedr yn ddis teg? Rhowch reswm dros eich ateb.

2 Cadwodd Rhys gofnod o ganlyniadau ei hoff dîm pêl-droed.

Ennill: 32   Cyfartal: 11   Colli: 7

(a) Cyfrifwch amlder cymharol pob un o'r tri chanlyniad.

(b) Ydy eich atebion i ran **(a)** yn amcangyfrifon da o debygolrwydd canlyniad y gêm nesaf?
Rhowch reswm dros eich ateb.

3 Mewn arolwg, cafodd 600 o bobl eu holi pa flas creision oedd orau ganddynt.
Mae'r tabl yn dangos y canlyniadau.

Blas	**Amlder**
Plaen	166
Halen a finegr	130
Caws a nionyn	228
Arall	76

(a) Cyfrifwch amlder cymharol pob blas.
Rhowch eich atebion yn gywir i 2 le degol.

(b) Eglurwch pam mae'n rhesymol defnyddio'r ffigurau hyn i amcangyfrif tebygolrwydd hoff flas creision y person nesaf i gael ei holi.

4 Sylwodd perchennog gorsaf betrol fod 287 cwsmer o blith y 340 a oedd yn llenwi tanciau eu ceir mewn diwrnod yn gwario dros £20.
Defnyddiwch y ffigurau hyn i amcangyfrif y tebygolrwydd y bydd y cwsmer nesaf yn gwario

(a) dros £20.

(b) £20 neu lai.

5 Gwnaeth Jasmine droellwr â'r rhifau 1, 2, 3, 4 a 5 arno.
Rhoddodd brawf ar y troellwr i gael gweld a oedd yn un teg.
Mae'r tabl yn dangos y canlyniadau.

Sgôr	1	2	3	4	5
Amlder	46	108	203	197	96

(a) Cyfrifwch amlder cymharol pob un o'r sgorau.
Rhowch eich atebion yn gywir i 2 le degol.

(b) Yn eich barn chi, ydy'r troellwr yn un teg?
Rhowch reswm dros eich ateb.

6 Mae cownteri melyn, gwyrdd, gwyn a glas mewn blwch.
Mae cownter yn cael ei ddewis o'r blwch, gan nodi ei liw. Mae'r cownter yn cael ei roi yn ei ôl yn y blwch.
Mae'r tabl yn rhoi gwybodaeth am liw y cownter a gafodd ei ddewis.

Lliw	Amlder cymharol
Melyn	0.4
Gwyrdd	0.3
Gwyn	0.225
Glas	0.075

(a) Yn gyfan gwbl, mae 80 cownter yn y blwch.
Yn eich barn chi, faint sydd yna o bob lliw?

(b) Pa wybodaeth arall y mae ei hangen arnoch cyn y gallwch fod yn sicr fod eich atebion i ran **(a)** yn fanwl gywir?

YMARFER 42.1GC

1 Lluniwch graff $y = 3x$ ar gyfer gwerthoedd x o -3 i 3.

2 Lluniwch graff $y = x + 2$ ar gyfer gwerthoedd x o -4 i 2.

3 Lluniwch graff $y = 4x + 2$ ar gyfer gwerthoedd x o -3 i 3.

4 Lluniwch graff $y = 2x - 5$ ar gyfer gwerthoedd x o -1 i 5.

5 Lluniwch graff $y = -2x - 4$ ar gyfer gwerthoedd x o -4 i 2.

YMARFER 42.2GC

1 Lluniwch graff $3y = 2x + 6$ ar gyfer gwerthoedd $x = -3$ i 3.

2 Lluniwch graff $2x + 5y = 10$.

3 Lluniwch graff $3x + 2y = 15$.

4 Lluniwch graff $2y = 5x - 8$ ar gyfer gwerthoedd $x = -2$ i 4.

5 Lluniwch graff $3x + 4y = 24$.

YMARFER 42.3GC

1 Mae Siôn yn paratoi i gael bath. Mae'r graff yn dangos cyfaint y dŵr (V galwyn) sydd yn y bath ar ôl t munud.

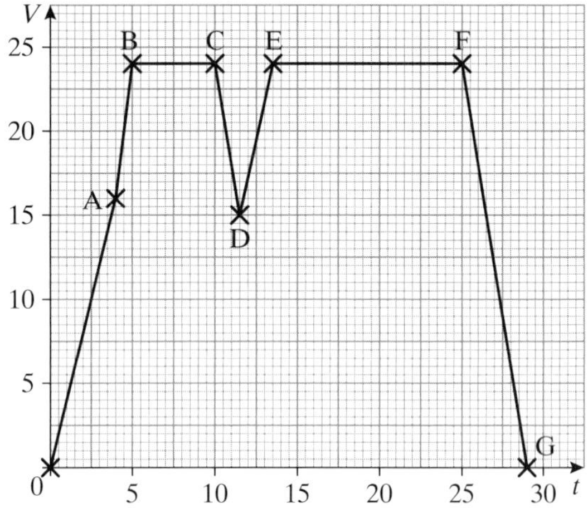

(a) Sawl galwyn o ddŵr sydd yn y bath ar amser A?

(b) Mae Siôn yn mynd i'r bath ar amser B ac yn dod ohono ar amser F. Am faint o amser y mae Siôn yn y bath?

(c) Rhwng 0 ac A, y tap dŵr poeth sy'n agored. Sawl galwyn o ddŵr y funud sy'n dod trwy'r tap dŵr poeth?

(ch) Rhwng amserau A a B mae'r ddau dap yn agored. Beth yw cyfradd llif y dŵr trwy'r ddau dap gyda'i gilydd? Rhowch eich ateb mewn galwyni/munud.

(d) Disgrifiwch beth sy'n digwydd rhwng C ac E.

(dd) Ar ba gyfradd roedd y bath yn gwacáu? Rhowch eich ateb mewn galwyni/munud.

2 Fel hyn y mae argraffydd yn prisio cynhyrchu rhaglenni:

pris sefydlog o £a
+
x ceiniog y rhaglen am y 1000 rhaglen gyntaf
+
80 ceiniog y rhaglen am bob rhaglen dros 1000.

Mae'r graff yn dangos cyfanswm pris argraffu hyd at 1000 o raglenni.

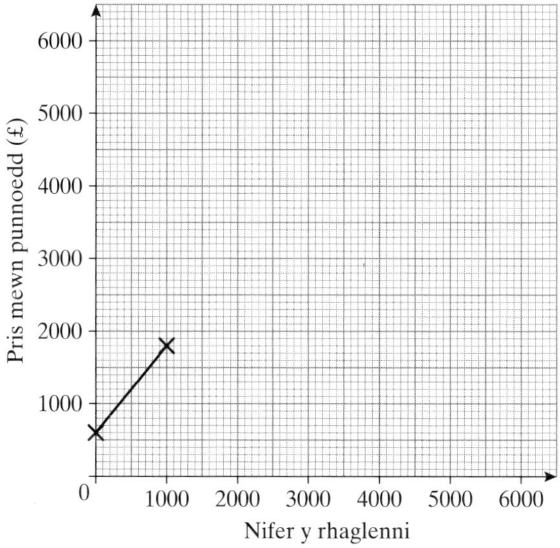

(a) Faint yw'r pris sefydlog, £a?
(b) Cyfrifwch x, y pris y rhaglen am y 1000 rhaglen gyntaf.
(c) Copïwch y graff ac ychwanegwch segment llinell i ddangos y prisiau am 1000 i 6000 o raglenni.
(ch) Faint yw cyfanswm y pris am 3500 o raglenni?
(d) Faint yw'r pris cyfartalog y rhaglen am 3500 o raglenni?

3 Mae'r graff yn dangos taith trên.

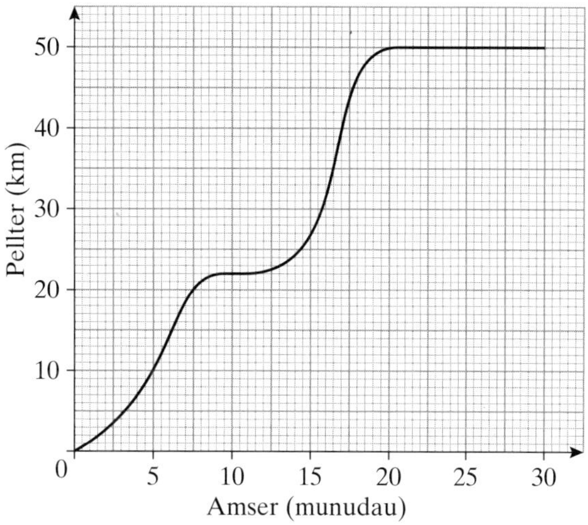

(a) Faint o amser a gymerodd y daith?
(b) Faint oedd pellter y daith?
(c) Pa mor bell o'r man cychwyn oedd yr orsaf gyntaf?
(ch) Am faint o amser yr arhosodd y trên yn yr orsaf gyntaf?
(d) Pa bryd roedd y trên yn teithio gyflymaf?

4 Mae dŵr yn cael ei arllwys i bob un o'r cynwysyddion hyn ar gyfradd gyson nes eu bod yn llawn.

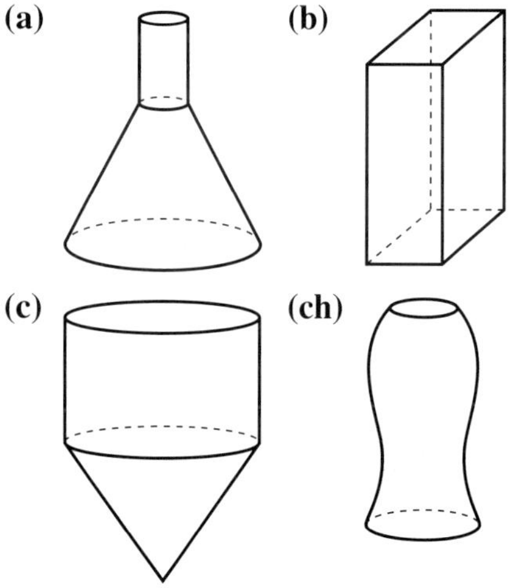

Mae'r graffiau hyn yn dangos dyfnder y dŵr (d) yn erbyn amser (t).

Dewiswch y graff mwyaf addas ar gyfer pob gwydryn.

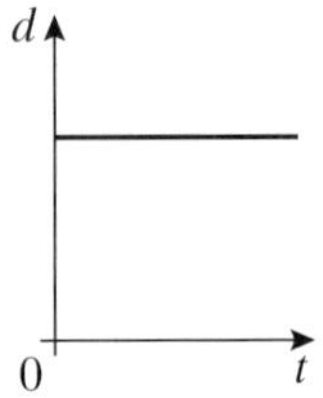

A

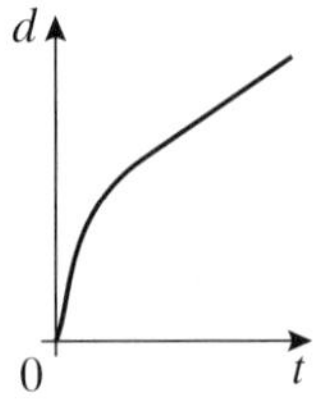

B

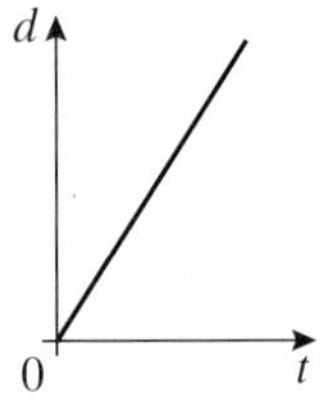

C

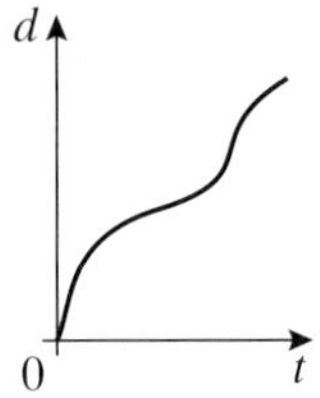

Ch

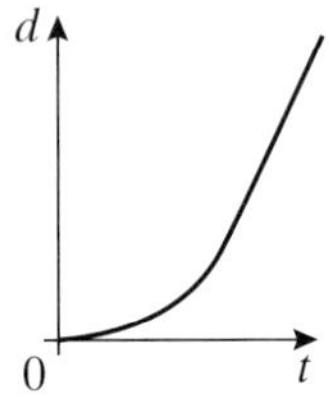

D

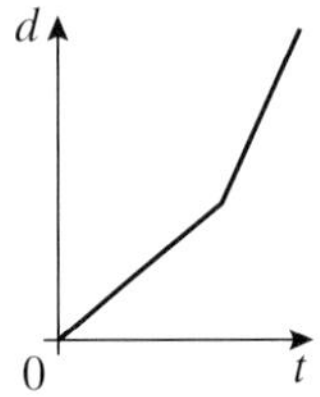

Dd

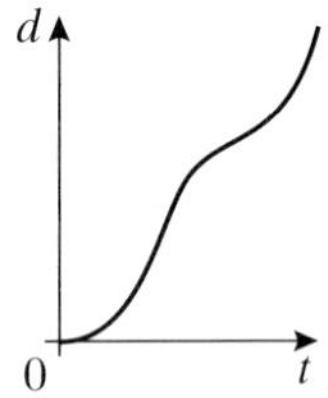

E

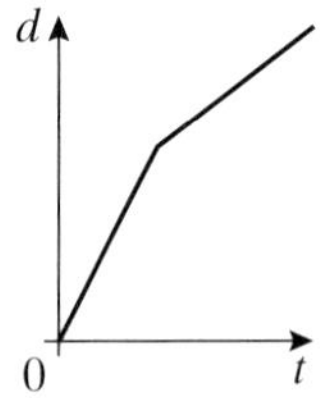

F

5 Mae cwsmeriaid cwmni ffôn symudol yn cael dewis o ddau gynllun talu.

	Cynllun A	**Cynllun B**
Tanysgrifiad misol	£10.00	£*t*
Amser sgwrsio am ddim yn ystod pob mis	60 munud	100 munud
Pris y funud dros yr amser sgwrsio am ddim	*a* ceiniog	35 ceiniog

Mae'r graff yn dangos prisiau Cynllun A a phrisiau Cynllun B am hyd at 100 munud o sgwrsio.

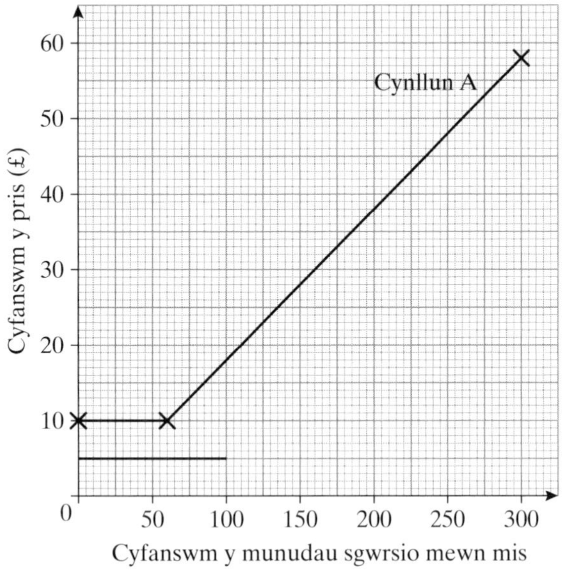

(a) Darganfyddwch bris y tanysgrifiad misol i Gynllun B (£*t*).

(b) Mae Shamir wedi dewis Cynllun B. Faint y mae'n ei dalu os yw'n defnyddio ei ffôn am 250 munud bob mis?

(c) Copïwch y graff ac ychwanegwch linell i ddangos prisiau Cynllun B am 100 i 250 munud.

(ch) Am faint o funudau sgwrsio y mae prisiau'r ddau gynllun yr un fath?

(d) Pa gynllun yw'r rhataf pan fo'r amser sgwrsio yn 220 munud? Faint yn rhatach yw'r cynllun hwn?

6 Mae'r tabl yn dangos cost anfon parseli.
Mae'r graff yn dangos yr wybodaeth sydd yn rhes gyntaf y tabl.

Pwysau mwyaf	Cost
10 kg	£13.85
11 kg	£14.60
12 kg	£15.35
13 kg	£16.10
14 kg	£16.85
15 kg	£17.60

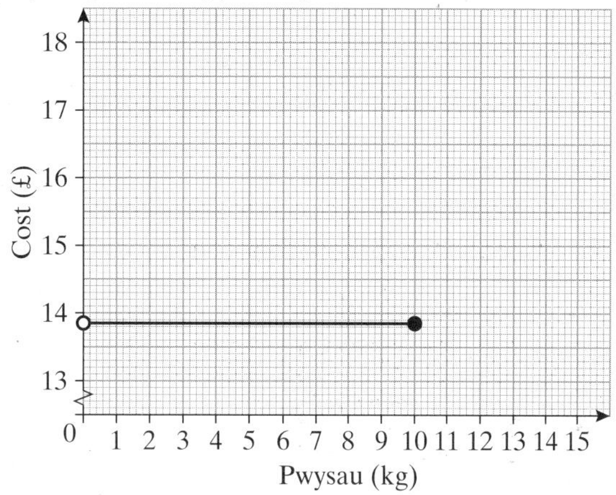

(a) Faint yw cost anfon parsel sy'n pwyso
(i) 9.6 kg? **(ii)** 10 kg? **(iii)** 10.1 kg?

(b) **(i)** Beth yw ystyr y dot ar y dde i'r llinell?
(ii) Beth yw ystyr y cylch ar y chwith i'r llinell?

(c) Copïwch y graff ac ychwanegwch linellau i ddangos costau anfon parseli sy'n pwyso hyd at 15 kg.

(ch) Anfonodd Hafwen un parsel yn pwyso 8.4 kg ac un arall yn pwyso 12.8 kg. Faint oedd cyfanswm y gost?

7 Dau frawd yw Siôn a Hywel sy'n byw yn yr un tŷ. Mae'r graff yn dangos taith feicio Siôn o'u cartref. Mae'n beicio am awr, yn stopio i orffwys ac yna'n parhau â'i daith.

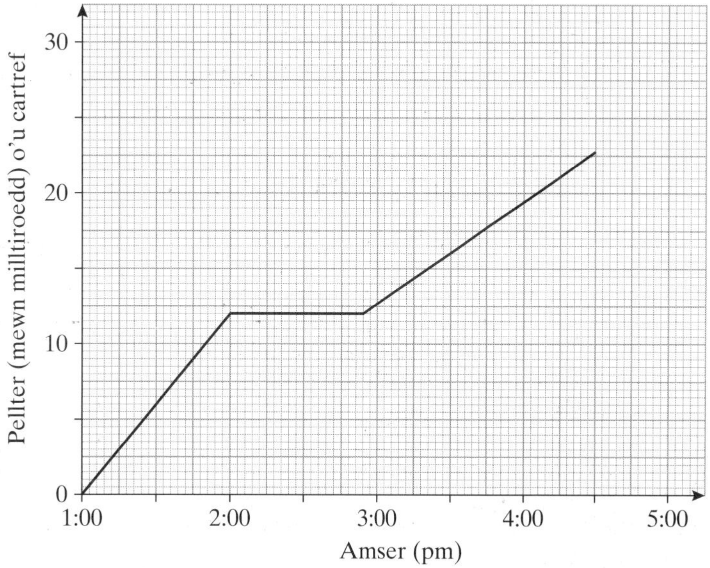

(a) Pa mor bell y teithiodd Siôn yn y 45 munud cyntaf?

(b) Am sawl munud y gorffwysodd Siôn?

(c) Mae Hywel yn cychwyn o'u cartref am 3 p.m. ac mae'n teithio yn ei gar ar 25 m.y.a. ar hyd yr un llwybr â Siôn. Lluniwch ei daith ar gopi o'r graff gyferbyn.

(ch) Ysgrifennwch yr amser pan fydd Hywel yn mynd heibio i Siôn.

CBAC Haf 2005

YMARFER 42.4GC

1 Pa rai o'r ffwythiannau hyn sy'n gwadratig?
I bob ffwythiant sy'n gwadratig, nodwch a fydd siâp ei graff yn ∪ neu'n ∩.

(a) $y = x^2 + 7$ **(b)** $y = 2x^3 + x^2 - 4$ **(c)** $y = x^2 + x - 7$ **(ch)** $y = x(6 - x)$

(d) $y = \dfrac{5}{x^2}$ **(dd)** $y = x(x^2 + 1)$ **(e)** $y = 2x(x + 2)$ **(f)** $y = 5 + 3x - x^2$

2 **(a)** Copïwch a chwblhewch y tabl gwerthoedd ar gyfer $y = 2x^2$.

x	−3	−2	−1	0	1	2	3
x^2	9					4	
$y = 2x^2$	18					8	

(b) Plotiwch graff $y = 2x^2$. Defnyddiwch y raddfa 2 cm ar gyfer 1 uned ar yr echelin x ac 1 cm ar gyfer 1 uned ar yr echelin y.

(c) Defnyddiwch eich graff

(i) i ddarganfod gwerth y pan fo $x = -1.8$. **(ii)** i ddatrys $2x^2 = 12$.

3 **(a)** Copïwch a chwblhewch y tabl gwerthoedd ar gyfer $y = x^2 + x$.

x	−4	−3	−2	−1	0	1	2	3
x^2			4					9
$y = x^2 + x$								12

(b) Plotiwch graff $y = x^2 + x$. Defnyddiwch y raddfa 2 cm ar gyfer 1 uned ar yr echelin x ac 1 cm ar gyfer 1 uned ar yr echelin y.

(c) Defnyddiwch eich graff

(i) i ddarganfod gwerth y pan fo $x = 1.6$. **(ii)** i ddatrys $x^2 + x = 8$.

4 **(a)** Copïwch a chwblhewch y tabl gwerthoedd ar gyfer $y = x^2 - x + 2$.

x	−3	−2	−1	0	1	2	3	4
x^2		4						16
$-x$		2						−4
2		2						2
$y = x^2 - x + 2$		8						14

(b) Plotiwch graff $y = x^2 - x + 2$. Defnyddiwch y raddfa 2 cm ar gyfer 1 uned ar yr echelin x ac 1 cm ar gyfer 1 uned ar yr echelin y.

(c) Defnyddiwch eich graff

(i) i ddarganfod gwerth y pan fo $x = 0.7$. **(ii)** i ddatrys $x^2 - x + 2 = 6$.

5 **(a)** Copïwch a chwblhewch y tabl gwerthoedd ar gyfer $y = x^2 + 2x - 5$.

x	−5	−4	−3	−2	−1	0	1	2	3
x^2				4					9
$2x$				−4					6
−5				−5					−5
$y = x^2 + 2x - 5$				−5					10

(b) Plotiwch graff $y = x^2 + 2x - 5$. Defnyddiwch y raddfa 2 cm ar gyfer 1 uned ar yr echelin x ac 1 cm ar gyfer 1 uned ar yr echelin y.

(c) Defnyddiwch eich graff

(i) i ddarganfod gwerth y pan fo $x = -1.4$. **(ii)** i ddatrys $x^2 + 2x - 5 = 0$.

6 **(a)** Copïwch a chwblhewch y tabl gwerthoedd ar gyfer $y = 8 - x^2$.

x	−3	−2	−1	0	1	2	3
8				8			8
$-x^2$				0			−9
$y = 8 - x^2$				8			−1

(b) Plotiwch graff $y = 8 - x^2$. Defnyddiwch y raddfa 2 cm ar gyfer 1 uned ar yr echelin x ac 1 cm ar gyfer 1 uned ar yr echelin y.

(c) Defnyddiwch eich graff

(i) i ddarganfod gwerth y pan fo $x = 0.5$. **(ii)** i ddatrys $8 - x^2 = -2$.

7 **(a)** Copïwch a chwblhewch y tabl gwerthoedd ar gyfer $y = (x - 2)(x + 1)$.

x	−3	−2	−1	0	1	2	3	4
$x - 2$		−4					1	
$x + 1$		−1					4	
$y = (x - 2)(x + 1)$		4					4	

(b) Plotiwch graff $y = (x - 2)(x + 1)$. Defnyddiwch y raddfa 2 cm ar gyfer 1 uned ar yr echelin x ac 1 cm ar gyfer 1 uned ar yr echelin y.

(c) Defnyddiwch eich graff

(i) i ddarganfod gwerth lleiaf y. **(ii)** i ddatrys $(x - 2)(x + 1) = 2.5$.

8 **(a)** Gwnewch dabl gwerthoedd ar gyfer $y = x^2 - 3x + 2$. Dewiswch werthoedd x o −2 i 5.

(b) Plotiwch graff $y = x^2 - 3x + 2$. Defnyddiwch y raddfa 2 cm ar gyfer 1 uned ar yr echelin x ac 1 cm ar gyfer 1 uned ar yr echelin y.

(c) Defnyddiwch eich graff i ddatrys

(i) $x^2 - 3x + 2 = 1$. **(ii)** $x^2 - 3x + 2 = 10$.

43 → MESURAU 2

YMARFER 43.1GC

1 Trawsnewidiwch yr unedau hyn.
(a) 25 cm yn mm
(b) 24 m yn cm
(c) 1.36 cm yn mm
(ch) 15.1 cm yn mm
(d) 0.235 m yn mm

2 Trawsnewidiwch yr unedau hyn.
(a) 2 m^2 yn cm^2
(b) 3 cm^2 yn mm^2
(c) 1.12 m^2 yn cm^2
(ch) 0.05 cm^2 yn mm^2
(d) 2 m^2 yn mm^2

3 Trawsnewidiwch yr unedau hyn.
(a) 8000 mm^2 yn cm^2
(b) 84 000 mm^2 yn cm^2
(c) 2 000 000 cm^2 yn m^2
(ch) 18 000 000 cm^2 yn m^2
(d) 64 000 cm^2 yn m^2

4 Trawsnewidiwch yr unedau hyn.
(a) 32 cm^3 yn mm^3
(b) 24 m^3 yn cm^3
(c) 5.2 cm^3 yn mm^3
(ch) 0.42 m^3 yn cm^3
(d) 0.02 cm^3 yn mm^3

5 Trawsnewidiwch yr unedau hyn.
(a) 5 200 000 cm^3 yn m^3
(b) 270 000 mm^3 yn cm^3
(c) 210 cm^3 yn m^3
(ch) 8.4 m^3 yn mm^3
(d) 170 mm^3 yn cm^3

6 Trawsnewidiwch yr unedau hyn.
(a) 36 litr yn cm^3
(b) 6300 ml yn litrau
(c) 1.4 litr yn ml
(ch) 61 ml yn litrau
(d) 5400 cm^3 yn litrau

YMARFER 43.2GC

1 Copïwch a chwblhewch bob un o'r gosodiadau hyn.
(a) Mae hyd sy'n cael ei nodi fel 4.3 cm, i 1 lle degol, rhwng .... cm a .... cm.
(b) Mae cynhwysedd sy'n cael ei nodi fel 463 ml, i'r mililitr agosaf, rhwng .... ml a .... ml
(c) Mae amser sy'n cael ei nodi fel 10.5 eiliad, i'r degfed agosaf o eiliad, rhwng .... eiliad a .... eiliad.
(ch) Mae màs sy'n cael ei nodi fel 78 kg, i'r cilogram agosaf, rhwng .... kg a .... kg.
(d) Mae arwynebedd sy'n cael ei nodi fel 5.5 m^2, i 1 lle degol, rhwng .... m^2 a .... m^2.

2 Cafodd nifer y bobl oedd yn gwylio gêm bêl-droed ei nodi fel 24 000 i'r fil agosaf.
Beth yw'r nifer lleiaf o bobl a allai fod wedi gwylio'r gêm?

3 Mesurodd Ceri ei thaldra a nodi ei fod yn 142 cm i'r centimetr agosaf.
Ysgrifennwch y ddau werth y mae'n rhaid i'w thaldra fod rhyngddynt.

4 Mae uchder desg wedi ei nodi fel 75.0 cm i 1 lle degol.
Ysgrifennwch y ddau werth y mae'n rhaid i'r uchder fod rhyngddynt.

5 Mesurodd Rhys drwch darn o bren haenog a nodi ei fod yn 7.83 mm, i 2 le degol.
Ysgrifennwch y trwch lleiaf a'r trwch mwyaf y gallai fod.

6 Mae hyd ochrau'r triongl hwn wedi eu nodi mewn centimetrau, yn gywir i 1 lle degol.

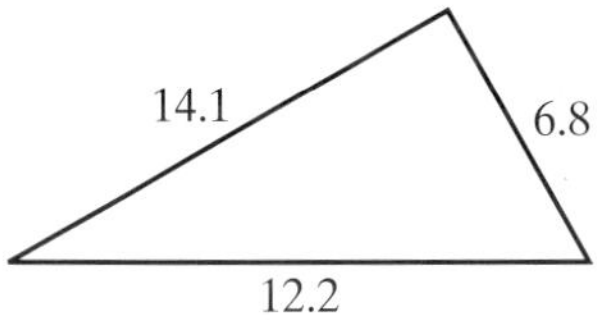

(a) Ysgrifennwch yr hyd byrraf a'r hyd hiraf sy'n bosibl i bob ochr.
(b) Ysgrifennwch yr hyd byrraf a'r hyd hiraf sy'n bosibl i'r perimedr.

7 Mae gan John ddau ddarn o linyn.
Mae'n mesur eu hyd yn 125 mm a 182 mm, i'r milimetr agosaf.
Mae'n gosod y ddau ddarn pen wrth ben.
Beth yw'r byrraf a'r hiraf y mae eu hyd cyfunol yn gallu bod?

8 Mae Mel a Mari ill dwy yn prynu afalau. Mae Mel yn prynu 3.5 kg ac mae Mari yn prynu 4.2 kg.
Mae'r ddau bwysau yn gywir i'r degfed agosaf o gilogram.
(a) Beth yw'r gwahaniaeth lleiaf sy'n bosibl rhwng y pwysau maen nhw wedi eu prynu?
(b) Beth yw'r gwahaniaeth mwyaf sy'n bosibl rhwng y pwysau maen nhw wedi eu prynu?

YMARFER 43.3GC

1 Ailysgrifennwch bob un o'r gosodiadau hyn gan ddefnyddio gwerthoedd priodol ar gyfer y mesuriadau.
(a) Fy màs yw 78.32 kg
(b) Mae Catrin yn cymryd 16 munud ac 15.6 eiliad i gerdded i'r ysgol.
(c) Y pellter o Abertawe i Fangor yw 161.64 milltir.
(ch) Hyd ein hystafell ddosbarth yw 5 metr 14 cm 3 mm.
(d) Mae fy jwg dŵr yn dal 3.02 litr.

2 Atebwch bob un o'r cwestiynau hyn i fanwl gywirdeb priodol.
(a) Amcangyfrifwch hyd y llinell hon.

(b) Amcangyfrifwch faint yr ongl hon.

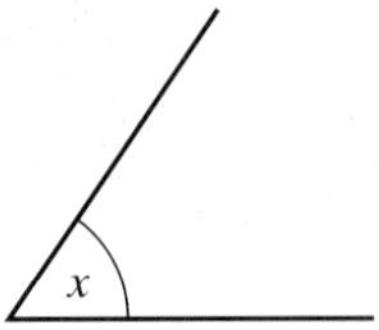

(c) Hyd petryal yw 2.3 cm a'i led yw 4.5 cm. Darganfyddwch arwynebedd y petryal.

(ch) Diamedr cylch yw 8 cm. Cyfrifwch y cylchedd.

(d) Cyfaint ciwb yw 7 cm^3. Darganfyddwch hyd un o'i ymylon.

(dd) Gallwn ddarganfod ongl mewn siart cylch trwy gyfrifo $\frac{4}{7} \times 360°$. Faint yw'r ongl?

(e) Mae bws yn teithio 73 milltir ar fuanedd cyfartalog o 33 m.y.a. Faint mae'r daith yn ei gymryd?

(f) Mae 6 ffrind yn rhannu £14 yn gyfartal rhyngddynt. Faint mae pob un yn ei gael?

YMARFER 43.4GC

1 Mae cwch yn teithio 24 km mewn 3 awr. Cyfrifwch ei fuanedd cyfartalog.

2 Mae car yn teithio 197 milltir ar draffordd mewn 3 awr. Cyfrifwch ei fuanedd cyfartalog.
Rhowch eich ateb yn gywir i 1 lle degol.

3 Mae Anne yn cerdded ar fuanedd cyfartalog o 3.5 km/awr am 2 awr 30 munud.
Pa mor bell y mae hi'n cerdded?

4 Faint o amser mae cwch sy'n hwylio ar 12 km/awr yn ei gymryd i deithio 64 km?

5 Dwysedd craig yw 9.3 g/cm^3. Ei chyfaint yw 60 cm^3. Faint yw ei màs?

6 Cyfrifwch ddwysedd darn o fetel sydd â'i fàs yn 300 g a'i gyfaint yn 84 cm^3. Rhowch eich ateb i fanwl gywirdeb priodol.

7 Mae dyn yn cerdded 10 km mewn 2 awr 15 munud. Beth yw ei fuanedd cyfartalog mewn km/awr? Rhowch eich ateb i fanwl gywirdeb priodol.

8 Cyfrifwch fàs carreg sydd â'i chyfaint yn 46 cm^3 a'i dwysedd yn 7.6 g/cm^3.

9 Dwysedd copr yw 8.9 g/cm^3. Cyfrifwch gyfaint bloc o gopr sydd â'i fàs yn 38 g. Rhowch eich ateb i fanwl gywirdeb priodol.

10 Beth yw dwysedd nwy os yw màs o 32 kg ohono'n llenwi cyfaint o 25 m^3? Rhowch eich ateb i fanwl gywirdeb priodol.

11 Poblogaeth tref fach yn America yw 235 ac mae ei harwynebedd yn 35 km^2. Darganfyddwch ddwysedd poblogaeth y dref, sef faint o bobl sydd yna i bob cilometr sgwâr.

12 Gadawodd bws yr orsaf fysiau am 0910 a theithiodd 72 km mewn 90 munud nes cyrraedd castell Caerwen.

(a) Cyfrifwch ei fuanedd cyfartalog. Arhosodd y bws wrth y castell am $3\frac{1}{2}$ awr cyn teithio'n ôl ar fuanedd cyfartalog o 55 km/awr.

(b) Am faint o'r gloch y cyrhaeddodd yn ôl? Rhowch eich ateb i'r munud agosaf.

44 CYNLLUNIO A CHASGLU

YMARFER 44.1GC

1 Nodwch ai data cynradd neu ddata eilaidd yw'r canlynol.

(a) Pwyso bagiau o ffrwythau
(b) Defnyddio amserlenni bysiau
(c) Chwilio am brisiau gwyliau ar y rhyngrwyd
(ch) Meddyg yn ychwanegu data am glaf newydd at ei gofnodion ar ôl gweld y claf

2 Mae Lisa yn cynnal arolwg ac wedi ysgrifennu'r cwestiwn hwn.

> Beth yw lliw eich gwallt?
>
> Du ☐ Brown ☐ Melyn ☐

(a) Rhowch reswm pam mae'r cwestiwn hwn yn anaddas.
(b) Ysgrifennwch fersiwn gwell.

3 Mae Steffan yn cynnal arolwg ynglŷn â'r cyfleusterau chwaraeon yn ei ardal. Dyma un o'i gwestiynau.

> Faint ydych chi'n mwynhau cymryd rhan mewn chwaraeon?
>
> 1 2 3 4 5

(a) Rhowch reswm pam mae'r cwestiwn hwn yn anaddas.
(b) Ysgrifennwch fersiwn gwell.

4 Mae Menna yn cynnal arolwg ynglŷn â chinio ysgol.
Mae hi'n dosbarthu holiaduron i'r 30 person cyntaf sydd yn y rhes yn disgwyl eu cinio.

(a) Pam mae hwn yn debygol o roi sampl tueddol?
(b) Disgrifiwch well dull o gael sampl i'w harolwg.

5 Dyma un o gwestiynau Menna.

> Onid ydych chi'n cytuno nad oes digon o saladau ar y fwydlen?

(a) Rhowch reswm pam mae'r cwestiwn hwn yn anaddas.
(b) Ysgrifennwch fersiwn gwell.

6 Mae arolwg i'w gynnal ynglŷn ag enillion ac arian poced disgyblion. Ysgrifennwch bum cwestiwn addas a ddylai gael eu cynnwys mewn arolwg o'r fath.

45 → DILYNIANNAU 2

YMARFER 45.1GC

1 Edrychwch ar y dilyniant hwn o gylchoedd. Mae'r pedwar patrwm cyntaf yn y dilyniant wedi cael eu lluniadu.

(a) Faint o gylchoedd fydd yn y 100fed patrwm?
(b) Disgrifiwch reol safle-i-derm y dilyniant hwn.

2 Edrychwch ar y dilyniant hwn o batrymau coesau matsys.

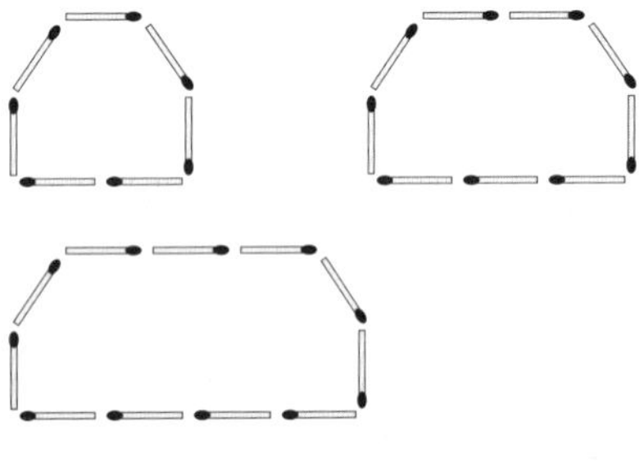

(a) Copïwch a chwblhewch y tabl hwn.

Rhif y patrwm	1	2	3	4	5
Nifer y coesau matsys					

(b) Pa batrymau y gallwch eu gweld yn y niferoedd?
(c) Darganfyddwch nifer y coesau matsys fydd yn y 50fed patrwm.

3 Dyma ddilyniant o batrymau sêr.

(a) Lluniadwch y patrwm nesaf yn y dilyniant.
(b) Heb luniadu'r patrwm, darganfyddwch nifer y sêr fydd yn yr 8fed patrwm.
Eglurwch sut y cawsoch eich ateb.

4 Mae'r rhifau mewn dilyniant yn cael eu rhoi gan y rheol hon:

Lluosi rhif y safle â 7, yna tynnu 10.

(a) Dangoswch mai term cyntaf y dilyniant yw -3.
(b) Darganfyddwch y pedwar term nesaf yn y dilyniant.

5 Darganfyddwch bedwar term cyntaf y dilyniannau sydd â'r canlynol yn $n$fed term.

(a) $10n$ **(b)** $8n + 2$

6 Darganfyddwch bum term cyntaf y dilyniannau sydd â'r canlynol yn $n$fed term.

(a) n^2 **(b)** $2n^2$ **(c)** $5n^2$

7 Term cyntaf dilyniant yw 3. Y rheol gyffredinol ar gyfer y dilyniant yw lluosi term â 3 i gael y term nesaf. Ysgrifennwch bum term cyntaf y dilyniant.

8 Mewn dilyniant mae $T_1 = 12$ ac mae $T_{n+1} = T_n - 5$.
Ysgrifennwch bedwar term cyntaf y dilyniant hwn.

9 Lluniadwch batrymau addas i gynrychioli'r dilyniant hwn.

1, 4, 7, 10, ...

10 Lluniadwch batrymau addas i gynrychioli'r dilyniant hwn.

$1 \times 1, 3 \times 3, 5 \times 5, 7 \times 7, ...$

YMARFER 45.2GC

1 Darganfyddwch yr *n*fed term ym mhob un o'r dilyniannau hyn.
(a) 10, 13, 16, 19, 22, ...
(b) 0, 1, 2, 3, 4, ...
(c) −3, −1, 1, 3, 5, ...

2 Darganfyddwch yr *n*fed term ym mhob un o'r dilyniannau hyn.
(a) 25, 20, 15, 10, 5, ...
(b) 4, 2, 0, −2, −4, ...
(c) 3, 2, 1, 0, −1, ...

3 Pa rai o'r dilyniannau hyn sy'n llinol? Darganfyddwch y ddau derm nesaf ym mhob un o'r dilyniannau sy'n llinol.
(a) 2, 5, 10, 17, …
(b) 2, 5, 8, 11, …
(c) 1, 3, 6, 10, …
(ch) 12, 8, 4, 0, −4, …

4 **(a)** Ysgrifennwch bum term cyntaf y dilyniant sydd â'i *n*fed term yn 100*n*.
(b) Cymharwch eich atebion â'r dilyniant hwn.

99, 199, 299, 399, ...

Ysgrifennwch *n*fed term y dilyniant hwn.

5 Mae cwmni archebu trwy'r post yn codi £25 am bob crys, ynghyd â chost anfon o £3.
(a) Copïwch a chwblhewch y tabl.

Nifer y crysau	1	2	3
Cost mewn £			

(b) Ysgrifennwch fynegiad ar gyfer cost, mewn punnoedd, cael *n* crys.
(c) Mae Paul yn talu £128 am grysau. Sawl crys y mae'n ei brynu?

6 **(a)** Ysgrifennwch bum term cyntaf y dilyniant sydd â'i *n*fed term yn n^2.
(b) Cymharwch eich atebion â'r dilyniant hwn.

0, 3, 8, 15, 24, ...

Ysgrifennwch *n*fed term y dilyniant hwn.

7 Yr *n*fed rhif triongl yw $\frac{n(n+1)}{2}$.
Darganfyddwch y 60fed rhif triongl.

8 Yr *n*fed term mewn dilyniant yw 2^n.
(a) Ysgrifennwch bum term cyntaf y dilyniant hwn.
(b) Disgrifiwch y dilyniant.

9 **(a)** Ysgrifennwch y pum rhif ciwb cyntaf.
(b) Cymharwch y dilyniant canlynol â dilyniant y rhifau ciwb.

3, 10, 29, 66, 127, ...

Defnyddiwch yr hyn sy'n tynnu eich sylw i ysgrifennu *n*fed term y dilyniant hwn.
(c) Darganfyddwch 10fed term y dilyniant hwn.

10 Darganfyddwch yr *n*fed term ym mhob un o'r dilyniannau hyn.
(a) $1 \times 2, 2 \times 3, 3 \times 4, 4 \times 5, …$
(b) $1 \times 3, 2 \times 5, 3 \times 7, 4 \times 9, …$
(c) $2 \times 1, 4 \times 3, 6 \times 5, 8 \times 7, …$

46 ➜ LLUNIADAU 2

YMARFER 46.1GC

1 Mae dau bwynt, A a B, 7 cm oddi wrth ei gilydd.
Lluniwch locws pwyntiau sydd gytbell o A a B.

2 Nid yw mochyn daear byth yn crwydro'n bellach na 3 milltir o'i gartref.
Lluniadwch ddiagram wrth raddfa i ddangos y rhanbarthau lle gallai'r mochyn daear fynd i chwilio am fwyd.

3 Lluniwch driongl hafalochrog, ABC, â hyd eich ochr yn 6 cm.
Lliwiwch ranbarth y pwyntiau y tu mewn i'r triongl sy'n agosach at AB nag at AC.

4 Mesuriadau gardd betryal yw 8 m wrth 6 m. Mae ffens yn cael ei chodi o Ff, ar ongl sgwâr ar draws yr ardd.
Lluniadwch ddiagram wrth raddfa a lluniwch linell y ffens.

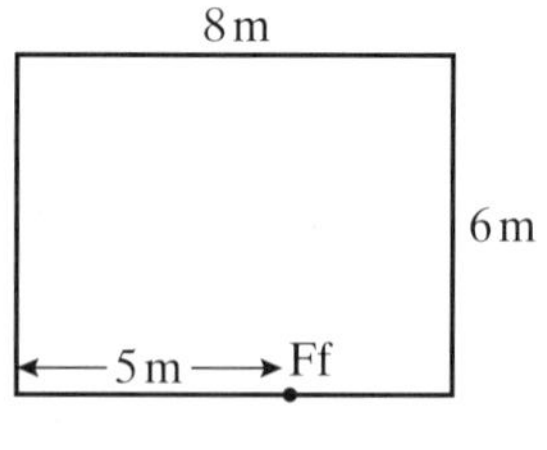

5 Lluniadwch sgwâr, ABCD, â hyd ei ochr yn 5 cm.
Lluniwch locws y pwyntiau, y tu mewn i'r sgwâr, sy'n bellach na 3 cm o A.

6 Mae Zeke yn cerdded ar draws cae. Mae'n sylwi bod tarw'n cychwyn rhedeg ar ei ôl. Mae Zeke yn rhedeg y pellter byrraf at y berth.
Copïwch y diagram a lluniadwch y llwybr y dylai Zeke ei ddilyn.

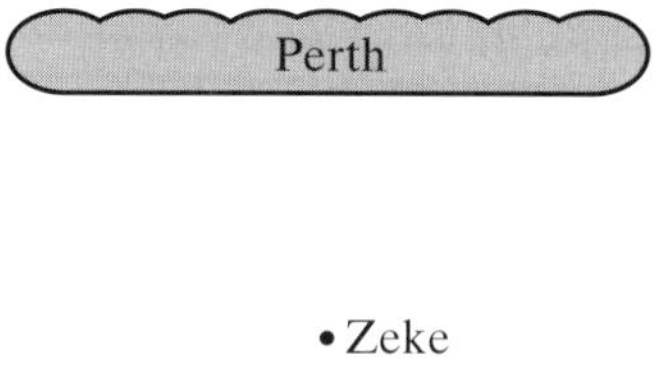

7 Lluniadwch betryal, PQRS, â'r ochrau PQ = 7 cm a QR = 5 cm.
Lliwiwch ranbarth y pwyntiau sy'n agosach at P nag at Q.

8 Lluniadwch ongl 80º.
Lluniwch hanerydd yr ongl.

9 Mae swyddfa'n ystafell betryal, 16 m wrth 12 m. Mae dau soced trydan yn y swyddfa, y naill a'r llall yng nghorneli cyferbyn yr ystafell. Hyd gwifren glanhawr llawr yw 10 m.
Lluniadwch ddiagram wrth raddfa i ddangos faint o'r ystafell sy'n gallu cael ei glanhau.

10 Paratowch luniad arall wrth raddfa o'r swyddfa yng nghwestiwn **9**.
Lliwiwch locws pwyntiau sydd gytbell o'r ddau soced trydan.
Defnyddiwch y locws hwn i ddarganfod hyd angenrheidiol y wifren er mwyn i'r glanhawr llawr allu cyrraedd pob man yn yr ystafell.

YMARFER 46.2GC

1 Lluniadwch bwynt a'i labelu'n P.
Lluniwch locws y pwyntiau sy'n llai na 4 cm o P ac yn fwy na 6 cm o P.

2 Mae gardd betryal yn mesur 20 m wrth 12 m.
Mae coeden i'w phlannu fel ei bod yn bellach na 4 m o bob cornel o'r ardd.
Lluniadwch luniad wrth raddfa i ddarganfod y rhanbarth lle mae'r goeden yn gallu cael ei phlannu.

3 Y pellter rhwng dau bwynt, A a B, yw 5 cm.
Darganfyddwch y rhanbarth sydd yn llai na 3 cm o A a mwy na 4 cm o B.

4 Lluniadwch yn fanwl gywir y triongl PQR sydd â PQ = 6 cm, P = 40º a Q = 35º.
Darganfyddwch y pwynt X, sydd 2 cm o R ac yn gytbell o P a Q.

5 Mae dwy orsaf y glannau, A a B, 20 km oddi wrth ei gilydd ar arfordir syth. Yng ngorsaf A mae'r gwyliwr yn gwybod bod llong o fewn 15 km iddo. Yng ngorsaf B mae'r gwyliwr yn gwybod bod yr un llong o fewn 10 km iddo.
Lluniadwch luniad wrth raddfa i ddangos y rhanbarth lle gallai'r llong fod.

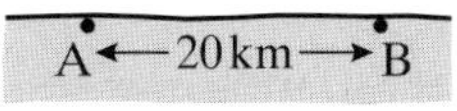

6 Mae dwy linell, â hyd y naill a'r llall yn 6 cm, wedi eu huno i ffurfio ongl sgwâr.
Lluniadwch ranbarth y pwyntiau sydd yn llai na 3 cm oddi wrth y llinellau hyn.

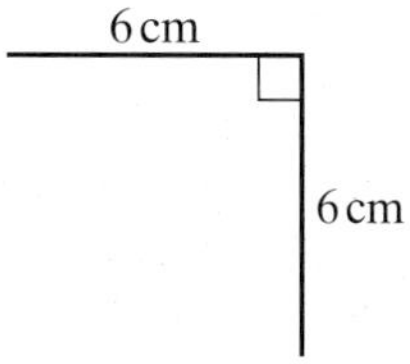

7 Y pellter rhwng dau bwynt, P a Q, yw 7 cm.
Darganfyddwch y pwyntiau sydd yr un pellter o P a Q ac sydd hefyd o fewn 5 cm i Q.

8 Mae'r diagram yn dangos tair gorsaf gwylwyr y glannau, C, D ac E.
Mae llong o fewn 25 km i C ac yn agosach at DE nag at DC.
Darganfyddwch y rhanbarth lle gallai'r llong fod.

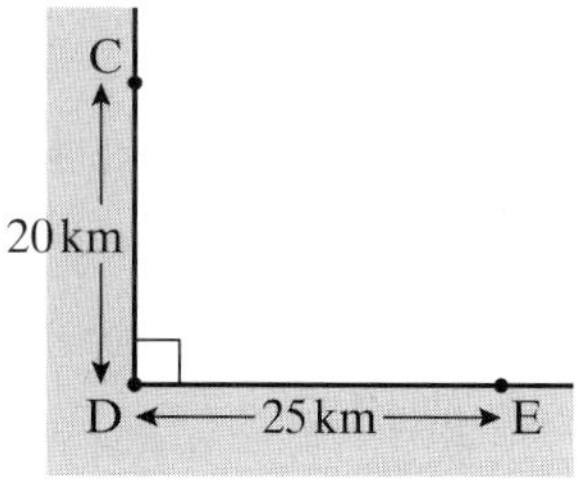

9 Mae gardd yn betryal, ABCD, lle mae AB = 5 m a BC = 3 m.
Mae gwely blodau newydd i'w osod yn yr ardd.
Rhaid iddo fod yn fwy na 2 m o A ac yn llai nag 1.5 m o CD.
Lluniadwch luniad wrth raddfa i ddangos ble dylai'r gwely blodau gael ei osod.

10 Triongl yw EFG, gydag EF = 6 cm, FG = 8 cm ac EG = 10 cm.
Lluniwch y perpendicwlar o F i EG.
Nodwch ar y llinell hon y pwyntiau sydd yn bellach na 7 cm o G.

47 → DATRYS PROBLEMAU 2

YMARFER 47.1GC

Cyfrifwch y rhain ar gyfrifiannell heb ysgrifennu'r atebion i'r camau canol.

Os na fydd yr atebion yn union, rhowch nhw'n gywir i 2 le degol.

1 $\dfrac{7.3 + 8.5}{5.7}$ **2** $\dfrac{158 + 1027}{125}$

3 $\dfrac{6.7 + 19.5}{12.2 - 5.7}$ **4** $\sqrt{128 - 34.6}$

5 $5.7 + \dfrac{1.89}{0.9}$ **6** $(12.6 - 9.8)^2$

7 $\dfrac{8.9}{2.3 \times 5.6}$ **8** $\dfrac{15.4}{2.3^2}$

9 $10.9 \times (7.2 - 5.8)$ **10** $\dfrac{4.8 + 6.2}{5.2 \times 6.5}$

11 $\dfrac{7.1}{\sqrt{15.3 \times 0.6}}$ **12** $\dfrac{3 - \sqrt{2.73 + 5.1}}{4}$

YMARFER 47.2GC

Peidiwch â defnyddio cyfrifiannell i ateb cwestiynau **1** i **4**.

1 Mae'r cyfrifiadau hyn i gyd yn anghywir. Gallwch weld hynny yn fuan heb eu cyfrifo.
Ar gyfer pob un, rhowch reswm pam mae'n anghywir.
(a) $15.3 \div -5.1 = 5$
(b) $8.7 \times 1.6 = 5.4375$
(c) $4.7 \times 300 = 9400$
(ch) $7.5^2 = 46.25$

2 Mae'r cyfrifiadau hyn i gyd yn anghywir. Gallwch weld hynny yn fuan heb eu cyfrifo.
Ar gyfer pob un, rhowch reswm pam mae'n anghywir.
(a) $5.400 \div 9 = 60$
(b) $-6.2 \times -0.5 = -93.1$
(c) $\sqrt{0.4} = 0.2$
(ch) $8.5 \times 7.1 = 60.36$

3 Amcangyfrifwch yr ateb i bob un o'r cyfrifiadau hyn. Dangoswch eich gwaith cyfrifo.
(a) 93×108 **(b)** 0.61^2
(c) $-19.6 + 5.2$

4 Amcangyfrifwch yr ateb i bob un o'r cyfrifiadau hyn. Dangoswch eich gwaith cyfrifo.
(a) Cost 3 DVD sy'n £17.99 yr un.
(b) Cost 39 tocyn sinema sy'n £6.20 yr un.
(c) Cost 5 pryd bwyd sy'n £7.99 yr un a 2 ddiod sy'n £2.10 yr un.

Cewch ddefnyddio cyfrifiannell i ateb cwestiynau **5** i **9**.

5 Defnyddiwch weithrediadau gwrthdro i wirio'r cyfrifiadau hyn. Ysgrifennwch y gweithrediadau a ddefnyddiwch.
(a) $19\,669.5 \div 235 = 83.7$
(b) $\sqrt{5069.44} = 71.2$
(c) $9.7 \times 12.4 = 120.28$
(ch) $17.2 \times 4.6 + 68.2 = 147.32$

6 Cyfrifwch y rhain. Talgrynnwch eich atebion i 2 le degol.

(a) $\dfrac{24.3 + 18.6}{2.8 \times 0.51}$

(b) $(13.7 + 53.1) \times (9.87 - 5.9)$

7 Cyfrifwch y rhain. Talgrynnwch eich atebion i 3 lle degol.

(a) $\dfrac{77.8}{6.4 + 83.9}$

(b) $1.06^4 \times 185$

8 Cyfrifwch y rhain. Talgrynnwch eich atebion i 2 ffigur ystyrlon.

(a) $\sqrt{2.5^2 + 9.0}$

(b) 640×0.078

9 (a) Defnyddiwch dalgrynnu i 1 ffigur ystyrlon i amcangyfrif yr ateb i bob un o'r cyfrifiadau hyn. Dangoswch eich gwaith cyfrifo.

(i) 21.2^3

(ii) 189×0.31

(iii) $\sqrt{11.1^2 - 4.8^2}$

(iv) $\dfrac{51.8 + 39.2}{0.022}$

(b) Defnyddiwch gyfrifiannell i ddarganfod yr ateb cywir i bob un o'r cyfrifiadau yn rhan (**a**). Lle bo'n briodol, talgrynnwch eich ateb i fanwl gywirdeb priodol.

YMARFER 47.3GC

1 Ysgrifennwch bob un o'r amserau hyn fel degolyn.

(a) 8 awr 39 munud

(b) 5 awr 21 munud

(c) 33 munud

(ch) 3 munud

2 Ysgrifennwch bob un o'r amserau hyn mewn oriau a munudau.

(a) 4.8 awr

(b) 5.65 awr

(c) 0.35 awr

(ch) 0.6 awr

3 (a) Mae cerddwr yn cwblhau pellter o 7.2 milltir mewn 2 awr 24 munud. Cyfrifwch fuanedd cyfartalog y cerddwr mewn milltiroedd yr awr.

(b) Am un rhan 25 munud o'i daith mae trên cyflym yn teithio ar fuanedd cyfartalog o 126 milltir yr awr.
Beth yw pellter y rhan hon o'r daith? Rhowch eich ateb mewn milltiroedd.

(c) Yn ystod un cymal o'i hedfaniad roedd roced yn teithio ar fuanedd cyson o 357 milltir yr awr am bellter o 23.8 milltir.
Faint o amser a gymerodd y roced i deithio'r pellter hwnnw?

4 Mewn ras hir i geir mae pedwar cymal ac mae gyrrwr yn cymryd yr amserau canlynol i gwblhau pob cymal.

5 awr 38 munud
6 awr 57 munud
5 awr 19 munud
5 awr 46 munud

Faint o amser a gymerodd y gyrrwr i gwblhau'r ras gyfan? Rhowch eich ateb mewn oriau a munudau.

5 Prynodd Wyn datws am £1.25 y cilogram a 6 oren am 37c yr un. Rhoddodd £10 i'r siopwr a chafodd £4.68 yn newid.
Faint oedd pwysau'r tatws a brynodd Wyn?

6 Mae Ceridwen, Sali a Jâms yn rhannu elw eu busnes yn ôl y gymhareb 4 : 3 : 2.
Yn 2005, cyfanswm elw'r busnes oedd £94 500.
Cyfrifwch y swm a dderbyniodd Sali.

7 Dilynodd Medwyn rysáit i baratoi pwdin lemwn a oedd yn defnyddio 350 g o flawd ar gyfer 4 o bobl.
Gwnaeth ddigon o bwdin i fwydo 10 o bobl a defnyddiodd fag 1.5 kg newydd o flawd.
Faint o flawd oedd ganddo dros ben?

8 Poblogaeth tref Rhyddle yw 36 281 a'i harwynebedd yw 27.4 km^2.
Cyfrifwch ei dwysedd poblogaeth.
Rhowch eich ateb i fanwl gywirdeb priodol.

9 Dangosodd bil ffôn symudol Mr Bowen ei fod wedi defnyddio 53 munud o alwadau ar 13c y funud.
Pris rhent misol ei ffôn oedd £15.30.
Roedd TAW o 17.5% ar y bil cyfan.
Cyfrifwch gyfanswm y bil, gan gynnwys TAW.

10 Ym mis Ionawr 2000, roedd y Mynegai Nwyddau Adwerthu (MPA) yn 166.6.
Ym mis Ionawr 2001 roedd yn 171.1.
Cyfrifwch y cynnydd canrannol yn yr MPA dros y flwyddyn dan sylw.

11 Ym mis Medi 2003, roedd y Mynegai Enillion Cyfartalog (MEC) yn 113.9.
Yn ystod y flwyddyn ganlynol, cynyddodd 4.2%.
Cyfrifwch yr MEC ym mis Medi 2004.

12 Radiws silindr metel yw 3.8 cm ac mae ei uchder yn 5.7 cm.
Ei ddwysedd yw 12 g/cm^3.
Cyfrifwch ei fàs.

13 Mae wrn dŵr ar ffurf ciwboid, ei waelod yn sgwâr ag ochr 30 cm.
Faint o ddŵr sydd yn yr wrn pan fo wedi ei lenwi i ddyfnder o 42 cm?

14 Gyrrodd Dafydd am 28 milltir ar hyd traffordd ar 70 m.y.a., ac wedyn am 10 milltir ar 50 m.y.a.
(a) Cyfrifwch yr amser a gymerodd.
(b) Darganfyddwch ei fuanedd cyfartalog ar gyfer y daith gyfan.